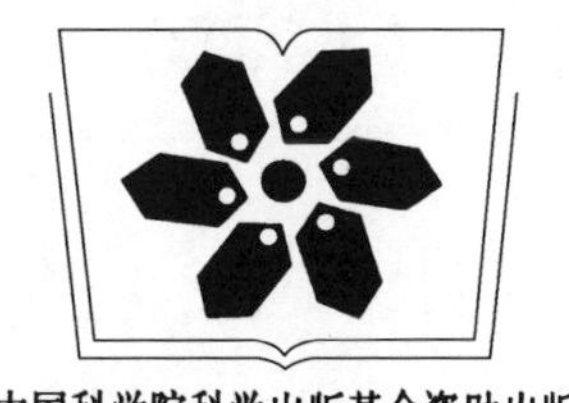

中国科学院科学出版基金资助出版

高分辨率被动微波遥感
——综合孔径微波辐射成像

（下册）

李青侠　陈　柯　郎　量　靳　榕等　著

科　学　出　版　社
北　京

内 容 简 介

本书分为上下册，涵盖综合孔径微波辐射测量的理论分析、误差校正及定标、综合孔径微波辐射图像重建、天线阵列优化、非规则天线阵综合孔径辐射成像、全极化综合孔径微波辐射成像、超综合孔径微波辐射成像、仿真系统及仿真(包括传统的和镜像的)、实验系统及实验(包括 HUST-ASR 及 SMOS 卫星数据)、镜像综合孔径微波辐射成像、数字波束形成微波辐射成像等。

本书可供从事遥感、深空探测、电子科学与技术、目标探测与制导、地球科学、生物医学等领域的相关科研人员参考，也可作为遥感、电磁场与微波技术、地球科学等学科的教师和研究生、本科生的教学参考用书。

图书在版编目(CIP)数据

高分辨率被动微波遥感：综合孔径微波辐射成像. 下册/李青侠等著. —北京：科学出版社，2017. 10

ISBN 978-7-03-054894-8

Ⅰ. ①高… Ⅱ. ①李… Ⅲ. ①高分辨率雷达-被动式遥感-雷达成像-研究 Ⅳ. ①TN957. 52

中国版本图书馆 CIP 数据核字(2017)第 255972 号

责任编辑：魏英杰 / 责任校对：郭瑞芝
责任印制：张克忠 / 封面设计：陈 敬

科学出版社 出版
北京东黄城根北街 16 号
邮政编码：100717
http://www.sciencep.com
北京凌奇印刷有限责任公司 印刷
科学出版社发行 各地新华书店经销
*
2017 年 10 月第 一 版 开本：720×1000 B5
2017 年 10 月第一次印刷 印张：15 1/4 彩插：2
字数：307 000

POD定价： 98.00元
(如有印装质量问题，我社负责调换)

前 言

随着国家经济的高速发展，高分辨率遥感已在测绘、农业、林业、水利、气象、资源环境、城市建设、海洋、防灾减灾、军事等领域得到广泛应用，在经济建设和社会发展中发挥了越来越重要的技术支撑作用。我国《国家中长期科学和技术发展规划纲要(2006—2020 年)》中将“高分辨率对地观测系统”确定为重大专项。

被动微波遥感具有全天时、准全天候(可穿透云层、浓雾、小雨和烟尘等)的特点，可穿透地表、植被，以及人体等一定深度，在防灾减灾、气象、资源环境、农业、海洋、月球与深空探测、制导、安检、医疗、科学研究等领域有重要应用。

用于被动微波遥感的仪器称为微波辐射计。相较于可见光、红外波段的遥感器而言，微波辐射计的优点是全天候及穿透测量能力，其主要缺点是空间分辨率不高。为了提高微波辐射计的空间分辨率，出现了综合孔径微波辐射测量技术。综合孔径微波辐射测量技术采用稀疏的小口径天线阵列合成一个等效的大口径天线，从而提高空间分辨率，可有效降低系统的体积与重量；其还具有不需要机械扫描而获取观测场景微波辐射图像——即凝视成像的优点，因此也被称为综合孔径微波辐射成像，是提高被动微波遥感空间分辨率的一种可行途径。

本书既包括作者团队在传统综合孔径微波辐射成像方面的创新研究成果，如系统误差分析与校正方法、综合孔径微波辐射图像反演(图像重建)方法，天线阵列优化方法等，也包括原始创新的研究成果，如镜像综合孔径微波辐射测量的概念、原理和方法。为了增强该书的系统性，该书也包括了综合孔径的基本原理。为了提升实用性，该书包含了综合孔径微波辐射成像的仿真及实验方面的内容。希望本书的出版能对我国的环境监测及我国的高分辨率对地观测重大专项的实施有所帮助。

本书共 12 章。第 1 章介绍微波辐射、微波辐射测量、微波辐射成像的基本概念，综述微波辐射成像的应用；第 2 章介绍综合孔径微波辐射成像的基本原理；第 3 章由靳榕撰写，阐述综合孔径的误差校正及定标方法；第 4 章由陈柯撰写，阐述综合孔径微波辐射图像重建方法；第 5 章论述天线阵列优化方法；第 6 章阐述非规则天线阵综合孔径微波辐射成像；第 7 章介绍全极化综合孔径微波辐射成像；第 8 章论述镜像综合孔径微波辐射成像的概念、原理及方法；第 9 章由郎量进行了修订，介绍将数字波束形成用于微波辐射成像；第 10 章介绍综合孔径微波辐射成像的仿真；第 11 章介绍综合孔径微波辐射计成像的实验；第 12 章由郎量撰写，介绍超综合孔径辐射计干涉测量成像的原理。本书介绍的综合孔径微波辐射成像仿真及实验数据处理程序代码可以在华中科技大学电子信息与通信学院的网站(http://eic.hust.edu.cn/)进入电子工程系(或微波研究中心)网页的研究成果栏目下载。

本书将近十年在朱耀庭教授的领导下,张祖荫教授的指导下,相关的教师和研究生经过艰苦努力完成的科研工作中所取得的研究成果进行整理。以下教师和研究生参加了综合孔径微波辐射测量的理论分析、仿真及仿真系统开发、实验系统研制及实验。教师包括:郭伟、李青侠、胡飞、陈柯、郎量、张靖、刘玉、黄全亮、桂良启、陈萍等;博士生包括:熊祖彪、吴露露、倪炜、董健、陈良兵、何方敏、朱路、靳榕、贺林峰、易观理、杨宏、卢军、丰励、郑文超、卢海梁、李炎、李育芳、窦昊锋等;硕士生包括:肖小刚、沈尚宇、潘东旺、屈蓉、黄加波、孟芳宇、吴远兴、张婷婷、李杨、黄成丽、胡立辉、朱松、张力、朱丹丹、黄佩、王新强、胡孔勇等。

本书在撰写过程中参考了陈柯、郎量、陈良兵、董健、何方敏、靳榕、张靖、丰励的博士论文。他们对相关研究做出了重要贡献,作者在此对他们的辛勤劳动表示诚挚的谢意!感谢硕士生胡孔勇、博士生李育芳在 SMOS 卫星数据处理方面所做的工作!

感谢博士生窦昊锋、硕士生陈之薇在校对方面所做的工作!感谢硕士生周骏骁、梁丽霞、李晓楠、徐珍、赵萍、刘畅、何玲、唐芃、刘航、李艳华等在本书编排,特别是公式编辑中所做的工作!

感谢相关探索研究项目、国家自然科学基金(41176156 等)、预研、863 等项目的资助!

感谢家人的支持与宽容!

李青侠

2017 年 6 月于华中科技大学

目　　录

（上　　册）

（下　　册）

第 6 章　非规则天线阵综合孔径辐射成像

综合孔径辐射计的天线阵通常为规则排列的天线阵，如一维最小冗余线阵，二维 U、T、L、十字、Y、三角、六边形等，其在空间频率域（*UV* 平面）的采样是均匀的。目前，世界上研制的综合孔径辐射计多数是这种均匀采样的综合孔径辐射计，如 MIRAS 系统、GeoSTAR 系统、HUST-ASR 等。

规则天线阵因其天线阵元需按一定的阵形排列，在一些潜在的应用中难以满足天线阵规则排列的要求。例如，为了获得更高的空间分辨率而利用多颗小卫星在空中编队飞行合成等效的更大天线阵，卫星编队飞行难以使天线阵元按规则阵形排列。多频段联合遥感也可能需要非规则天线阵，因为在卫星平台上空间有限，非规则天线阵可为其天线阵设计及安装提供灵活性。为了减少所需的天线阵元数，一些综合孔径辐射计也采用非规则天线阵，例如 GIMS[1-3] 采用的旋转圆形稀疏天线阵和 GAS[4-6] 采用的旋转稀疏 Y 形天线阵。因此，需要研究非规则天线阵综合孔径辐射成像技术及非规则天线阵综合孔径辐射计。

非规则天线阵综合孔径辐射计在空间频率域的采样是非均匀的，因此非规则天线阵综合孔径辐射计也被称为非均匀采样综合孔径辐射计。非均匀采样综合孔径辐射计在应用中会面临图像重建（反演）算法复杂及反演精度较差的问题。因此，需要研究非均匀采样综合孔径辐射计的亮温图像重建算法，降低反演复杂度、提高反演精度。

本章将分析现有反演方法应用于非均匀采样综合孔径辐射计时所面临的困难，论述实验室提出的基于网格法的非均匀采样综合孔径辐射计亮温图像反演方法、基于阵列因子成形预处理的反演方法。

6.1　非规则天线阵综合孔径辐射计概况

6.1.1　非规则天线阵综合孔径辐射计的应用方向

非规则天线阵综合孔径辐射计是指天线阵采用非规则排列形状的综合孔径辐射计。非规则天线阵综合孔径辐射计在空间频率域的采样是非均匀的，因此非规则天线阵综合孔径辐射计也被称为非均匀采样综合孔径辐射计。一个典型的应用实例就是通过小卫星编队飞行[7,8]在太空轨道上合成等效的大型综合孔径辐射计阵列。在对地遥感应用中，使用小卫星编队飞行来合成阵列有诸多优点。

① 在太空轨道上可重构阵列的形状，增加综合孔径技术的灵活性。

② 通过多颗小卫星,最大限度地增加基线长度,提高空间分辨率。

③ 可向已有的合成阵列中动态加入新的小阵列,提高已有设备的利用率。

④ 采用分布式的体系结构,硬件的容错能力更强,降低大卫星的技术风险。

⑤ 降低卫星的体积、重量,以及搭载硬件设备的复杂度,从而减少发射成本。

通过不同形状的阵列最终合成的阵列很难做到在 UV 平面上均匀采样。例如,通过 Y 形阵、T 形阵等不同形状的阵列合成大型阵列,其采样点在 UV 平面完全是非均匀分布的,如图 6-1 所示。研究非均匀采样综合孔径辐射计的反演问题是将这项技术应用于被动微波遥感领域的关键所在。

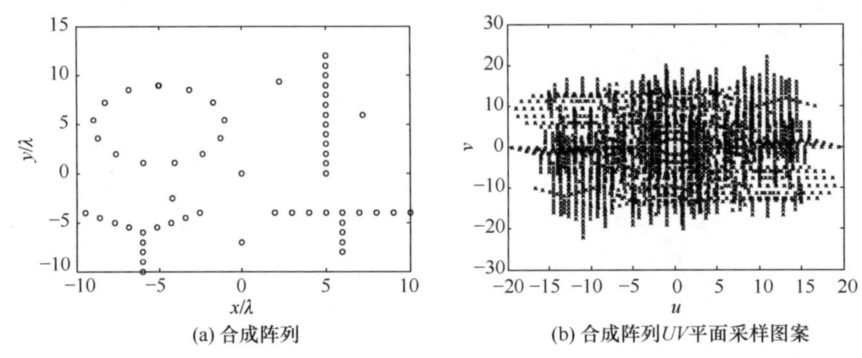

(a) 合成阵列 (b) 合成阵列 UV 平面采样图案

图 6-1 合成阵列及其 UV 平面采样图案

除了小卫星编队飞行的应用,多频段联合遥感也可能需要非规则天线阵,因为在卫星平台上空间有限,非规则天线阵可以为其天线阵设计及安装提供灵活性。

此外,为了减少所需的天线阵元数,一些综合孔径辐射计也采用非规则天线阵,针对地球静止轨道大气温度和湿度垂直分布遥感,因此需要研究非规则天线阵综合孔径辐射成像技术及非规则天线阵综合孔径辐射计。

相对于均匀采样综合孔径辐射计来说,非均匀采样综合孔径辐射计的主要优点是在实际应用中灵活性高或适应性强。其冗余基线可以设计得非常少,因此所需的天线阵元数更少。非均匀采样综合孔径辐射计的反演图像不会出现明显的周期混叠现象,但是在应用中会面临图像重建(反演)算法复杂及反演精度较差的问题。因此,需要研究非均匀采样综合孔径辐射计的亮温图像重建算法,降低反演复杂度,提高反演精度。

6.1.2 非均匀采样综合孔径辐射计反演算法概况

GIMS[1-3]采用旋转稀疏非均匀圆形天线阵,可以相当程度上减少天线个数。GIMS 使用的亮温图像反演算法为伪极化网格傅氏变换法[9,10],该方法的主要思想是首先对旋转阵列的采样点进行插值。由于旋转阵列的采样点位于同心圆,因此需将同心圆上的采样点插值到同心矩形上，该插值过程可以分为两步。首先是使用角度插值，将同心圆上不均匀的采样点均匀的插值到等间隔的采样点上，然后再使用径向射线插值，将同心圆上等间隔的采样点插值到同心矩形上。完成插值过程后再使用逆伪极网格 FFT 算法进行反演，逆伪极网格 FFT 的计算过程是一个迭代最小二乘回归估计的过程，通常只需要 2～6 次迭代就能达到较高的精度。

GAS[4-6]针对地球静止轨道大气温度和湿度垂直分布遥感，使用 53 GHz、118 GHz、183 GHz、380 GHz 四个频段，采用旋转稀疏 Y 形天线阵。GAS 采用迭代法反演亮温图像[11]，它的反演与校正的过程是同步完成的，利用系统自身小角度的旋转获得冗余信息来进行校正。每个频段的可见度函数在进行迭代前需进行一次校正。校正的系数取决于理论模型与实际模型的差值，在这个迭代算法中天线阵元方向图的非一致性也被考虑进去了。

除 GIMS 和 GAS 中使用的反演算法，NUFFT[12-16]算法也可用于非均匀综合孔径辐射计的亮温图像反演。

6.2　非均匀采样综合孔径辐射计反演面临的问题

适用于均匀采用综合孔径辐射计的傅氏反演算法不能直接用于非均匀采样的综合孔径辐射计。傅氏变换要求在频域上的采样点必须是均匀分布的，而非均匀采样综合孔径辐射计在 *UV* 平面上的采样点是非均匀分布的。由于非均匀采样综合孔径辐射计阵列因子的旁瓣非常大，直接使用傅氏反演得到的亮温图像会存在非常大的误差。非均匀采样综合孔径辐射计系统冲激响应的 $\boldsymbol{G}$ 矩阵中存在许多非常小的奇异值。这些小奇异值是由单元天线的非规则排列所导致的，基于 $\boldsymbol{G}$ 矩阵的反演方法会引起反演结果的不稳定。

6.2.1　傅氏反演方法面临的问题

适用于均匀采用综合孔径辐射计的快速傅氏反演算法不能直接用于非均匀采样的综合孔径辐射计。因为快速傅氏变换要求在频域上的采样点必须是均匀分布的，而非均匀采样综合孔径辐射计在 *UV* 平面上的采样点是非均匀分布的。实际上，不仅是快速傅氏反演算法不能应用于非均匀采样综合孔径辐射计的亮温图像反演，直接傅氏反演算法也不能直接用于非均匀采样综合孔径辐射计的亮温图像反演。

一般情况下，综合孔径辐射计的基线数量是有限的，最大基线长度也是有限的，因此综合孔径辐射计可看做一种在空间频率域中对可见度函数进行有限采样的设备。它的输出结果实际上是可见度函数的采样值，可以表示为

$$V_s(u_{k1},v_{k2})=V(u,v)S(u,v;u_{k1},v_{k2}) \tag{6-1}$$

其中,$V_s(u_{k1},v_{k2})$表示综合孔径辐射计基线的输出;$S(u,v;u_{k1},v_{k2})$为采样函数,可以表示为

$$S(u,v;u_{k1},v_{k2})=\sum_{k1}\sum_{k2}\delta(u-u_{k1},v-v_{k2}) \tag{6-2}$$

式中,(u_{k1},v_{k2})表示在UV平面上的采样点位置。

最终反演出的场景亮温可以表示为

$$\begin{aligned}T(\xi,\eta)&=F^{-1}[V_s(u_{k1},v_{k2})]\\&=F^{-1}[V(u,v)]*F^{-1}[S(u,v;u_{k1},v_{k2})\cdot W(u,v)]\\&=T_{\text{orginall}}(\xi,\eta)*\text{AF}(\xi,\eta)\end{aligned} \tag{6-3}$$

其中,$T_{\text{orginall}}(\xi,\eta)$表示观测场景亮温分布;$W(u,v)$为窗函数;$\text{AF}(\xi,\eta)$为系统的阵列因子。

可以看出,反演亮温图像为观测场景亮温图像与阵列因子的卷积,因此阵列因子 $\text{AF}(\xi,\eta)$可看做综合孔径辐射计的系统冲激响应函数。

对于均匀采样综合孔径辐射计而言,其阵列因子的旁瓣非常小,从邻近像素点上引入的误差就非常小。非均匀采样综合孔径辐射计的阵列因子具有非常大的旁瓣,从邻近像素点上引入的误差非常大,从而导致反演的场景亮温图像出现严重的失真。

为了比较清晰和直观地了解问题所在,这里仍以一维综合孔径辐射计为例。假设一维线性阵上有 10 个单元天线,单元天线在一维线性阵上满足区间[0,10λ]的均匀随机分布,如图 6-2(a)所示。该阵列的阵列因子如图 6-2(b)所示。

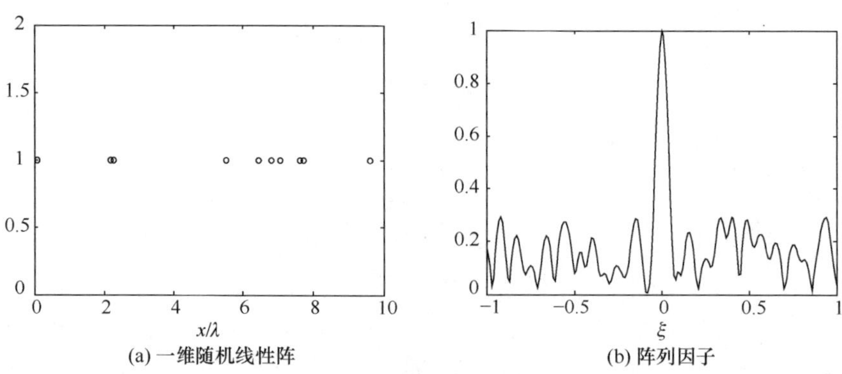

(a) 一维随机线性阵　(b) 阵列因子

图 6-2　一维随机阵及其阵列因子

显然,这个一维随机线性阵的阵列因子具有很大的旁瓣。这种阵列只能应用于射电天文,因为射电天文观测的目标是冷空背景下的点源目标,只需要达到较高的空间分辨率即可达到应用需求。在对地遥感应用中,对反演出的亮温图像上的

每一个像素点的精度要求都很高，直接傅氏反演算法得到的结果将无满足对地遥感的应用需求。

为了提高傅氏反演算法的精度需求，NUFFT 算法[15]被引入非均匀采样综合孔径辐射计中。该方法利用非均匀快速傅氏变换计算可见度值，并将计算的可见度值与测量可见度函数的采样值作差，然后再迭代搜寻使得这个差值的范数最小的场景亮温图像。

NUFFT 算法的引入可以提高非均匀综合孔径辐射计的反演精度，但其迭代搜寻过程的计算量非常大，尤其应用于大型阵列时，所需的计算量和内存都非常大。

6.2.2　*G* 矩阵反演方法面临的问题

G 矩阵反演算法在均匀采样综合孔径辐射计的反演中可取得非常好的效果，但 ***G*** 矩阵方法不能直接应用于非均匀采样综合孔径辐射计。

假设一维综合孔径辐射计的硬件系统都是理想的，则一维综合孔径辐射计的正向模型可以表示为

$$V(u) = K\int_{\xi^2 \leqslant 1} T_{\mathrm{mod}}(\xi)\mathrm{e}^{-\mathrm{j}2\pi u\xi}\mathrm{d}\xi \tag{6-4}$$

将积分式(6-4)均匀离散可得

$$V(u_k) = K\Delta\xi\sum_{0}^{N-1} T_{\mathrm{mod}}(\xi_n)\mathrm{e}^{-\mathrm{j}2\pi u_k \xi_n} \tag{6-5}$$

其中，$\xi_n = \left(n - \dfrac{N}{2}\right)\Delta\xi$；$u_k = \left(k - \dfrac{M}{2}\right)\Delta u$；$N$ 表示亮温图像像素点的个数；M 表示在 UV 平面采样点的个数。

由于式(6-5)中求和符号前的系数并不影响最终的分析结果，因此在后面的分析中令 $K\Delta\xi=1$，从而将这两个系数忽略掉。为方便数学表达，令

$$z_k = \mathrm{e}^{-\mathrm{j}2\pi u_k \Delta\xi} \tag{6-6}$$

因此，式(6-5)可以表示为

$$V(k) = \sum_{0}^{N-1} T_{\mathrm{mod}}(n) z_k^n \tag{6-7}$$

用矩阵可以表示为

$$\boldsymbol{V} = \boldsymbol{D}\boldsymbol{T}_{\mathrm{mod}} \tag{6-8}$$

其中，$\boldsymbol{V}$ 表示可见度向量，即

$$\boldsymbol{V} = \begin{bmatrix} V(1) \\ V(2) \\ \vdots \\ V(M) \end{bmatrix} \tag{6-9}$$

$\boldsymbol{T}$ 表示场景亮温向量,即

$$\boldsymbol{T}_{\mathrm{mod}}=\begin{bmatrix} T_{\mathrm{mod}}(1) \\ T_{\mathrm{mod}}(2) \\ \vdots \\ T_{\mathrm{mod}}(N) \end{bmatrix} \tag{6-10}$$

$\boldsymbol{D}$ 表示傅氏变换矩阵,即

$$\boldsymbol{D}=\begin{bmatrix} 1 & z_0^{-1} & z_0^{-2} & \cdots & z_0^{-(N-1)} \\ 1 & z_1^{-1} & z_1^{-2} & \cdots & z_1^{-(N-1)} \\ \vdots & \vdots & \vdots & & \vdots \\ 1 & z_{M-1}^{-1} & z_{M-1}^{-2} & \cdots & z_{M-1}^{-(N-1)} \end{bmatrix} \tag{6-11}$$

假设 $M=N$,则矩阵 $\boldsymbol{D}$ 为 Vandermonde 矩阵。此时,$\boldsymbol{D}$ 的行列式为

$$\det(\boldsymbol{D}) = \prod_{i\neq j,i>j} (z_i^{-1} - z_j^{-1}) \tag{6-12}$$

因为非均匀采样综合孔径辐射计基本上没有冗余基线,所以 $z_i \neq z_j$。因此,$\det(\boldsymbol{D})\neq 0$,矩阵 $\boldsymbol{D}$ 为非奇异矩阵,一定存在可逆矩阵,即

$$T_{\mathrm{mod}}=\boldsymbol{D}^{-1}\boldsymbol{V} \tag{6-13}$$

这里的 $\boldsymbol{D}$ 矩阵等同于空间频域中均匀采样辐射计的 $\boldsymbol{G}$ 矩阵。从以上分析不难看出,只要剔除 UV 平面上的冗余采样点。$\boldsymbol{G}$ 矩阵算法就一定可以唯一的反演出场景亮温图像。

尽管矩阵 $\boldsymbol{D}$ 为非奇异矩阵,其逆矩阵存在且唯一,但是非均匀综合孔径辐射计在 UV 平面上有些采样点靠得比较近。如果当采样点靠得比较近时,式(6-12)中的 z_i 的值就比较接近 z_j 的值。因此,$\det(\boldsymbol{D})$虽然不为 0,但会非常接近 0。这会导致矩阵 $\boldsymbol{D}$ 的求逆运算误差非常大,式(6-13)根本无法反演出场景的亮温图像。通过一个仿真实例可以清楚地看到使用式(6-13)根本无法反演出亮温图像。假设场景亮温图像为一矩形,如图 6-3(a)所示。仿真阵列为一维线性随机阵。通过式(6-13)反演出的亮温图像如图 6-3(b)所示。

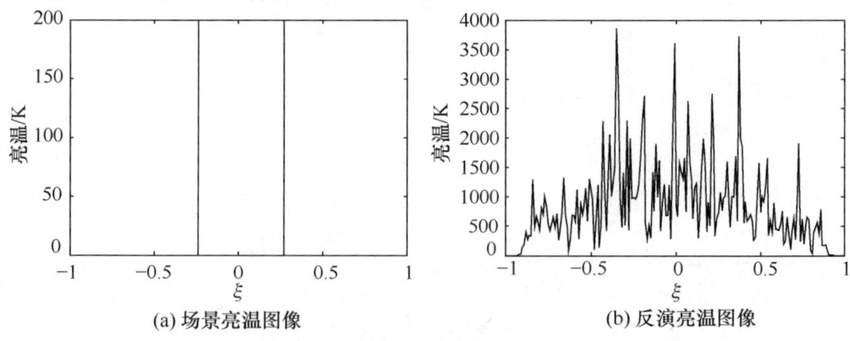

(a) 场景亮温图像 (b) 反演亮温图像

图 6-3 场景亮温及反演亮温图像

由此可见，对矩阵 $\boldsymbol{D}$ 直接求逆精度非常差，无法反演出场景的亮温图像轮廓。为提高反演精度，必须提高对矩阵 $\boldsymbol{D}$ 求逆的精度。使用伪逆运算来替代直接求逆可提高反演精度。仍然以图 6-3(a)的矩形作为场景的亮温图像，矩阵 $\boldsymbol{D}$ 仍为仿真图 6-3 中所用的矩阵。计算结果如图 6-4 所示。

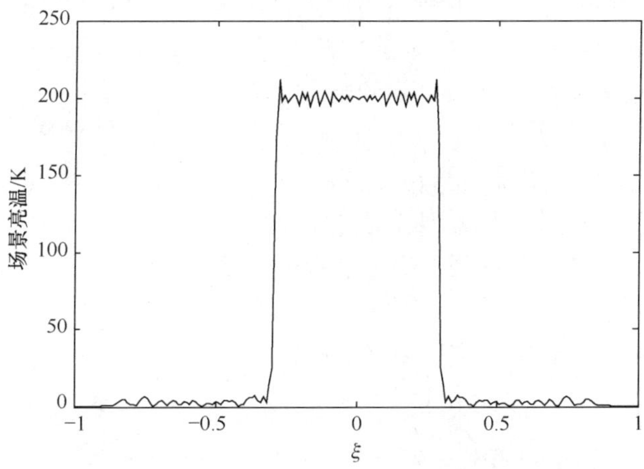

图 6-4　使用伪逆反演亮温图像

由图 6-4 可见，使用伪逆后反演精度已经大幅提高。虽然对矩阵 $\boldsymbol{D}$ 求伪逆可大幅提高反演精度，但是矩阵 $\boldsymbol{D}$ 的条件数非常之大。上面仿真中所用的矩阵 $\boldsymbol{D}$ 的条件数为 5×10^{18}，这么大的条件数意味着误差的反向传播也非常之大。这会导致反演结果非常不稳定，若假设硬件系统是非理想的，且可见度函数的采样值中含有1%的随机幅度误差。此时的仿真结果如图 6-5 所示。

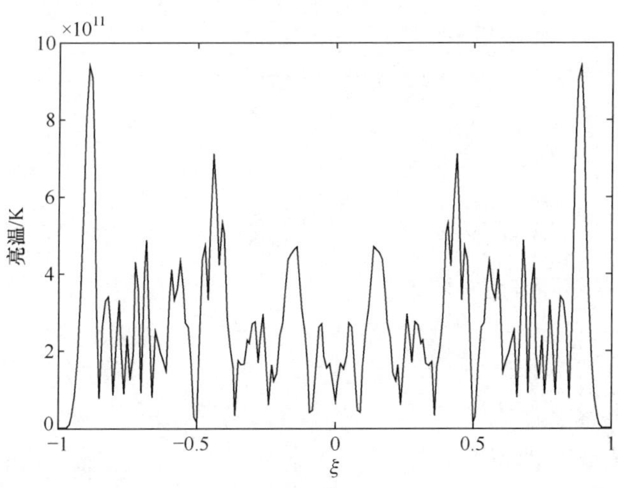

图 6-5　含误差的反演结果

从图 6-5 可见,因为条件数非常大,即使可见度函数里面混有非常小的误差,反演出的亮温图像也会含有非常大的误差。对仿真中所用的矩阵 $\boldsymbol{D}$ 进行奇异值分解,发现小于10^{-2}的奇异值占总数的 72.6%,这些小奇异值是造成矩阵 $\boldsymbol{D}$ 条件数非常大的主要原因。对均匀采样综合孔径辐射计来说,即使在有系统误差和测量误差存在的情况下,小奇异值所占的比重仍然非常小,所以其系统冲激响应矩阵的条件数非常小。因此,使用 $\boldsymbol{G}$ 矩阵方法对均匀采样综合孔径辐射计进行反演时,总能得到精度非常高且比较稳定的解。

实际上,即使硬件系统是理想的,非均匀采样综合孔径辐射计的系统冲激响应矩阵中也会含有非常多的小奇异值,这些小的奇异值不是由噪声和测量误差造成的,而是由单元天线的非规则排列造成的。这些小奇异值会导致反演结果的误差非常大,然而这些小奇异值并不能通过正则化方法将其滤除。因为它们并不代表着系统噪声和测量误差,而是代表着系统本身的特性。

若考虑二维的情况,则式(6-4)可以写为

$$V(u,v) = K\int_{\xi^2+\eta^2\leqslant 1} T_{\text{mod}}(\xi,\eta)\mathrm{e}^{-\mathrm{j}2\pi(u\xi+v\eta)}\,\mathrm{d}\xi\mathrm{d}\eta \tag{6-14}$$

将式(6-14)离散可得下式,即

$$V(u_{k1},v_{k2}) = K\Delta\xi\Delta\eta\sum_{n1=0}^{N_1-1}\sum_{n2=0}^{N_2-1} T_{\text{mod}}(\xi_{n1},\eta_{n2})\mathrm{e}^{-\mathrm{j}2\pi(u_{k1}\xi_{n1}+v_{k2}\eta_{n2})} \tag{6-15}$$

其中,$\xi_{n1}=\left(n1-\frac{N_1}{2}\right)\Delta\xi$;$\eta_{n2}=\left(n2-\frac{N_2}{2}\right)\Delta\eta$;$u_{k1}=\left(k1-\frac{M_1}{2}\right)\Delta u$;$v_{k1}=\left(k2-\frac{M_2}{2}\right)\Delta v$;$N_1$ 和 N_2 表示亮温图像像素点的个数;M_1 和 M_2 表示在 UV 平面上的采样点个数。

由于式(6-15)中的求和符号前的系数并不影响最终的分析结果,因此在后面的分析中可以忽略这些系数。为方便数学表达,令

$$z_{uk1}=\mathrm{e}^{-\mathrm{j}2\pi u_{k1}\Delta\xi} \tag{6-16}$$

$$z_{vk2}=\mathrm{e}^{-\mathrm{j}2\pi v_{k2}\Delta\eta} \tag{6-17}$$

因此,式(6-15)可以表示为

$$V(k1,k2) = \sum_{n2=0}^{N_1-1}\sum_{n1=0}^{N_2-1} T(n1,n2)z_{uk1}^{n1}z_{vk2}^{n2} \tag{6-18}$$

同样,式(6-15)可以用矩阵表示为

$$\boldsymbol{V}=\boldsymbol{D}\boldsymbol{T}_{\text{mod}} \tag{6-19}$$

尽管式(6-19)与式(6-8)完全一致,但是这两个公式中的矩阵 $\boldsymbol{D}$ 并不完全相同。例如,当亮温图像的像素点数目与 UV 平面采样点数目相同时,即 $N_1=N_2=M_1=M_2$,假设它们的值都为 2,则 $\boldsymbol{D}$ 可写为

$$\boldsymbol{D}=\begin{bmatrix}1 & z_{u0}^{-1} & z_{v0}^{-1} & z_{u0}^{-1}z_{v0}^{-1}\\1 & z_{u1}^{-1} & z_{v1}^{-1} & z_{u1}^{-1}z_{v1}^{-1}\\1 & z_{u2}^{-1} & z_{v2}^{-1} & z_{u2}^{-1}z_{v2}^{-1}\\1 & z_{u3}^{-1} & z_{v3}^{-1} & z_{u3}^{-1}z_{v3}^{-1}\end{bmatrix} \tag{6-20}$$

可见，二维综合孔径辐射计对应的矩阵 $\boldsymbol{D}$ 与一维的不同，矩阵 $\boldsymbol{D}$ 的大小为$N_1N_2\times N_1N_2$。

在一维的情况下，只要保证在空间频率域中的采样点都不同($z_i\neq z_j$)，即可确保矩阵 $\boldsymbol{D}$ 为非奇异矩阵，并且一定存在逆矩阵。然而，这个结论并不能直接扩展到二维的情况下，即使二维阵列在 UV 平面的采样点都不同，也不能确保矩阵 $\boldsymbol{D}$ 是非奇异矩阵。而只有在一些非常特殊的情况下，矩阵 $\boldsymbol{D}$ 才是非奇异矩阵。例如，当阵列在 UV 平面进行矩形采样时，如图 6-6 所示。

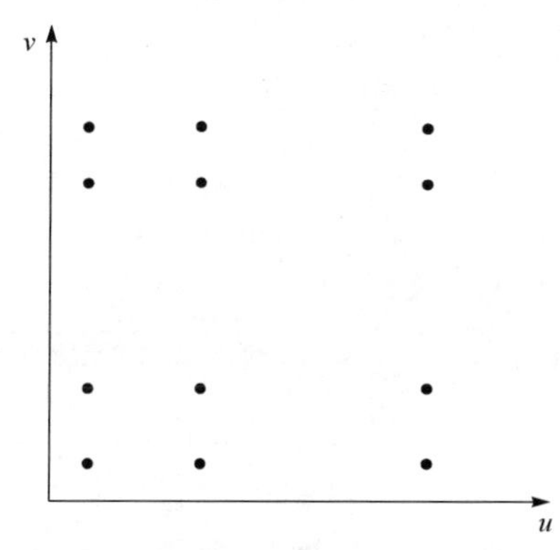

图 6-6　矩形采样

此时，可见度函数与场景亮温的关系可以表示为

$$\boldsymbol{V}=\boldsymbol{D}_1\boldsymbol{T}_{\text{mod}}\boldsymbol{D}_2^{\text{T}} \tag{6-21}$$

其中

$$\boldsymbol{D}_1=\begin{bmatrix}1 & z_{u0}^{-1} & z_{u0}^{-2} & \cdots & z_{u0}^{-(N-1)}\\1 & z_{u1}^{-1} & z_{u1}^{-2} & \cdots & z_{u1}^{-(N-1)}\\\vdots & \vdots & \vdots & & \vdots\\1 & z_{uN_1-1}^{-1} & z_{uN_1-1}^{-2} & \cdots & z_{uN_1-1}^{-(N-1)}\end{bmatrix} \tag{6-22}$$

$$\boldsymbol{D}_2=\begin{bmatrix}1 & z_{v0}^{-1} & z_{v0}^{-2} & \cdots & z_{v0}^{-(N-1)}\\1 & z_{v1}^{-1} & z_{v1}^{-2} & \cdots & z_{v1}^{-(N-1)}\\\vdots & \vdots & \vdots & & \vdots\\1 & z_{vN_2-1}^{-1} & z_{vN_2-1}^{-2} & \cdots & z_{vN_2-1}^{-(N-1)}\end{bmatrix} \tag{6-23}$$

对应的矩阵 **D** 可以表示为

$$\boldsymbol{D}=\boldsymbol{D}_1\otimes\boldsymbol{D}_2 \tag{6-24}$$

其中,符号⊗表示克罗内克积[17]。

根据克罗内克积的性质,矩阵 **D** 的行列式可以表示为

$$\begin{aligned}\det(\boldsymbol{D}) &= \{\det(\boldsymbol{D}_1)\}^{N_2}\otimes\{\det(\boldsymbol{D}_2)\}^{N_1}\\ &= \prod_{i\neq j,i>j}(z_{ui}^{-1}-z_{uj}^{-1})^{N_2}\prod_{p\neq q,p>q}(z_{vp}^{-1}-z_{vq}^{-1})^{N_1}\end{aligned} \tag{6-25}$$

可见,在矩形采样的条件下,矩阵 **D** 为非奇异矩阵,其逆矩阵一定存在。除了在 *UV* 平面上的矩形采样以外,在坐标轴的平行线上采样得到的矩阵 **D** 同样也为非奇异矩阵,如图 6-7 所示。

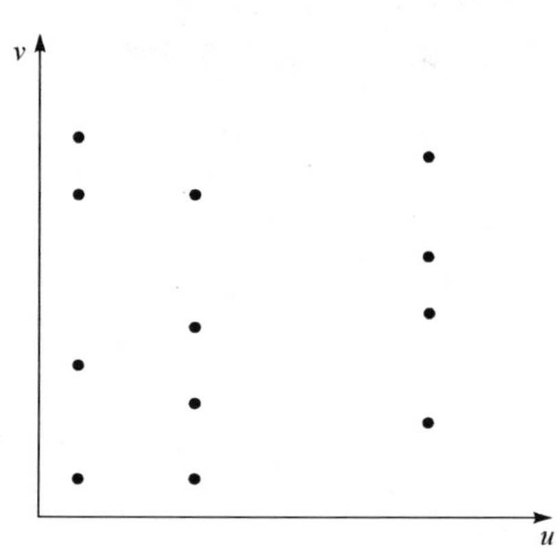

图 6-7　平行于坐标轴采样

然而,与一维非均匀采样综合孔径辐射计的情况一样,尽管在这些特殊情况下矩阵 **D** 为非奇异矩阵。由于 *UV* 平面上的采样点非常不均匀,有些采样点靠得非常近。这会导致代表系统冲激响应的 **G** 矩阵中存在许多小奇异值。同样,这些小的奇异值不是由噪声和测量误差造成的,而是由单元天线的非规则排列造成的,它们代表着系统本身的特性,但是这些小奇异值会导致反演结果不稳定,并且造成的误差也较大。

综合上述分析可知,**G** 矩阵反演方法可应用于均匀采样综合孔径辐射计,但是 **G** 矩阵反演方法并不适合应用于一维和二维非均匀采样综合孔径辐射计。

6.3　基于网格法的非均匀采样综合孔径辐射计亮温反演

6.3.1　引言

G 矩阵反演算法应用于非均匀采样综合孔径辐射计时不能得到稳定的解。使

用傅氏反演算法虽然可以得到稳定的解，但是非均匀采样综合孔径辐射计的阵列因子有的旁瓣较大，在反演图像中会引入较大的误差。为了提高傅氏反演算法的精度，NUFFT 算法被引入非均匀采样综合孔径辐射计中。虽然 NUFFT 算法可以提高非均匀采样综合孔径辐射计的反演精度，但是其所需的计算量和内存资源非常大，尤其是应用于大型阵列。

网格法最早起源于射电天文领域[18]，后被成功应用于医学图像反演中[19]。我们将详细介绍网格法的基本原理，并将网格法应用于非均匀采样综合孔径辐射计的亮温图像反演。相对于 NUFFT 算法[12-16]，网格法的计算量较小，所需的内存也较少。

从数学过程上来说，网格法是一种卷积插值的算法。在使用网格法反演亮温图像时会引入误差，这些引入的误差包括截断误差、混叠误差、离散误差。详细分析这些误差的来源及如何在反演亮温图像中减小这些误差对结果的干扰，将有助于提高非均匀采样综合孔径辐射计的反演精度。

6.3.2　网格法基本原理

将网格法用于非均匀采样综合孔径辐射计亮温图像的反演，其数学公式可以表示为

$$T(\xi_{n_1},\eta_{n_2})=\frac{\mathrm{IFFT}[(V_s(u_{k1},v_{k2})*\hat{w}(u,v))\cdot W(u,v)\cdot S(u,v;u_{m1},v_{m2})]}{\mathrm{IFFT}[\hat{w}(u,v)\cdot S(u,v;u_{m1},v_{m2})]} \tag{6-26}$$

其中，$V_s(u_{k1},v_{k2})$表示非均匀采样综合孔径辐射计在 UV 平面上的离散采样点；$\hat{w}(u,v)$表示卷积函数；$W(u,v)$表示窗函数；$S(u,v;u_{m1},v_{m2})$表示采样函数；$T(\xi_{n_1},\eta_{n_2})$表示反演的亮温图像；IFFT(·)表示快速傅氏反变换。

非均匀采样综合孔径辐射计网格法反演可分为四步。第一步是获得非均匀采样综合孔径辐射计在 UV 平面上的离散采样点 $V_s(u_{k1},v_{k2})$；第二步是使用第一步获得的离散采样点进行离散卷积运算 $V_d=V_s*\hat{w}$，替代连续卷积运算 $V_c=V*\hat{w}$；第三步是将离散卷积运算的结果 $T_w=\mathrm{IFFT}(V_d\cdot W\cdot S)$进行傅氏反变换，得到图像域中的亮温值；第四步是去除卷积窗对反演结果的影响[20]。详细过程如下所述。

第一步，从非均匀采样综合孔径辐射计的输出获得其在 UV 平面上的离散采样点

$$V_s(u_{k1},v_{k2})=F(T_B,x_{\mathrm{ant}},y_{\mathrm{ant}}) \tag{6-27}$$

其中，T_B 表示场景亮温图像；$(x_{\mathrm{ant}},y_{\mathrm{ant}})$表示单元天线的空间坐标；$F(\cdot)$表示由亮温到可见度函数的映射。

第二步,通过离散卷积,即

$$V_d(u_{m1}, v_{m2}) = \sum_{k2} \sum_{k1} c_{k1,k2} \hat{w}(u_{m1} - u_{k1}, v_{m2} - v_{k2}) V_s(u_{k1}, v_{k2}) \quad (6\text{-}28)$$

来替代连续卷积,即

$$V_c(u_{m1}, v_{m2}) = \iint_{R^2} \hat{w}(u_{m1} - u', v_{m2} - v') V(u', v') \mathrm{d}u' \mathrm{d}v' \quad (6\text{-}29)$$

其中,$c_{k1,k2}$表示采样点(u_{k1}, v_{k2})的权重系数,也称为采样点(u_{k1}, v_{k2})的密度补偿因子;(u_{m1}, v_{m2})表示卷积重采样点在UV平面的坐标。

实际上,离散卷积在替代连续卷积时会产生离散误差$e_d(u_{m1}, v_{m2})$,可以表示为

$$e_d(u_{m1}, v_{m2}) = \iint_{R^2} \hat{w}(u_{m1} - u', v_{m2} - v') V(u', v') \mathrm{d}u' \mathrm{d}v' - \sum_{k2} \sum_{k1} c_{k1,k2} \hat{w}(u_{m1} - u_{k1}, v_{m2} - v_{k2}) V_s(u_{k1}, v_{k2}) \quad (6\text{-}30)$$

一般说来,非均匀采样综合孔径辐射计在UV平面的高频区域的采样点密度比较小,在用离散卷积运算替代连续卷积运算后会产生比较大的离散误差。以一个随机一维线性阵为例,阵列天线如图 6-8(a)所示,该阵列在UV平面产生的采样点的密度分布如图 6-8(b)所示,圆圈表示高频区域。可见,在高频区域内,采样点的密度非常小。

假设可见度函数为 sinc(u),卷积函数为 blackman 窗函数,则离散卷积与连续卷积运算结果如图 6-9(a)所示。离散误差分布如图 6-9(b)所示。结合图 6-8 和图 6-9 对比分析可知,在高频区域内由于采样点密度比较小,引入的离散误差也非常大,因此为了减小反演亮温图像中的振荡效应,需对离散卷积后的结果进行加窗处理。

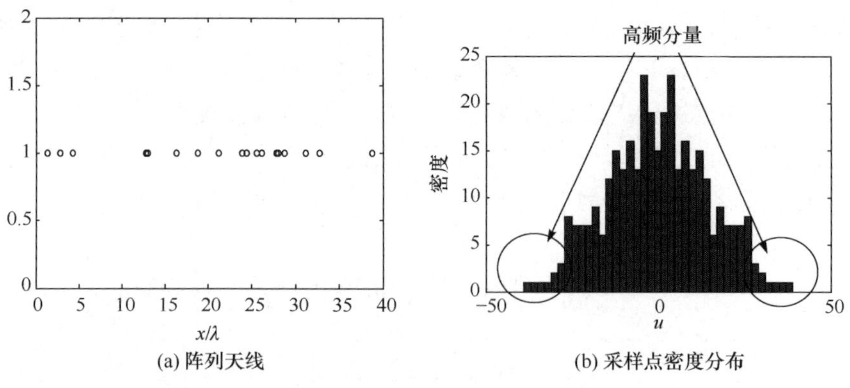

(a) 阵列天线　　(b) 采样点密度分布

图 6-8　一维随机阵及其采样点密度分布

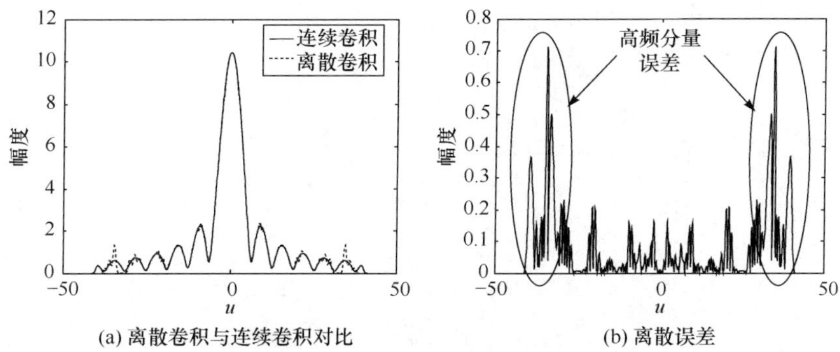

(a) 离散卷积与连续卷积对比　(b) 离散误差

图 6-9　离散卷积与连续卷积对比及离散误差分布

为了能在第三步中使用快速傅氏算法，卷积重采样点(u_{m1},v_{m2})必须在 UV 平面上均匀分布，即

$$(u_{m1},v_{m2})=(m_1\Delta u,m_2\Delta v),\quad -\frac{N_{1,2}}{2}\leqslant m_{1,2}\leqslant\frac{N_{1,2}}{2} \tag{6-31}$$

其中，N_1 和 N_2 分别表示在 UV 平面上 u 轴和 v 轴方向上的重采样点数目；Δu 和 Δv 分别表示在 UV 平面上的最小采样间隔。

为了减小在反演图像中的混叠误差，在 UV 平面上重采样时需进行过采样，也就是说在 UV 平面上的采样点数目必须大于反演图像中像素点的数目。定义过采样因子为

$$\alpha=\frac{N_1\times N_2}{N_1'\times N_2'} \tag{6-32}$$

其中，N_1'和 N_2'分别表示原亮温图像在 ξ 轴和 η 轴方向上像素点数目。

显然，过采样因子会大于 1，一般情况下过采样因子取 2 比较合适。

第三步，将离散卷积序列 $V_d(u_{m1},v_{m2})$进行傅氏反变换，由 Poisson 求和可得下式，即

$$\begin{aligned}&\sum_{h_{1,2}\in Z}T_w\left(\xi_{n1}-h_1\frac{1}{\Delta u},\eta_{n2}-h_2\frac{1}{\Delta v}\right)\\&=\Delta u\Delta v\cdot\sum_{m2\in Z}\sum_{m1\in Z}V_d(u_{m1},v_{m2})\exp(\mathrm{j}2\pi(\xi_{n1}u_{m1}+\eta_{n2}v_{m2}))\end{aligned} \tag{6-33}$$

其中，$\xi_{n1}=\dfrac{n_1}{N_1\Delta u}$和 $\eta_{n2}=\dfrac{n_2}{N_2\Delta v}$分别表示反演图像像素点的坐标位置，$-\dfrac{N_1}{2}\leqslant n_1\leqslant\dfrac{N_1}{2}$，$-\dfrac{N_2}{2}\leqslant n_2\leqslant\dfrac{N_2}{2}$。

显然，式(6-33)中的求和为无限求和，截断为有限项求和可以表示为

$$T_w(\xi_{n1},\eta_{n2}) = \Delta u \Delta v \cdot \sum_{\substack{m2 \geqslant -N_2/2 \\ m2 \leqslant N_2/2}} \cdot \sum_{\substack{m1 \geqslant -N_1/2 \\ m1 \leqslant N_1/2}} V_d(u_{m1},v_{m2}) \exp(\mathrm{j}2\pi(\xi_{n1}u_{m1} + \eta_{n2}v_{m2})) + e_T(\xi_{n1},\eta_{n2}) + e_A(\xi_{n1},\eta_{n2}) \tag{6-34}$$

其中,$e_T(\xi_{n1},\eta_{n2})$为截断误差,可以表示为

$$e_T(\xi_{n1},\eta_{n2}) = \Delta u \Delta v \cdot \sum_{\substack{m2 \leqslant -N_2/2 \\ m2 \geqslant N_2/2}} \sum_{\substack{m1 \leqslant -N_1/2 \\ m1 \geqslant N_1/2}} V_d(u_{m1},v_{m2}) \exp(\mathrm{j}2\pi(\xi_{n1}u_{m1} + \eta_{n2}v_{m2})) \tag{6-35}$$

设 $e_A(\xi_{n1},\eta_{n2})$为混叠误差,可以表示为

$$e_A(\xi_{n1},\eta_{n2}) = -\sum_{h_{1,2} \neq 0} T_w\left(\xi_{n1} - h_1 \frac{1}{\Delta u}, \eta_{n2} - h_2 \frac{1}{\Delta v}\right) \tag{6-36}$$

为提高计算效率,截断序列的求和为

$$T'_w(\xi_{n1},\eta_{n2}) = \Delta u \Delta v \cdot \sum_{\substack{m2 \geqslant -N_2/2 \\ m2 \leqslant N_2/2}} \sum_{\substack{m1 \geqslant -N_1/2 \\ m1 \leqslant N_1/2}} V_d(u_{m1},v_{m2}) \exp(\mathrm{j}2\pi(\xi_{n1}u_{m1} + \eta_{n2}v_{m2})) \tag{6-37}$$

式(6-37)可通过快速傅氏算法来计算,令 $T'_w(\xi_{n1},\eta_{n2}) = T'_w(n_1,n_2)$,计算结果中会引入截断误差和混叠误差。

第四步,由于在第一步中在空间频率域中进行了卷积运算,根据信号处理理论,在图像域中要除以卷积函数的傅氏逆变换才能消除卷积函数对反演结果的影响,可以表示为

$$T'(n_1,n_2) = \frac{T'_w(n_1,n_2)}{w(n_1,n_2)} \tag{6-38}$$

其中,w 为卷积函数 $\hat{w}$ 的傅氏反变换。

因为过采样的原因,反演出来的亮温图像中的像素点个数 $N_1 \times N_2$ 要大于实际场景亮温图像中像素点个数 $N'_1 \times N'_2$,因此需按比例对 $T'(n_1,n_2)$进行裁剪,还原出实际的场景亮温图像。

上述四个步骤是网格法的基本原理,但在使用网格法对非均匀综合孔径辐射计亮温图像反演时,如何确定每个采样点对应的密度补偿因子 c_j 的值,以及如何评估在使用网格法反演时带来的误差是理解网格法反演的关键所在。

6.3.3 密度补偿因子

密度补偿因子 $c_{k1,k2}$可以减少离散误差。$c_{k1,k2}$的计算方式有许多种[21],这里使用采样点对应小区域内的面积作为 $c_{k1,k2}$的值,因此当采样点在 UV 平面内均匀分布时,$c_{k1,k2}$的值为常数。当均匀采样点在 UV 平面内非均匀分布时,$c_{k1,k2}$的值为变量,并且也很难通过解析的方式给出 $c_{k1,k2}$ 的计算方法。为了精确的获得 $c_{k1,k2}$ 的

值，首先要找到一种比较好的方式来指定哪些区域属于采样点“甲”，哪些区域属于采样点“乙”。

这里用 Voronoi 图[22]来分割采样图案。俄国数学家 Voronoi 于 1908 年提出并以他的名字命名了 Voronoi 图。Voronoi 图的定义为，假设平面上有一集合 S，S 中包含有N 个点，且这 N 个点互不相同。定义点 $p_i \in S$ 对应的区域 $V(p_i)$为所有到 p_i 距离最近的点的集合，即

$$V(p_i)=\{p\,|\,\mathrm{dist}(p,p_i)\leqslant \mathrm{dist}(p,p_j),i\neq j,j=1,2,\cdots,N\} \tag{6-39}$$

其中，$\mathrm{dist}(x,y)$表示两点之间的欧几里得距离。

通过 Voronoi 图的定义可知，只要给定平面上一组互不相同的采样点，就可将平面分割成若干不同的小区域，而每个小区域内只包含一个采样点。因此，将非均匀采样综合孔径辐射计在 UV 平面上的采样点作为一组给定的点，再通过 Voronoi 图就可将 UV 平面划分成若干个小区域，而每个小区域的面积则作为该采样点的密度补偿因子。以一个有 15 根单元天线的随机二维阵为例，该阵列在 UV 平面上的采样图案如图 6-10(a)所示，对该采样图案进行分割后如图 6-10(b)所示。

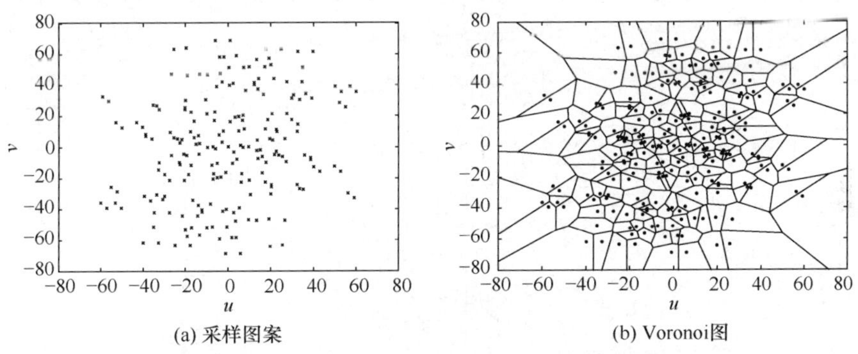

图 6-10　二维随机阵采样图案及其 Voronoi 图

由图 6-10 可见，通过 Voronoi 图可以将非均匀采样综合孔径辐射计的采样图案进行精确的分割，分割后的小区域内只包含一个采样点，并将每个采样点对应的小区域的面积作为此采样点的密度补偿因子。

虽然使用 Voronoi 图可以计算出采样点的密度补偿因子，但是综合孔径辐射计在 UV 平面上的采样区间是有限的。这就意味着，在高频部分的有些采样点对应的小区域过大，从而导致计算出的密度补偿因子非常大，有些高频区域采样点的密度补偿因子甚至为无穷大。以图 6-10(b)为例，该 Voronoi 图的右下角的部分采样点对应的小区域非常大，如图 6-11 中圆圈所标示的采样点。

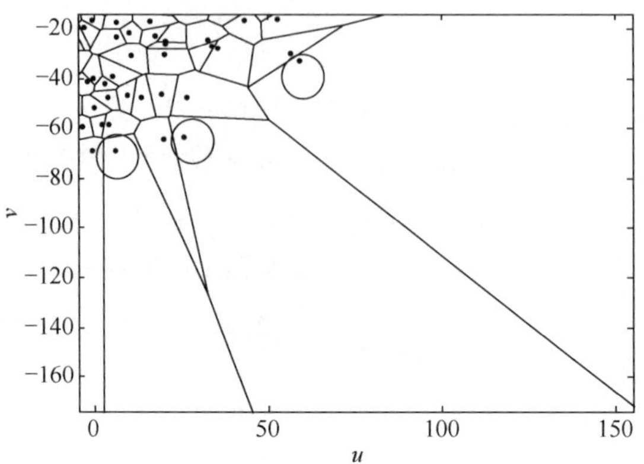

图 6-11　高频采样点的 Voronoi 图

显然,这些取值巨大的密度补偿因子会导致反演的亮温图像出现巨大的振荡。为避免这种情况出现,可以在采样图案外部的固定边框上插入一些均匀的采样点,如图 6-12 所示。插入均匀的采样点后,高频部分的采样点就不会出现非常大的密度补偿因子了。然而,插入采样点的密度不同会对网格法的反演精度造成影响。寻找最佳的插入点密度将非常耗时,一般情况下用 UV 平面上采样点的平均密度作为插入点的密度。

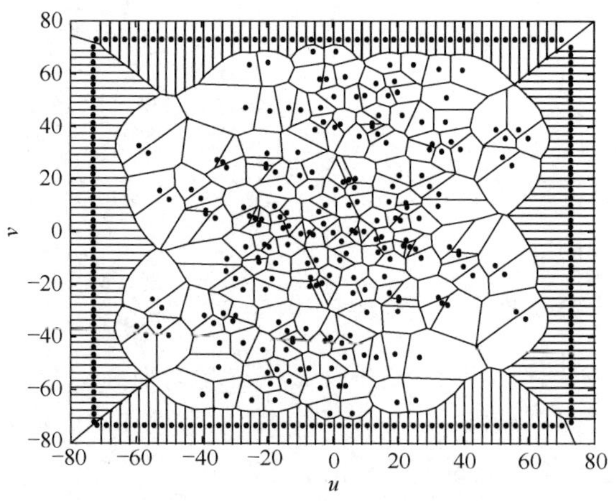

图 6-12　插入采样点后的 Voronoi 图

6.3.4　误差分析

使用网格法反演亮温图像时,会引入一些误差,主要包括截断误差、混叠误差、离散误差。本小节分析这些误差产生的原因及如何减小这些误差对反演结果的影响。

1. 截断误差

截断误差在反演亮温图像中会引入 Gibbs 振荡。如式(6-35)所示，截断误差 e_T 由来自区间 $u\in\left[-\frac{\Delta u N_1}{2},\frac{\Delta u N_1}{2}\right]$和 $v\in\left[-\frac{\Delta v N_2}{2},\frac{\Delta v N_2}{2}\right]$以外的采样点所引起。如果卷积重采样点 $V_d(u_i,v_i)$在高频区域内衰减非常快，则截断误差对反演结果的影响将非常小。然而，在实际的综合孔径辐射计系统中，受系统噪声等因素的影响，长基线的输出并不接近于零，因此需进行加窗处理。Anterrieu 等详细介绍了减小截断误差的方法[23]。

2. 混叠误差

由式(6-28)、式(6-33)和式(6-36)可知，混叠误差由采样间隔($\Delta u,\Delta v$)和卷积函数 $\hat{w}(u,v)$所决定。在 UV 平面采样后，经过傅氏反变换亮温图像会出现周期延拓现象，而周期的大小与采样间隔成反比。采样间隔越小，周期越大。另外，卷积窗傅氏反变换后都有很长的“尾巴”，这些“尾巴”会从一个周期延伸到另一个周期内，引起混叠误差。因此，为了减少混叠误差，除了增加周期间隔外，还应选用“尾巴”比较小的卷积窗。以矩形窗和汉明窗为例，如图 6-13 所示。

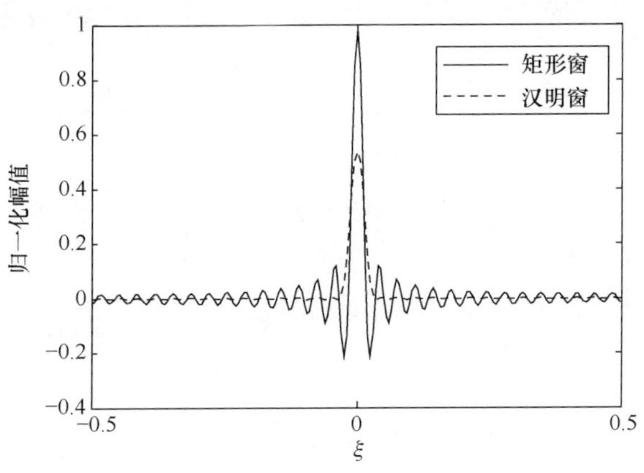

图 6-13　卷积窗函数

显然，矩形窗的“尾巴”明显要大于汉明窗。如果选用矩形窗作为卷积函数，那周期混叠就会非常大。常见的窗函数有如下几种。

(1) two-term cosine

$$\left[\gamma+(1-\gamma)\cos\left(\frac{2\pi}{W}u\right)\right]\cdot\left[\gamma+(1-\gamma)\cos\left(\frac{2\pi}{W}v\right)\right] \tag{6-40}$$

(2) three-term cosine

$$\left[\gamma+\beta\cos\left(\frac{2\pi}{W}u\right)+(1-\gamma-\beta)\cos\left(\frac{4\pi}{W}u\right)\right]\cdot\left[\gamma+\beta\cos\left(\frac{2\pi}{W}v\right)+(1-\gamma-\beta)\cos\left(\frac{4\pi}{W}v\right)\right] \tag{6-41}$$

(3) Kaiser-Bessel

$$\left\{\frac{1}{W}I_0\left[\beta\sqrt{1-(2u/W)^2}\right]\right\}\cdot\left\{\frac{1}{W}I_0\left[\beta\sqrt{1-(2v/W)^2}\right]\right\} \tag{6-42}$$

其中，$|u|\leqslant\frac{L}{2}$；$|v|\leqslant\frac{L}{2}$，L 为卷积窗的宽度；I_0 为零阶修正的第一类贝塞尔函数；β 和 γ 为自定义参数，当 $\gamma=0.5$ 时，two-term cosine 函数就变为 Hanning 窗，当 $\gamma=0.42$，$\beta=0.5$ 时，three-term cosine 函数就变为 Blackman 窗。

为确保经过傅氏反变换后卷积函数的“尾巴”最小，卷积函数的能量需最大限度的集中在限定的带宽内[24]，即

$$\min=\frac{\iint_{|\xi|>B_1,|\eta|>B_2}|w(\xi,\eta)|^2\mathrm{d}\xi\mathrm{d}\eta}{\int_{-\infty}^{\infty}\int_{-\infty}^{\infty}|w(\xi,\eta)|^2\mathrm{d}\xi\mathrm{d}\eta} \tag{6-43}$$

PSWF 能最大限度的将能量集中在限定带宽内，但是 PSWF 函数的计算太过复杂。为了减少计算量，可用 Kaiser-Bessel 函数来替代 PSWF 函数。Kaiser-Bessel 函数及其傅氏反变换都非常容易计算，可以表示为

$$\hat{w}(u,v)=\frac{1}{W^2}I_0\left[\beta\sqrt{1-(2u/W)^2}\right]\cdot I_0\left[\beta\sqrt{1-(2v/W)^2}\right] \tag{6-44}$$

$$w(\xi,\eta)=\frac{\sin\sqrt{\pi^2W^2\xi^2-\beta^2}}{\sqrt{\pi^2W^2\xi^2-\beta^2}}\cdot\frac{\sin\sqrt{\pi^2W^2\eta^2-\beta^2}}{\sqrt{\pi^2W^2\eta^2-\beta^2}} \tag{6-45}$$

这里使用 Kaiser-Bessel 函数作为卷积函数。

3. 离散误差

不同于前两种误差，离散误差的分析是最复杂的。在分析离散误差之前，首先要分析离散误差是如何产生的。若在第二步不使用离散卷积，则可见度函数与卷积函数将在空间频率域中进行连续卷积运算。然后，在第四步中再除以卷积函数的傅氏反变换序列，消除卷积函数对反演结果的影响。然而，非均匀采样综合孔径辐射计在 UV 平面上的采样点是离散且非均匀的，无法获得连续的可见度函数的值，只能使用离散求和的方法来替代连续卷积。在这个离散求和替代连续卷积运算的过程中产生的误差就称为离散误差。离散误差与卷积函数的长度和阵列的采样图案有密切的关系。

1）卷积函数长度的影响

卷积函数在网格法中的主要作用是对离散的可见度函数进行平滑作用。卷积函数的长度越长，平滑作用越明显，引入的离散误差就越小；反之，平滑作用非常差，引入的离散误差也非常大。以一维随机阵为例，假设场景亮温的可见度函数为 sinc(u)，卷积函数为 Blackman 窗，且卷积窗的长度为 0.6λ，经过离散卷积后结果如图 6-14(a)所示。图中虚线表示离散卷积的结果，实线表示连续卷积的结果。可见，当卷积窗的长度非常小的时候，离散卷积的平滑效果非常差，同时离散误差也非常大。在其他条件不变的情况下，将卷积窗的长度改变为 2.6λ，计算结果如图 6-14(b)所示。显然，随着卷积函数的长度变长，对可见度函数的平滑效果越明显，引入的离散误差也越小。

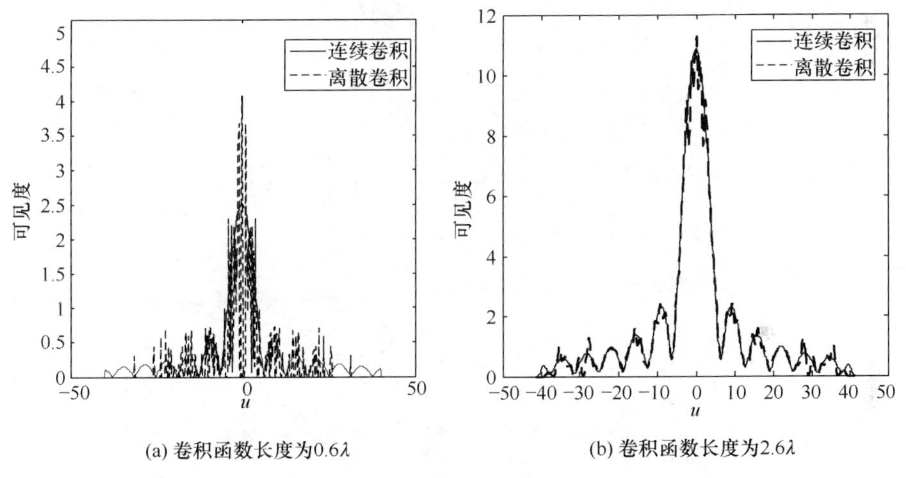

图 6-14　不同长度的卷积函数进行离散卷积后的结果

虽然增加卷积函数的长度能减小离散误差，但是卷积函数的长度变长后离散求和的计算量就会增加。考虑到计算复杂度，一般情况下不能把卷积函数的长度设置的太长。

2）采样图案的影响

非均匀采样综合孔径辐射计在 UV 平面上采样点的分布(采样图案)对离散误差的影响非常大。目前还没有相关文献能非常合理，并且定量地分析清楚离散误差与采样图案之间的关系。当采样点分布非常不均匀时，即在 UV 平面上有的区域内密度非常大，而在有些区域内密度非常小。此时，引入的离散误差会非常大[20]。实际上，离散误差与场景亮温的分布也有非常密切的关系。首先从分析离散误差的特性入手，然后再分析离散误差与采样图案，以及场景亮温分布之间的关系，最后给出减小离散误差的方法。

(1) 离散误差的收敛特性

离散误差产生的根本原因是使用式(6-28)的离散求和替代式(6-29)的连续积分。然而,在数学定义上,连续积分本身就可以写成如下的离散求和即

$$\iint_{R^2} f(x,y)\mathrm{d}x\mathrm{d}y = \lim_{\substack{n\to\infty \\ \lambda\to 0}} \sum_n f(x_n, y_n)\Delta s_n, \quad \lambda = \max(\Delta s_n) \tag{6-46}$$

其中,Δs_n 表示第 n 个采样点对应的面积;$f(x_n, y_n)$ 表示函数 $f(x,y)$ 在点 (x_n, y_n) 处的采样值;R^2 表示积分区间。

只要采样点的概率密度分布 $p(x,y)$ 在积分区间 R^2 上不为零,随着采样点数目的增加,离散求和的结果会慢慢地逼近连续积分的计算结果。当采样点增加到一定数量的时候,离散求和的计算结果与连续积分的计算结果是一致的。因此,离散误差具有随采样点数目的增加而收敛致零的特性。

为了更清楚的显示离散误差的收敛特性,以一维连续积分为例,假设积分函数为 sinc(x),采样点在区间[−20,20]上分别满足方差为 6 和 30 的高斯分布,离散求和与连续积分的误差如图 6-15 所示。

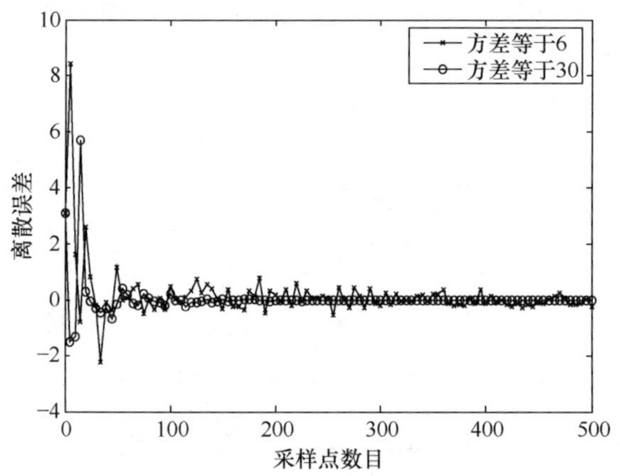

图 6-15 离散求和和连续积分的误差

从图 6-15 可得出两个结论,随着采样点数目的增加,离散误差收敛于零;采样点的分布不同,离散误差收敛的速度也不同。很明显,在这个仿真例子中,采样点的位置满足方差为 30 的高斯分布时,离散误差的收敛速度明显变快。

(2) 离散误差的上边界

离散误差在数学上可以表示为

$$|e_d| = \left| \iint_{R^2} f(x,y)\mathrm{d}x\mathrm{d}y - \sum_{n=1}^{N} f(x_n, y_n)\Delta s_n \right| \tag{6-47}$$

其中，e_d 表示离散误差。

将式(6-47)改写为求和的形式，即

$$\begin{aligned}|e_d| &= \left|\sum_{n=1}^{N}\iint_{R_n^2} f(x,y)\mathrm{d}x\mathrm{d}y - \sum_{i=n}^{N} f(x_n,y_n)\Delta s_n\right| \\ &= \left|\sum_{n=1}^{N}\left(\iint_{R_n^2} f(x,y)\mathrm{d}x\mathrm{d}y - f(x_n,y_n)\Delta s_n\right)\right| \end{aligned} \tag{6-48}$$

其中，R_n^2 表示第 n 个采样点所对应的区域。

根据不等关系，可得

$$|e_d| \leqslant \sum_{i=1}^{N}\left|\iint_{R_n^2} f(x,y)\mathrm{d}x\mathrm{d}y - f(x_n,y_n)\Delta s_n\right| \tag{6-49}$$

根据二维积分的中值定理，有

$$\iint_{R_n^2} f(x,y)\mathrm{d}x\mathrm{d}y = f(\gamma_n,\beta_n)\Delta s_n \tag{6-50}$$

其中，(γ_n,β_n)表示函数 $f(x,y)$在第 n 个采样点所对应区内的中值点。

式(6-49)又可以写为

$$|e_d| \leqslant \sum_{n=1}^{N}|f(\gamma_n,\beta_n)\Delta s_n - f(x_n,y_n)\Delta s_n| = \sum_{n=1}^{N}\Delta s_n|f(\gamma_n,\beta_n) - f(x_n,y_n)| \tag{6-51}$$

由此可知，如果所有的采样点都位于其对应区域内的中值点上，则不会产生离散误差。

考虑到 $f(\gamma_n,\beta_n)$为函数 $f(x,y)$在区间 R_n^2 内的均值，因此

$$f_{\min} \leqslant f(\gamma_n,\beta_n) \leqslant f_{\max} \tag{6-52}$$

其中，$f_{\min}$和 $f_{\max}$分别表示函数 $f(x,y)$在区间 R^2 内的最小值和最大值，因此有

$$|f(\gamma_n,\beta_n) - f(x_n,y_n)| \leqslant f_{\max} - f_{\min} \tag{6-53}$$

根据不等式的传递性质，式(6-51)可以表示为

$$|e_d| \leqslant \sum_{n=1}^{N}\Delta s_n(f_{\max} - f_{\min}) = S\cdot(f_{\max} - f_{\min}) \tag{6-54}$$

其中，S 表示二维积分区间 R^2 的面积。

由式(6-54)可知，在假设积分区间不变的情况下，离散误差的上界与积分函数的最大值与最小值之差成正比。也就是说，当积分函数的最大值与最小值之差非常大时，离散误差的上边界也非常大，离散误差则有可能非常大；反之，当积分函数的最大值与最小值之差非常小时，不论采样点如何分布，离散误差都非常小。例如，当积分函数为常数时，不论采样点的数目是多少或者是如何分布的，离散误差都为零。

(3) 采样点密度分布与可见度的相关性

将积分函数 $f(x,y)$替换为可见度函数与卷积函数的乘积,可知离散误差的上界与可见度函数与卷积函数乘积 $\varpi \cdot V$ 的最大值与最小值之差有关。由于可见度函数是复变函数,可以写为

$$V(u,v)=|V|\mathrm{e}^{\mathrm{j}\theta} \tag{6-55}$$

其中,$|V|$表示可见度函数的模;θ 表示可见度函数的幅角。

通常$|V|$可以用来表示复变函数的能量,$|V|$表示复变函数的“大小”。由于$|V|$恒大于零,卷积函数也恒大于零,因此可见度函数与卷积函数乘积 $\varpi \cdot V$ 的最小值为 0。由于在卷积运算的过程中,卷积函数对所有位置的可见度函数的影响都是一样的,因此可以忽略卷积函数的影响,可见度函数与卷积函数乘积 $\varpi \cdot V$ 的最大值可由$|V|$的最大值来替代。

离散误差的上界可以写为

$$|e_d(u_{m1},v_{m2})|\leqslant S\cdot|V|_{\max} \tag{6-56}$$

可见,离散误差的上界与可见度函数的模$|V|$成正比。这意味着可见度函数的模值越大,引入的离散误差就有可能越大。

由于非均匀采样综合孔径辐射计的采样点在 UV 平面的分布具有随机性,我们使用密度函数来表示这些采样点的分布特性。密度函数越大的地方,采样点的密度就越大;反之,密度函数越小的地方,采样点的密度就越小。

由前面分析离散误差的收敛特性可知,离散误差随采样点数目的增加而收敛,因此在离散误差的上界较大的地方应该多包含一些采样点,在离散误差的上界较小的地方应少包含一些采样点,这样可以确保引入的离散误差较小。换言之,在可见度函数的模较大的地方,采样点的概率密度函数应该较大。在可见度函数的模较小的地方,采样点的密度函数应该较小,因此采样点的密度与可见度函数的模应该具有正相关的特性。相关系数 r 定义为

$$r=\frac{E\{[p(u,v)-E(p(u,v))]\}E\{[|V(u,v)|-E(|V(u,v)|)]\}}{\sqrt{D(p(u,v))}\sqrt{D(|V(u,v)|)}} \tag{6-57}$$

其中,$p(u,v)$表示采样点在 UV 平面上的密度函数;$E(\cdot)$表示数学期望;$D(\cdot)$表示方差。

相关系数 r 表示可见度函数的模与采样点密度函数的相关度,当 r 为正时,表明它们具有正相关的特性;当 r 为负时,表明它们具有负相关的特性。

通过一个一维仿真的例子可以更加清楚地看到相关系数 r 与离散误差之间的关系。假设可见度函数的模为$\left|\mathrm{sinc}\left(\frac{u}{4}\right)\right|$,卷积函数为 Blackman 窗,当采样点 u_k 在区间$[-40,40]$上满足均匀分布时,计算出的离散卷积如图 6-16 所示。采样点密度分布如图 6-17 所示。

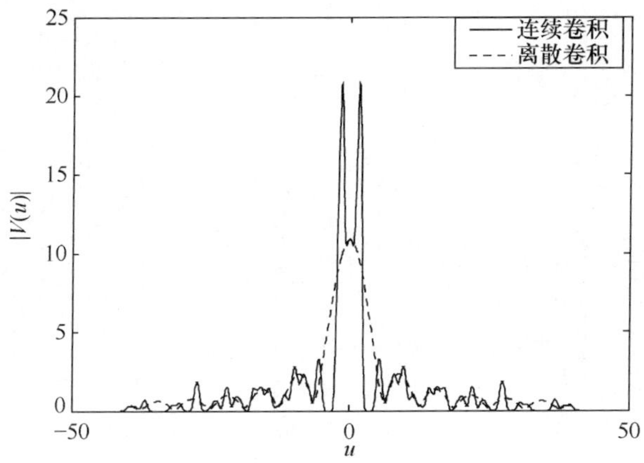

图 6-16　均匀分布采样点的离散卷积与连续卷积对比

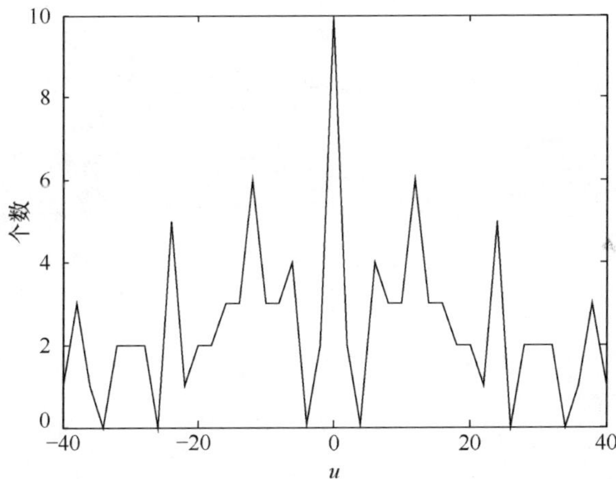

图 6-17　均匀分布采样点密度分布

由于采样点数目比较少，图 6-17 所示的采样点密度分布与均匀分布的概率密度函数有差异，但是随着采样点数目的增加，这种差异将会越来越小。为定量比较离散误差的大小，在区间[−40,40]对离散误差的绝对值进行求和计算，计算出的离散误差绝对值的和为 68.5，同时可以计算出相关系数 r 的值为 0.26。

当采样点 u_k 在区间[−40,40]满足方差为 100 的高斯分布时，计算出的离散卷积如图 6-18 所示。采样点密度分布如图 6-19 所示。

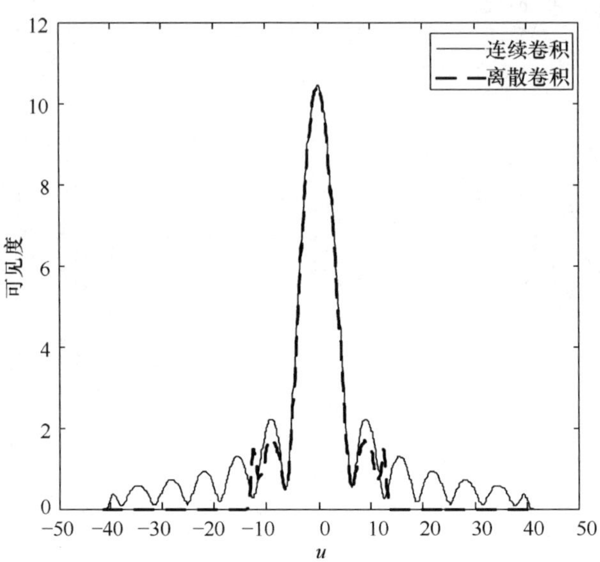

图 6-18 高斯分布采样点的离散卷积与连续卷积对比

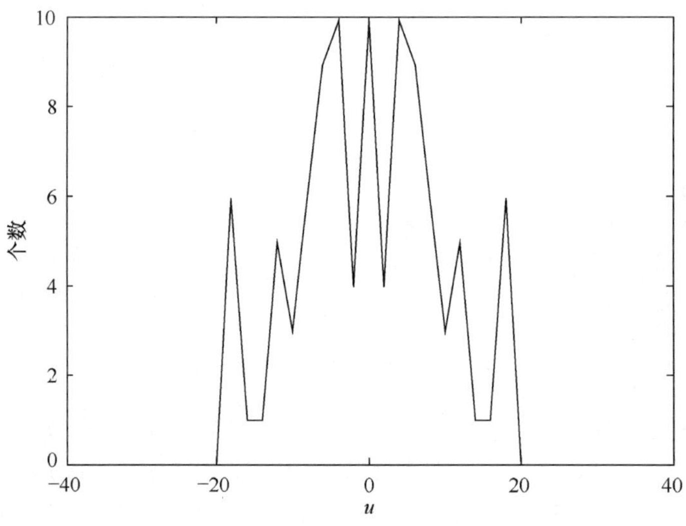

图 6-19 高斯分布采样点密度分布

同理,由于采样点数目比较少,图 6-19 所示的采样点密度分布与高斯分布的概率密度函数有差异。在这种分布的情况下,计算出的离散误差绝对值的和为 51,相关系数 r 的值为 0.52。

为得到与可见度函数的模相关度比较高的采样点密度分布,可以对采样点的产生函数进行一些调整,得到的采样点密度分布如图 6-20 所示。

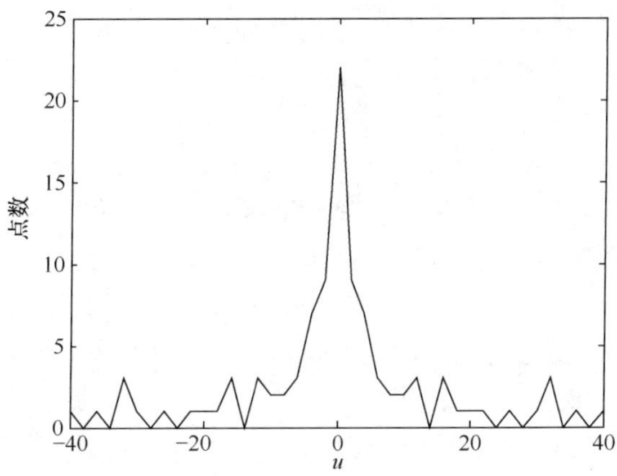

图 6-20　采样点密度分布

此时，相关系数 r 的值为 0.89，计算出的离散卷积如图 6-21 所示。离散误差绝对值的和为 40.7。

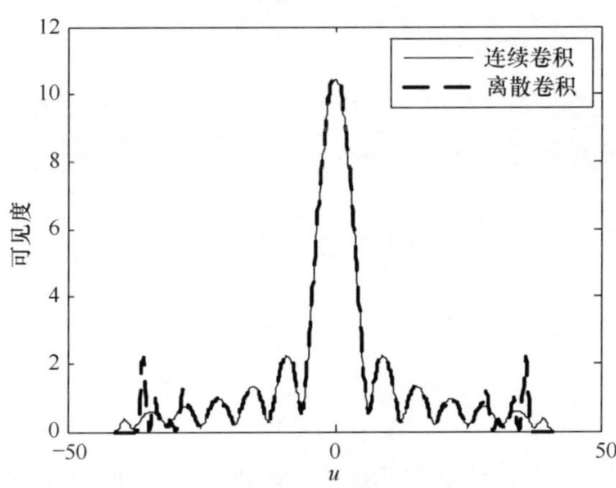

图 6-21　离散卷积与连续卷积对比

从这个例子可以看出，相关系数 r 与离散误差成反比，当 r 越大时，引入的离散误差就越小。因此，当非均匀采样综合孔径辐射计的采样点在 UV 平面的密度分布与观测场景的可见度函数的模相关度比较高时，引入的离散误差会相对小一些。

6.3.5　计算复杂度

在复数运算中，通常使用复数乘法的次数作为计算复杂度的标准。相对于 NUFFT 算法，网格法的计算复杂度较小，单元天线的排列位置确定后，采样点在 UV 平面上的位置也确定了。然后，根据采样点的位置信息使用 Voronoi 图对采样图案进行分割,分割后计算出每个采样点的密度补偿因子可存放在内存中,在反演计算时直接从内存中调取密度补偿因子的值即可。因此,可将计算采样点的密度补偿因子的工作放在程序预处理部分,减小计算复杂度。

在网格法反演亮温图像的计算步骤中,计算离散卷积需要使用 $M_1M_2L^2$ 次复数乘法,使用 IFFT 算法进行傅氏反变换需要使用 $\alpha^2M_1M_2\log\alpha^2M_1M_2$ 次复数乘法,去除窗函数的影响需要使用 M_1M_2 次复数乘法。因此,总共需要的复数乘法次数为 $M_1M_2L^2+\alpha^2M_1M_2\log\alpha^2M_1M_2+M_1M_2$,这个计算复杂度远远小于 NUFFT 算法。为进行数值对比分析,假设 $M_1=M_2$,$L=5$,网格法的计算复杂度与 NUFFT 算法的计算复杂度对例如图 6-22 所示。由图可见,随着可见度函数采样点数目的增加,网格法低计算复杂度的优势越来越明显。尤其是在大型阵列的应用中,网格法可以有效地减少反演算法的计算复杂度,快速有效的反演出场景亮温。

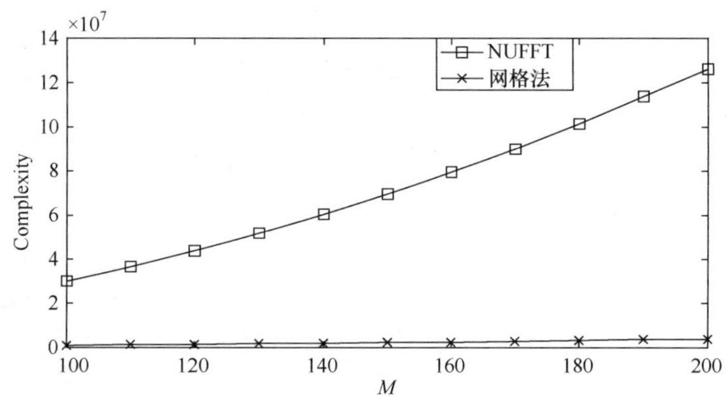

图 6-22 网格法与 NUFFT 算法计算复杂度对比

不同于 NUFFT 算法,如果想进一步减小网格法的计算复杂度,网格法的过采样因子可小于 2。当过采样因子分别为 $\alpha=2$ 和 $\alpha=1.35$ 时,其计算复杂度如图 6-23 所示。可见,网格法可以通过减小过采样因子进一步压缩计算复杂度[25]。

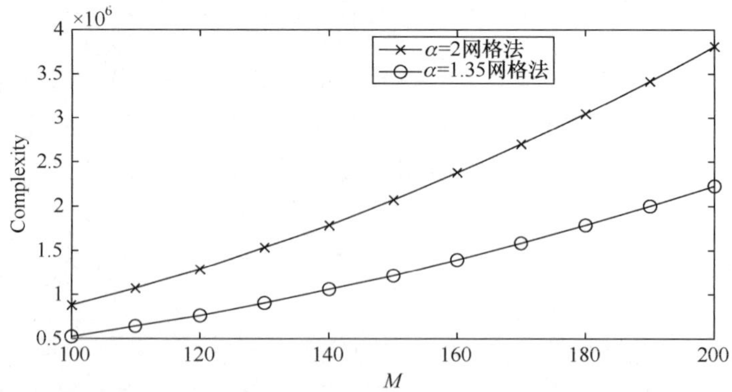

图 6-23 不同过采样因子条件下的计算复杂度

6.3.6　仿真

这里通过仿真验证网格法。为分析算法本身引入的误差，假设硬件系统都是理想的，仿真使用阵列类型为随机阵列。使用以下仿真参数，阵列形状(二维随机阵)、单元天数数目(30)、单元天线分布(均匀分布)、最大天线间隔(≤72λ)、工作频率(50GHz)、卷积函数(Kaiser-Bessel 函数)、卷积函数长度(5λ)。

随机天线阵(图 6-24)对应的采样图案如图 6-25 所示。

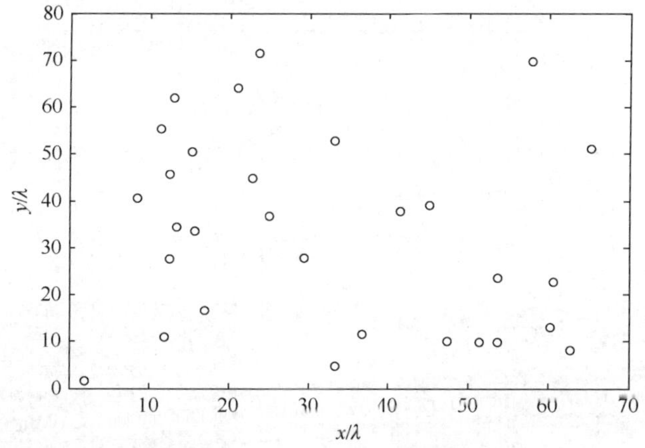

图 6-24　30 单元二维随机阵

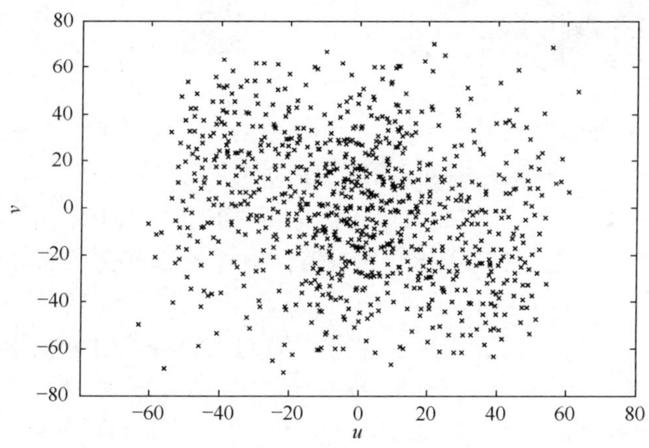

图 6-25　30 单元随机阵的采样图案

使用 Voronoi 图对此阵列的采样图案进行分割，分割结果如图 6-26 所示。将采样图案分割成一个个的小区域后，再计算每个采样点所对应的小区域的面积作为密度补偿因子，并将计算结果存放在存储设备中。

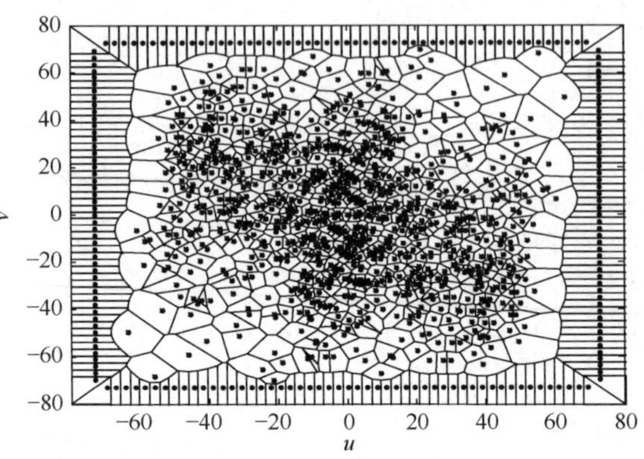

图 6-26 采样图案分割图

观测场景选择的是矩形展源,如图 6-27(a)所示。矩阵展源的亮温为 50K,背景亮温为 0K。将此矩形展源场景作为系统的输入,并得到输出的可见度函数,然后再通过网格法反演该亮温图像,反演结果如图 6-27(b)所示。

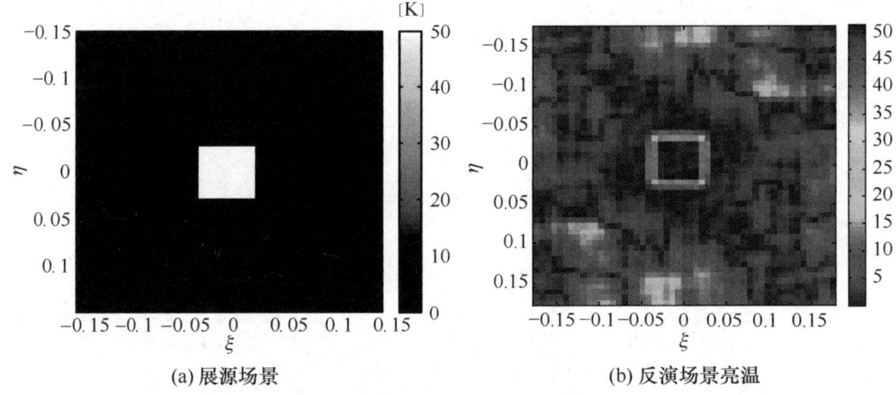

图 6-27 展源场景及反演场景亮温图像

由图 6-27 可以看出,网格法可以正确的反演出此二维随机采样综合孔径辐射计的场景亮温图像。尽管在实际应用中,随机采样的综合孔径辐射计很少用到,但是随机采样综合孔径辐射计可看做是非均匀采样综合孔径辐射计的典型代表。因此,这个仿真可以说明网格法适用于所有非均匀采样综合孔径辐射计。为进一步验证其适用性,下面给出随机圆环阵的仿真,使用以下仿真参数,阵列形状(圆环阵)、单元天数数目(30)、单元天线分布(均匀分布)、最大基线长度(≤72λ)、工作频率(50GHz)、卷积函数(Kaiser-Bessel 函数)、卷积函数长度(5λ)。

除阵列形状不同外,其他仿真参数与二维随机阵列完全一样。图 6-28(a)为该圆环阵天线排列,图 6-28(b)为该阵列在 UV 平面的采样图案。该圆环阵采样图案对应的 Voronoi 分割图如图 6-29(a)所示。反演场景亮温图像如图 6-29(b)

所示。从圆环阵的仿真可以发现，网格法可以正确的反演出场景亮温图像。

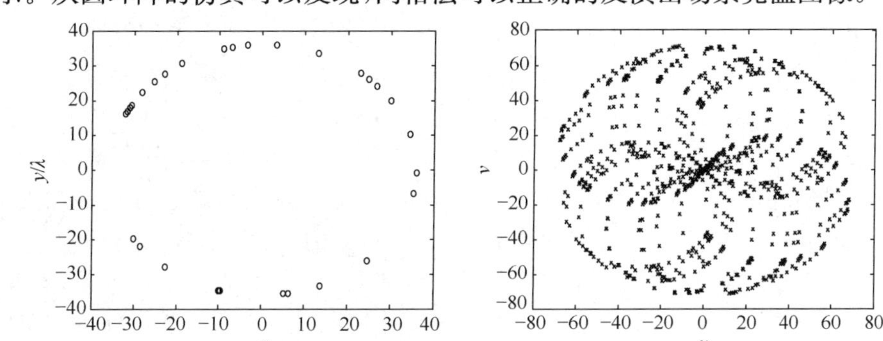

(a) 圆环阵　(b) 采样图案

图 6-28　圆环阵及其采样图案

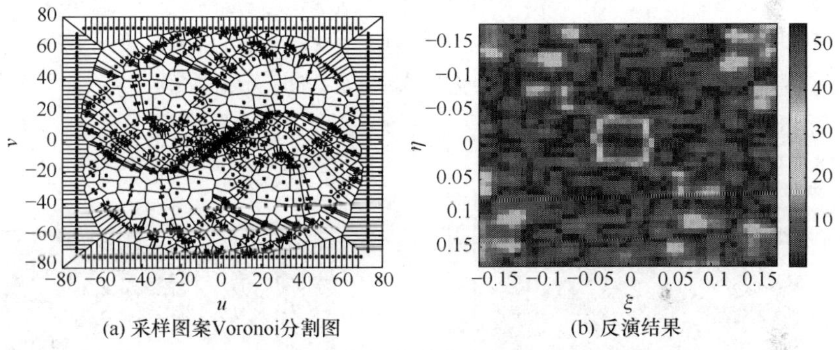

(a) 采样图案Voronoi分割图　(b) 反演结果

图 6-29　采样图案的分割图及反演结果

然而，对比图 6-27(b)和图 6-29(b)的反演结果，可以发现在仿真参数完全相同的情况下，随机阵与圆环阵的反演结果并不完全相同。这是因为两种阵列引入的离散误差不同，为准确判断这两个反演结果的精度，定义精度公式为

$$\Delta T_{\text{accuracy}} = \sqrt{\frac{\sum_{n2}^{N_2-1}\sum_{n1=0}^{N_1-1}(\hat{T}_B(\xi_{n1},\eta_{n2}) - T_B(\xi_{n1},\eta_{n2}))^2}{N}} \tag{6-58}$$

其中，$\hat{T}_B$ 为反演场景的亮温；T_B 为原始场景的亮温；亮温图像的像素点总共为$N_1 \times N_2$。

通过式(6-58)，二维随机阵的反演精度为 6.4K，圆环阵的反演精度为 7.8K。可见，不同阵列形状的综合孔径辐射计反演的精度各不相同。

如前所述，非均匀采样综合孔径辐射计的反演结果包含截断误差、混叠误差、离散误差。这些误差的影响最终都会反映在反演结果中，离散误差所占比重最大。下面对离散误差的影响进行仿真分析。

离散误差与采样点密度和可见度函数模的相关系数 r 有密切关系。场景亮温图像仍然选择如图 6-27(a)所示的矩形展源场景,矩形亮温为 100K。阵列形状为二维随机阵列,单元天线数目为 40,单元天线的分布分别方差为$(70\lambda)^2$,$(38.5\lambda)^2$和$(17.5\lambda)^2$的高斯分布,其他参数与前面仿真相同。这三种不同的单元天线分布参数的采样点密度分布也不同,因此可以得到不同的 r 值。当单元天线的分布满足方差为$(70\lambda)^2$的高斯分布时,r 的值为 0.06。当单元天线的分布满足方差为$(38.5\lambda)^2$的高斯分布时,r 的值为 0.16。当单元天线的分布满足方差为$(17.5\lambda)^2$的高斯分布时,r 的值为 0.55。它们反演出的亮温图像如图 6-30 所示。

从反演结果来看,这三种阵列的精度都不同。通过式(6-58)计算,当 r 为 0.06 时,反演精度为 8.6K。当 r 为 0.16 时,反演精度为 7K。当 r 为 0.55 时,反演精度为 4.1K。可见,当 r 的值越大,离散误差就越小,反演亮温图像的精度就越高。同时,为了验证反演误差中主要的成分是离散误差,在单元天线分布方式不变的情况下,增加单元天线数目来增加 UV 平面采样点的数目。由于离散误差具有收敛的特性,所以离散误差会随着 UV 平面上采样点数目的增加而收敛致零。为验证这个结论,在不改变其他仿真参数的情况下增加天线数目,将单元天线的数目由 5 根逐渐增加到 76 根,此时离散误差逐渐减小,反演精度逐渐提高。仿真结果如图 6-31 所示。

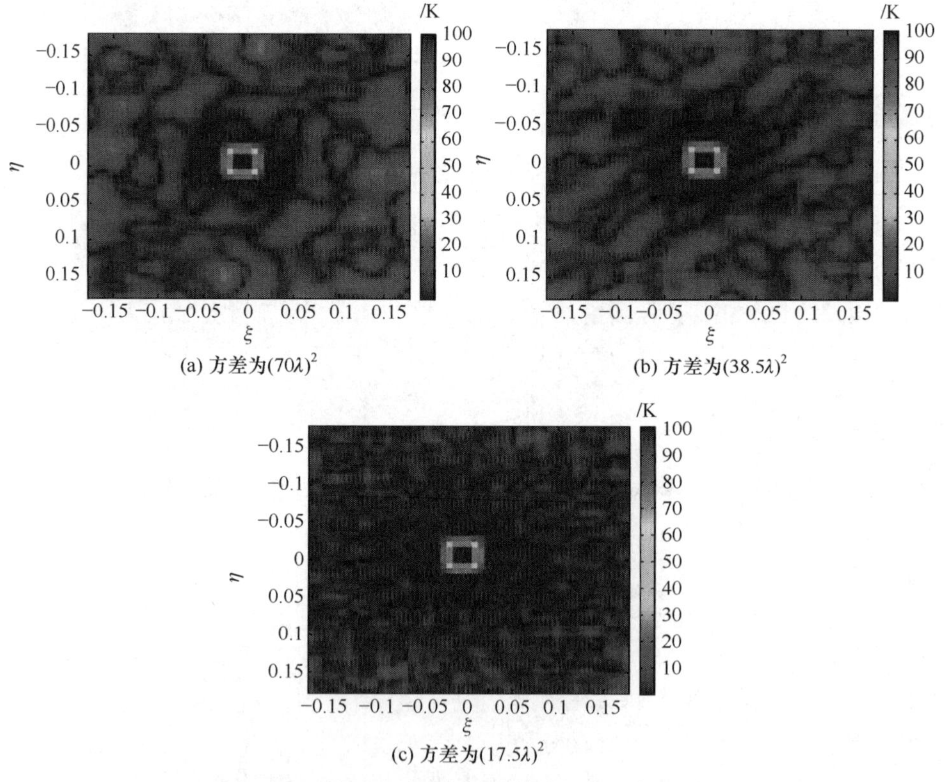

(a) 方差为$(70\lambda)^2$

(b) 方差为$(38.5\lambda)^2$

(c) 方差为$(17.5\lambda)^2$

图 6-30　单元天线不同分布条件下的反演结果

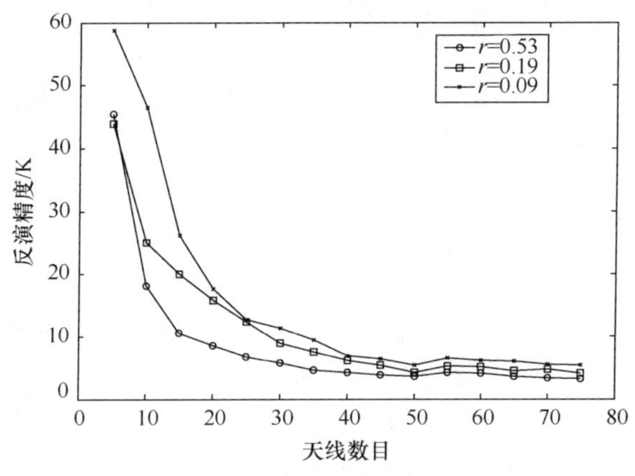

图 6-31 天线数目与反演精度的关系

由于单元天数目比较少的时候,采样点在 UV 平面的密度分布非常不稳定,在这种情况下计算出的相关系数 r 波动非常大。随着天线数目的增加,采样点在 UV 平面的密度分布逐渐稳定,计算出的相关系数 r 会在固定值附近波动,最终达到稳定的状态。当天线数目增加至 76 时,单元天线分布方差为 $(70\lambda)^2$ 的阵列的相关系数 r 的值为 0.09。单元天线分布方差为 $(38.5\lambda)^2$ 的阵列的相关系数 r 的值为 0.19。单元天线分布方差为 $(17.5\lambda)^2$ 的阵列的相关系数 r 的值为 0.53。

从这两个仿真结果可知,离散误差与相关系数 r 有关,r 越大,离散误差越小,并且随单元天线数量的增加而收敛的越快;随着单元天线数目的增加,离散误差逐渐减小,最终趋近于零;网格法存在一个最佳精度;当天线数目达到一定的程度后,增加单元天线的数量对提高反演精度的贡献非常小。

6.4 基于阵列因子成形预处理的反演方法

6.4.1 引言

网格法可以提高非均匀采样综合孔径辐射计反演的计算效率,得到精度较好的反演结果。从数学过程上来看,网格法是一种卷积插值的算法,在这个过程中会引入插值误差——离散误差。通过对离散误差的分析可知,选择合适的天线阵列和增加单元天线的数目可以最大程度地减小离散误差,使反演结果达到期望的精度。然而,在有些对遥感精度要求很高的应用中,要使网格法反演的亮温图像达到期望的精度要求所付出的“代价”是非常昂贵的。因此,需要寻找其他的方法,通过较小的“代价”获得较高的精度。

本章将详细阐述基于阵列因子成形预处理的反演方法的原理,并将此方法应用于一维非均匀采样综合孔径辐射计。应用阵列因子成形算法后一维非均匀采样综合孔径辐射计不仅具有良好的反演效果,而且不会产生混叠误差,还能扩大视场范围。

应用阵列因子成形预处理算法后一维非均匀采样综合孔径辐射计具备一定的误差校正能力。在实际应用中,它可自行校正一部分系统误差。

6.4.2 阵列因子成形基本原理

综合孔径辐射计的阵列因子实际上代表了系统的冲激响应函数。非均匀采样综合孔径辐射计阵列因子的旁瓣一般较大。与场景亮温图像卷积运算后会引入较大的误差,影响应用反演的精度,这也是非均匀采样综合孔径辐射计不能使用傅氏算法直接反演亮温的关键问题。阵列因子成形算法可以对综合孔径辐射计的阵列因子进行修正,使其具有较窄的主波束和较小的旁瓣,提高反演图像的质量。

一维综合孔径辐射计的阵列因子可写为[26]

$$\mathrm{AF}(\xi) = F^{-1}[S(u;u_k) \cdot W(u)] = \beta \cdot \sum_{k=0}^{N-1} W(u_k)\mathrm{e}^{\mathrm{j}2\pi u_k \xi} \tag{6-59}$$

其中,$S(u;u_k)$为一维采样函数;$W(u)$为窗函数。

由于采样函数对应的采样点不规则,式(6-59)中 $\mathrm{AF}(\xi)$的旁瓣非常大。为方便公式表达,定义指数函数为

$$q_k(\xi) = \mathrm{e}^{\mathrm{j}2\pi u_k \xi} \tag{6-60}$$

假设窗函数为矩形窗($W(u)=1$),则式(6-59)可以写为

$$\mathrm{AF}(\xi) = \sum_{k=0}^{N-1} q_k(\xi) \tag{6-61}$$

由于式(6-59)中的系数β并不影响分析结果,β具体的值可通过定标来确定,因此为了表达方便,可以将系数β省略。

场景真实的亮温分布与反演出的亮温分布之间的差异可以表示为

$$\mathrm{Diff}(\xi) = T_{\mathrm{scene}}(\xi) - T_{\mathrm{reconstructed}}(\xi) = T_{\mathrm{scene}}(\xi) * [\delta(\xi) - \mathrm{AF}(\xi)] \tag{6-62}$$

其中,$T_{\mathrm{scene}}(\xi)$表示场景真实的亮温分布;$T_{\mathrm{reconstructed}}(\xi)$表示反演出的亮温分布。

显然,阵列因子与理想阵列因子($\delta(\xi)$)之间的差异越小,反演出的亮温分布就越接近真实的场景亮温分布。为有效地提高反演亮温图像的质量,需对系统的阵列因子进行修正。

由式(6-61)可以看出,阵列因子还可以表示为多个指数函数 $q_k(\xi)$的和,因此可为阵列因子建立如图 6-32 所示的计算模型。

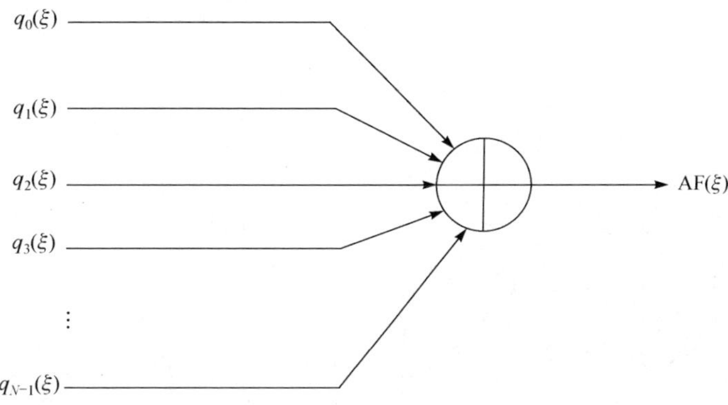

图 6-32　阵列因子计算模型

可见，指数函数 $q_k(\xi)$ 为模型的输入，与采样点的位置有关。模型的输出为阵列因子。为了减小阵列因子 AF(ξ) 的旁瓣，可对输入函数 $q_k(\xi)$ 乘以一个权重系数 d_k，从而对阵列因子进行修正。修正后的阵列因子可以表示为

$$\mathrm{AF}'(\xi)=\sum_{k=0}^{N-1}d_kq_k(\xi)\tag{6-63}$$

然后，选择理想的阵列因子 $\mathrm{AF}_{\mathrm{ideal}}(\xi)$ 作为修正的对象。一般情况下，综合孔径辐射计理想的阵列因子为冲激函数 $\delta(\xi)$。

计算修正后的阵列因子与理想阵列因子的误差为

$$e(\xi)=\mathrm{AF}'(\xi)-\mathrm{AF}_{\mathrm{ideal}}(\xi)=\sum_{k=0}^{N-1}d_kq_k(\xi)-\delta(\xi)\tag{6-64}$$

要使修正后的阵列因子最接近理想的阵列因子，需要求解每个采样点上的权重系数 d_k，使得式误差 $e(\xi)$ 最小，即

$$E\left[e^2(\xi)\big|_{m=\{m_0,m_1,\cdots,m_{N-1}\}}\right]=\min\tag{6-65}$$

其中

$$\begin{aligned}E[e^2(\xi)]&=E[(\mathrm{AF}'(\xi)-\mathrm{AF}_{\mathrm{ideal}}(\xi))^2]\\&=E\left[\left(\sum_{k=0}^{N-1}d_kq_k(\xi)-\mathrm{AF}_{\mathrm{ideal}}(\xi)\right)^2\right]\end{aligned}\tag{6-66}$$

将上式写成矩阵相乘的形式为

$$E[e^2(\xi)]=E[(\boldsymbol{D}^{\mathrm{T}}\cdot\boldsymbol{Q}-\mathrm{AF}_{\mathrm{ideal}}(\xi))^2]\tag{6-67}$$

其中，向量 $\boldsymbol{D}$ 可以写为

$$\boldsymbol{D}=\begin{bmatrix}d_0\\d_1\\\vdots\\d_{N-1}\end{bmatrix}\tag{6-68}$$

向量 $\boldsymbol{Q}$ 可以写为

$$\boldsymbol{Q}=\begin{bmatrix} q_0(\xi) \\ q_1(\xi) \\ \vdots \\ q_{N-1}(\xi) \end{bmatrix} \tag{6-69}$$

将式(6-67)展开,有

$$\begin{aligned} E[e^2(\xi)] &= E[(\mathrm{AF}_{\mathrm{ideal}}(\xi))^2]+\boldsymbol{D}^{\mathrm{T}}E[\boldsymbol{QQ}^{\mathrm{T}}]\boldsymbol{D}-2E[\mathrm{AF}_{\mathrm{ideal}}(\xi)\boldsymbol{Q}^{\mathrm{T}}]\boldsymbol{D} \\ &= E[(\mathrm{AF}_{\mathrm{ideal}}(\xi))^2]+\boldsymbol{D}^{\mathrm{T}}\boldsymbol{RD}-2\boldsymbol{P}^{\mathrm{T}}\boldsymbol{D} \end{aligned} \tag{6-70}$$

其中,$\boldsymbol{R}$ 为指数函数 $q_k(\xi)$的自相关矩阵,可以写为

$$\boldsymbol{R}=\begin{bmatrix} E((q_0(\xi))^2) & E(q_0(\xi)q_1(\xi)) & \cdots & E(q_0(\xi)q_{N-1}(\xi)) \\ E(q_1(\xi)q_0(\xi)) & E((q_1(\xi))^2) & \cdots & E(q_1(\xi)q_{N-1}(\xi)) \\ \vdots & \vdots & & \vdots \\ E(q_{N-1}(\xi)q_0(\xi)) & \cdots & \cdots & E((q_{N-1}(\xi))^2) \end{bmatrix} \tag{6-71}$$

$\boldsymbol{P}$ 为指数函数与理想阵列因子的互相关矩阵,可以写为

$$\boldsymbol{P}=\begin{bmatrix} E(\mathrm{AF}_{\mathrm{ideal}}(\xi)\cdot q_0(\xi)) \\ E(\mathrm{AF}_{\mathrm{ideal}}(\xi)\cdot q_1(\xi)) \\ \vdots \\ E(\mathrm{AF}_{\mathrm{ideal}}(\xi)\cdot q_{N-1}(\xi)) \end{bmatrix} \tag{6-72}$$

对误差的均方差 $E[e^2(\xi)]$求系数 $\boldsymbol{D}$ 的偏导,即

$$\frac{\partial E[e^2(\xi)]}{\partial \boldsymbol{D}}=\boldsymbol{2RD}-\boldsymbol{2P} \tag{6-73}$$

显然,当偏导为 0 时,$E[e^2(\xi)]$最小,即

$$\boldsymbol{2RD}-\boldsymbol{2P}=0 \tag{6-74}$$

由此可计算出系数 $\boldsymbol{D}$ 的值,即

$$\boldsymbol{D}=\boldsymbol{R}^{-1}\boldsymbol{P} \tag{6-75}$$

从以上分析可知,阵列因子成形算法的步骤如下。

① 选择一个合适的理想阵列因子。一般情况下,理想的阵列因子都是冲激函数 $\delta(\xi)$,但是根据应用的需求,也可选择其他信号作为理想阵列因子,如抽样函数 $\mathrm{sinc}(\xi)$等。

② 根据采样点在 UV 平面上的位置分布 u_k 得到对应的指数函数 $q_k(\xi)=\mathrm{e}^{\mathrm{j}2\pi u_k\xi}$。

③ 分别计算自相关矩阵和互相关矩阵 $\boldsymbol{R}$ 和 $\boldsymbol{P}$。

④ 计算每个采样点上的权重系数 d_k 的值,并将 d_k 乘到每个采样点上,对原阵列因子进行修正,最后可得到期望的阵列因子。

为验证阵列因子成形算法是有效的,这里仍然以一维随机阵为仿真例子。假设一维随机线性阵有 10 个单元天线,这些单元天线的位置满足在[0,10λ]上的均匀分布,如图 6-33(a)所示。阵列产生的采样点在 UV 平面上的密度分布如图 6-33(b)所示,选择理想阵列因子作为冲激函数 $\delta(\xi)$。

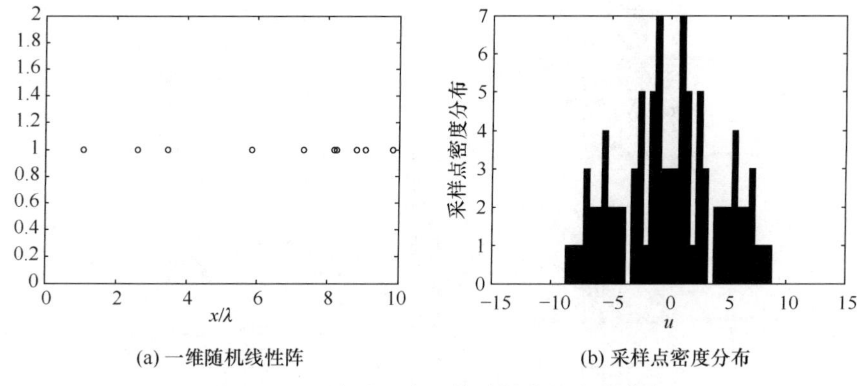

(a) 一维随机线性阵　(b) 采样点密度分布

图 6-33　一维随机阵及其采样点的密度分布

一维随机线性阵对应的阵列因子如图 6-34(a)所示。使用阵列因子成形算法后，得到修正后的阵列因子如图 6-34(b)所示。

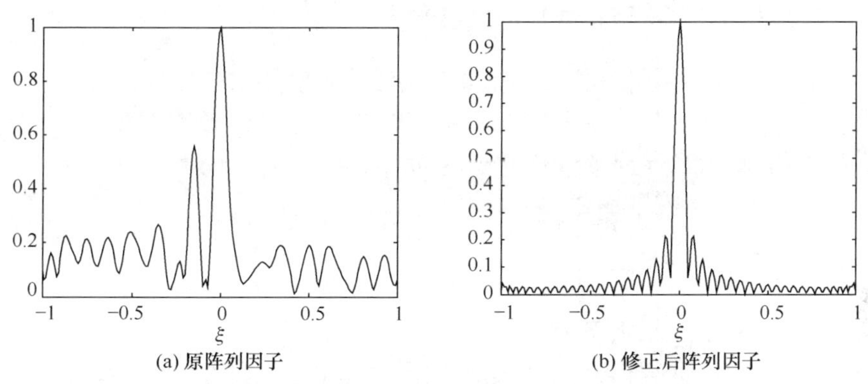

(a) 原阵列因子　(b) 修正后阵列因子

图 6-34　一维随机阵阵列因子及修正后阵列因子

从这个仿真例子可以看出，一维随机阵产生的采样点的分布是非常不均匀的。在 *UV* 平面有些区域内甚至一个采样点都没有，因此原始的阵列因子有非常大的旁瓣，主波束也相对较宽。使用阵列因子成形算法可将原阵列因子的旁瓣减小。从图 6-34(b)可知，经过修正后的阵列因子的旁瓣变小了，但是修正后的阵列因子与理想的阵列因子还是有巨大的差距。旁瓣仍然有振荡，主波束仍然很宽。然而，这些问题是由于此仿真阵列最大基线长度有限造成的。若增加最大基线长度则旁瓣可进一步减小，主波束宽度也可进一步变窄。

为突显阵列因子成形算法的作用，将最大基线长度为 10λ、最小采样间隔为 0.1λ 的均匀阵的阵列因子与修正后的阵列因子做了个对比。如图 6-35 所示，可以发现修正后的阵列因子与均匀阵的阵列因子在旁瓣大小、主波束宽度等方面的指标非常接近。阵列因子代表着综合孔径辐射计的系统冲激响应，这就意味着通过阵列因子成形算法，非均匀采样综合孔径辐射计的性能可以得到提升。

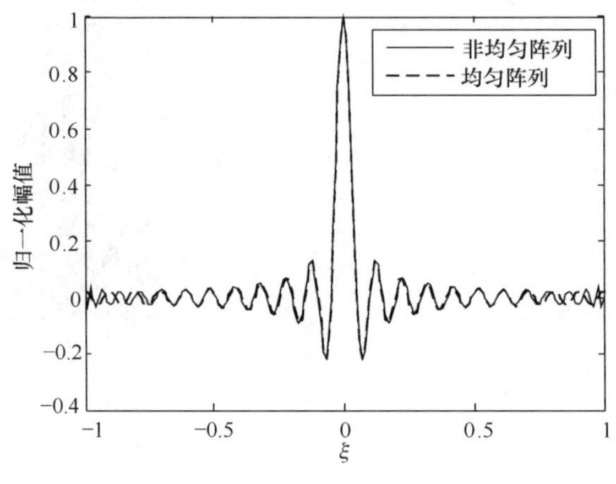

图 6-35　阵列因子对比

6.4.3　基于阵列因子成形预处理的反演方法

使用阵列因子成形算法修正后的非均匀综合孔径辐射计的阵列因子具有较小的旁瓣,将其应用于非均匀采样综合孔径辐射计可提高反演亮温图像的质量。因此,使用修正的阵列因子替换它原有的阵列因子后,其对应的数学公式变为

$$\begin{aligned} T'(\xi) &= F^{-1}\left[V(u)\cdot\sum_{k=0}^{N-1}d_k\delta(u-u_k)\right] \\ &= T(\xi) * \mathrm{AF}'(\xi) \end{aligned} \tag{6-76}$$

其中,$\mathrm{AF}'(\xi)$为修正后的阵列因子。

式(6-76)表明通过阵列因子成形算法预处理后,再使用直接傅氏反变换即可反演出场景亮温图像,如图 6-36 所示。

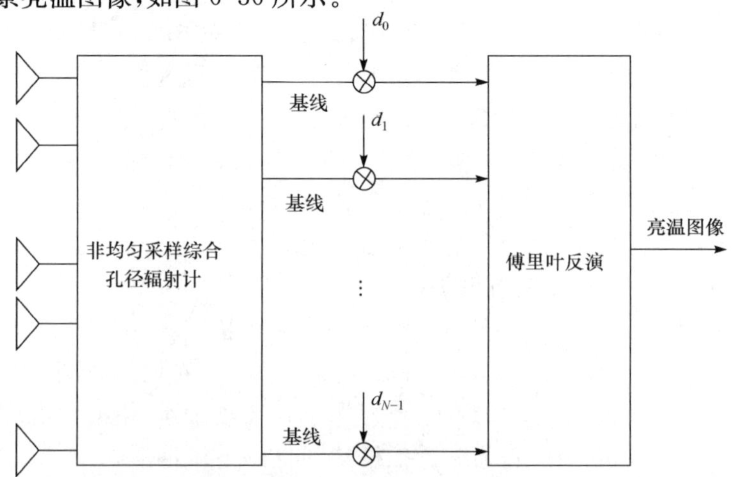

图 6-36　基于阵列因子成形预处理的反演方法原理图

除了可以修正非均匀采样综合孔径辐射计的阵列因子以外，阵列因子成形算法还可以校正部分系统误差。实际上，除了非均匀采样综合孔径辐射计，阵列因子成形算法还可以应用于均匀采样综合孔径辐射计，提高设备的反演精度。

6.4.4 误差校正

在假设硬件系统是理想的情况下，可见度函数与场景亮温分布满足互为傅氏变换的关系。在实际应用中，硬件设备不可能是理想的。在非理想情况下，一维综合孔径辐射计输出的可见度函数与场景亮温分布可以表示为[27]

$$V(u) = I(u) \iint_{\xi^2 \leqslant 1} T(\xi) N(u,\xi) \mathrm{e}^{-\mathrm{j}2\pi u\xi} \mathrm{d}\xi \tag{6-77}$$

其中，$I(u)$为与方向余弦ξ无关的系统误差，因此$I(u)$可写到积分号以外；$N(u,\xi)$为与方向余弦ξ有关的系统误差，因此$N(u,\xi)$不能写到积分号外[28]。

我们称$I(u)$为与方向无关的误差，称$N(u,\xi)$为与方向有关的误差。显然，方向无关误差$I(u)$可以写为

$$\begin{aligned} I(u) = & \frac{\kappa Z \sqrt{B_{n1} B_{n2}} \sqrt{G_{n1} G_{n2}} \sqrt{D_{n1} D_{n2}}}{4\pi} \cdot \sqrt{\frac{2B_{n1} B_{n2}}{B_{n1}^2 + B_{n2}^2}} \\ & \cdot \exp\left(-\mathrm{j}2\pi\left[(f_{n1} - f_{n2}) \frac{B_{n1}^2 \tau_{n1} + B_{n2}^2 \tau_{n2}}{B_{n1}^2 + B_{n2}^2}\right]\right) \end{aligned} \tag{6-78}$$

其中，G_{n1}为第$n1$个通道的增益；B_{n1}为第$n1$个通道的带宽；D_{n1}为第$n1$个单元天线的天线增益；f_{n1}为第$n1$个通道的中心频率；τ_{n1}为第$n1$个通道的群时延。

方向有关误差$N(u,\xi)$可以写为

$$\begin{aligned} \hat{N}(u,\xi) = & F_{n1}(\xi) F_{n2}^{*}(\xi) \cdot \mathrm{sinc}\left[\sqrt{\frac{2B_{n1} B_{n2}}{B_{n1}^2 + B_{n2}^2}} \left(\tau_{n1} - \tau_{n2} - \frac{u\xi}{f_c}\right)\right] \\ & \cdot \exp\left(\mathrm{j}2\pi \frac{\Delta f_{n1} B_{n1}^2 + \Delta f_{n2} B_{n2}^2}{B_{n1}^2 + B_{n2}^2} \cdot \frac{u\xi}{f_c}\right) \end{aligned} \tag{6-79}$$

其中，$F_{n1}(\xi)$为第$n1$个单元天线的电压方向图。

若忽略方向无关误差$I(u)$对输出可见度函数的影响，则式(6-77)变为 Fredholm 第一类线性积分方程。因此，与方向有关误差$N(u,\xi)$对可见度函数的影响非常难以校正。这里不讨论方向有关误差的校正。与方向无关的误差$I(u)$使用阵列因子成形算法则可以被校正。

假设综合孔径辐射计第i个基线输出可见度函数可以表示为

$$V_s(u_k) = A_k \mathrm{e}^{\mathrm{j}\theta_k} \cdot I(u_k) \tag{6-80}$$

其中，$I(u_k)$为第k个基线上的方向无关的系统误差，又可以表示为

$$I(u_k)=\Delta A_k e^{j\Delta\theta_k} \tag{6-81}$$

其中,ΔA_k 为误差的幅度值;$\Delta\theta_k$ 为误差的相位值。

假设窗函数为矩形窗,可得

$$V_s(u_k)=V(u)\cdot S'(u;u_k)=V(u)\cdot\left[\sum_{k=0}^{N-1}I(u_k)\delta(u-u_k)\right] \tag{6-82}$$

其中,$S'(u;u_k)$为含有系统误差的采样函数。

通过式(6-82),可见度函数中包含的与方向无关的系统误差被转移到采样函数上,而可见度函数则变为不含误差的理想可见度函数。因此,在非理想的情况下,综合孔径辐射计的阵列因子为

$$\mathrm{AF}_p(\xi)=F^{-1}[S'(u;u_k)]=\sum_{k=0}^{N-1}I(u_k)e^{j2\pi u_k\xi} \tag{6-83}$$

同理,对于有误差的系统而言,场景真实的亮温分布与反演出的亮温分布的差异可以表示为

$$\mathrm{Diff}(\xi)=T_{\mathrm{scene}}(\xi)-T_{\mathrm{reconstructed}}(\xi)=T_{\mathrm{scene}}(\xi)*[\delta(\xi)-\mathrm{AF}_p(\xi)] \tag{6-84}$$

其对应的指数函数变为

$$q_k'(\xi)=I(u_k)e^{j2\pi u_k\xi} \tag{6-85}$$

通过阵列因子成形算法修正后的阵列因子可以表示为

$$\mathrm{AF}'(\xi)=\sum_{k=0}^{N-1}d_kI(u_k)e^{j2\pi u_k\xi}=\sum_{k=0}^{N-1}\hat{d}_kq_k(\xi) \tag{6-86}$$

其中,$\hat{d}_k$ 为合并系统误差的修正系数。

非理想系统的每个采样点上的修正系数组成的矩阵可以表示为

$$\boldsymbol{D}'=\boldsymbol{\Lambda}^{-1}\boldsymbol{R}^{-1}\boldsymbol{P} \tag{6-87}$$

其中,$\boldsymbol{\Lambda}$ 表示系统误差的对角矩阵,即

$$\boldsymbol{\Lambda}=\begin{bmatrix} I(u_0) & 0 & \cdots & 0 \\ 0 & I(u_1) & \cdots & 0 \\ \vdots & \vdots & & 0 \\ 0 & 0 & \cdots & I(u_{K-1}) \end{bmatrix} \tag{6-88}$$

通常,即使是均匀采样的非理想综合孔径辐射计,其阵列因子旁瓣也比较大,主波束也比较宽。在反演亮温分布时也需要对其阵列因子进行修正,以一维非理想的均匀采样综合孔径辐射计为例,其最大基线长度为 10λ,在 UV 平面上的采样间隔为 0.5λ。若假设只有接收机通道是非理想的,幅度和相位误差分别满足在区间[0,1]和[0,2π]上的均匀分布。计算出的此均匀采样综合孔径辐射计的阵列因子如图 6-37 所示。

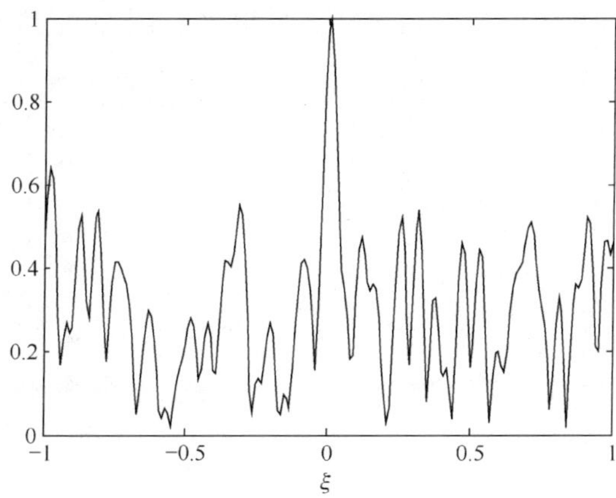

图 6-37　非理想的均匀采样综合孔径辐射计的阵列因子

可见，由于硬件设备的非理想特性，即使是均匀采样的综合孔径辐射计的阵列因子也有较大的旁瓣，需通过阵列因子成形算法来修正。将阵列因子成形算法应用于此均匀采样综合孔径辐射计上，由硬件设备带来的误差基本上全部被修正。此修正过程等效于系统误差校正的过程，如图 6-38 所示。从仿真结果来看，修正后的阵列因子基本上与理想设备的阵列因子一样。

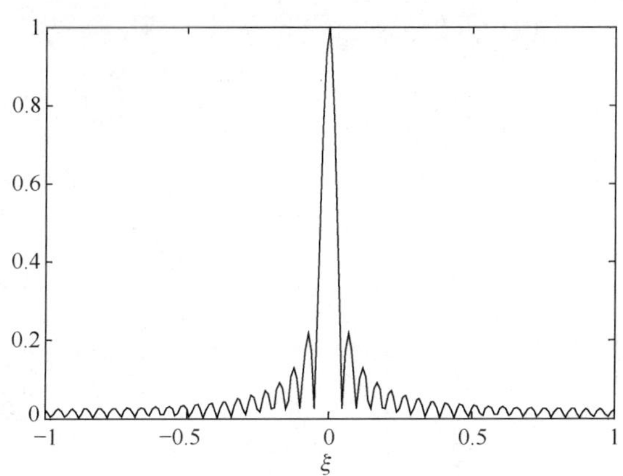

图 6-38　校正后的阵列因子

这个仿真例子表明，阵列因子成形算法不仅能修正非均匀采样综合孔径辐射计的阵列因子，还具有误差校正能力。

6.4.5　仿真

为验证基于阵列因子成形预处理的反演方法的性能，进行了一系列的仿真。为验证所提算法具有一定的误差校正功能，假设接收机各通道的增益不平衡，而其他硬件模块都是理想的。使用以下仿真参数，阵列形状（一维随机阵）、单元天数数目(19)、单元天线分布(均匀分布)、最大天线间隔(≤60λ)、工作频率(50GHz)、误差类型(通道增益误差)、误差分布(满足[0.5,1.5]之间的均匀分布)。

仿真使用的亮温场景如图 6-39 所示。

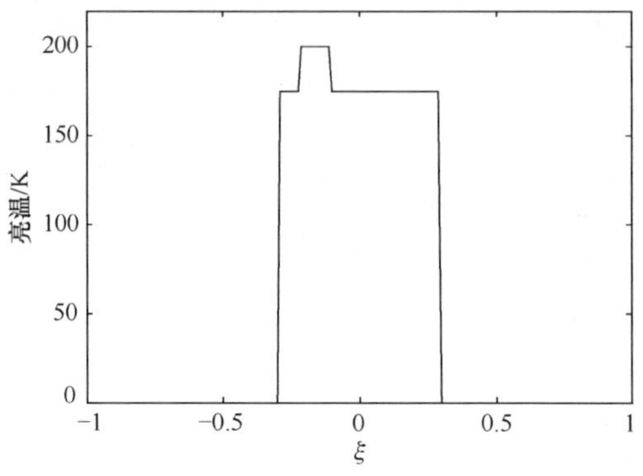

图 6-39　场景亮温分布

由于设备存在通道误差,因此在进行仿真前需进行校正。这里可使用外部点源校正。具体步骤为如下。

① 先在视场中心模拟放置一理想点源,并得到输出可见度函数。输出的可见度函数即为系统误差 $I(u)$。

② 计算出每个采样点上对应的权重系数。

③ 将计算出的权重系数乘到每个基线上,然后再进行直接傅氏反演,即可反演出场景亮温。

仿真天线阵列如图 6-40 所示。

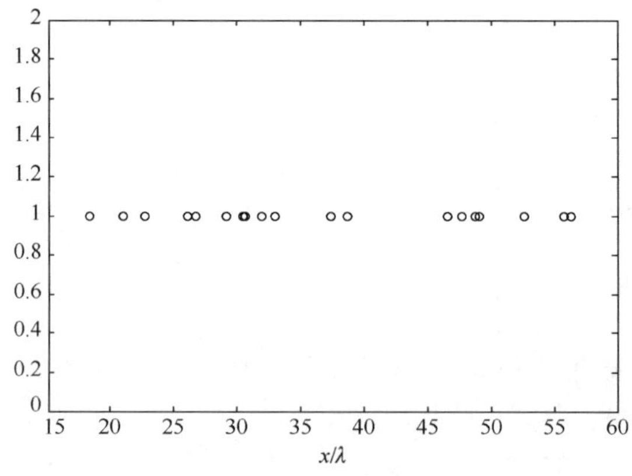

图 6-40　一维随机阵列

该阵列产生的采样点在 UV 平面上的密度分布如图 6-41 所示。

由图 6-41 可见,此一维随机阵产生的采样点在 UV 平面的分布极为不均匀,再加上通道的增益误差。因此,对应的阵列因子的旁瓣较大,如图 6-42 所示。

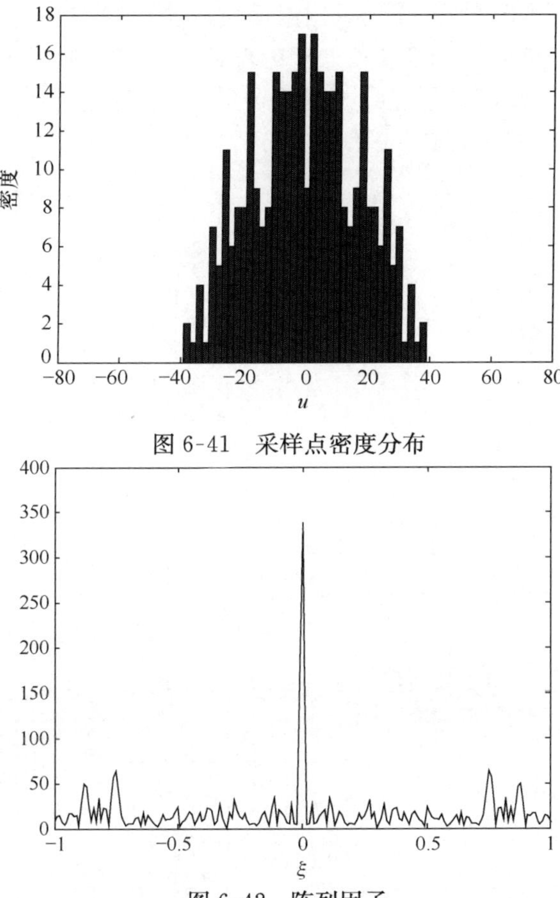

图 6-41　采样点密度分布

图 6-42　阵列因子

经过阵列因子成形算法的校正，修正后的阵列因子如图 6-43 所示。由图 6-43 可见，修正后的阵列因子旁瓣被抑制。

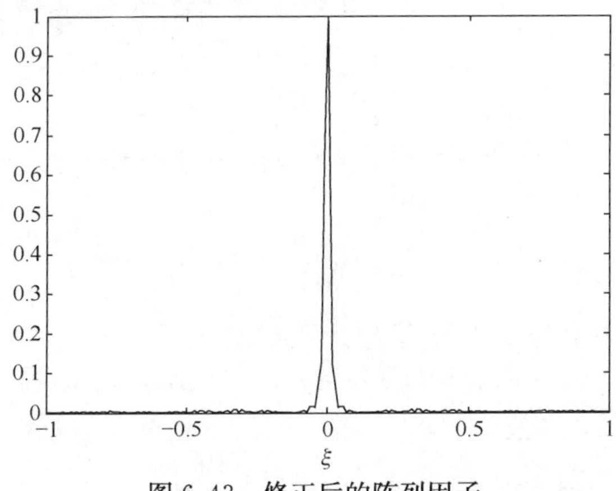

图 6-43　修正后的阵列因子

修正后的阵列因子可应用于场景亮温反演,反演结果如图 6-44 所示。从反演结果可以看出,基于阵列因子成形预处理的反演方法获得的反演亮温图像与原始场景比较接近。将此反演结果与原始亮温场景对比,对比结果如图 6-45 所示,图中实线表示原始场景亮温,虚线表示反演的亮温图像。

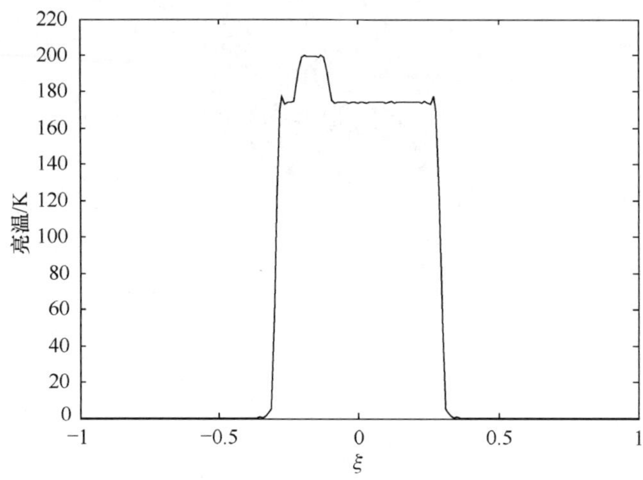

图 6-44　随机阵反演亮温图像

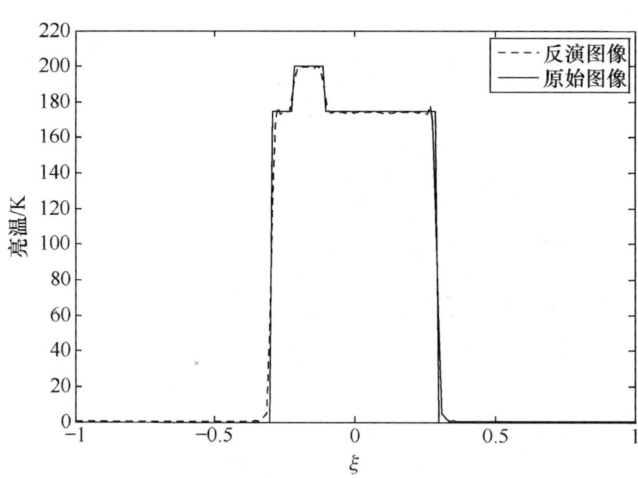

图 6-45　随机反演图像与原始场景的对比

为进一步验证本章所提出的算法的优点,这里做一维均匀采样综合孔径辐射计的仿真。假设此一维均匀采样综合孔径辐射计是理想的,不存在任何误差。最大天线间隔为 60λ,最小天线间隔为 0.5λ。仿真的亮温场景也为图 6-39 所示的亮温图像。仿真结果如图 6-46 所示。

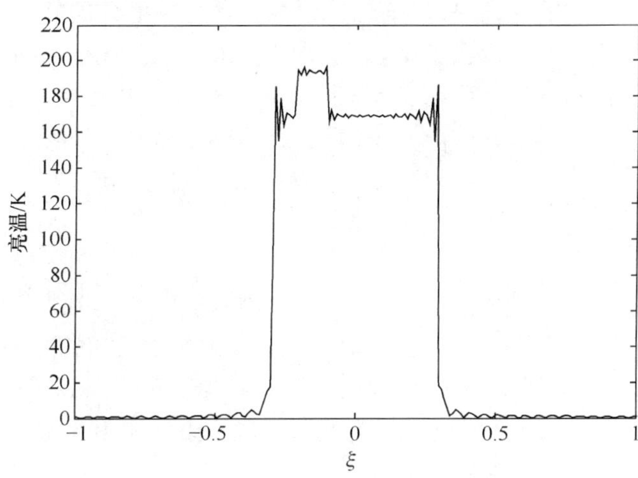

图 6-46 均匀阵反演图像

从仿真结果可以发现，受最大基线长度的限制，均匀阵列的反演图像中存在一定的振荡，尤其是在亮温值突变的地方。将均匀采样综合孔径辐射计的反演结果与应用了阵列因子成形算法的非均匀采样综合孔径辐射计的反演结果进行对比，如图 6-47 所示。

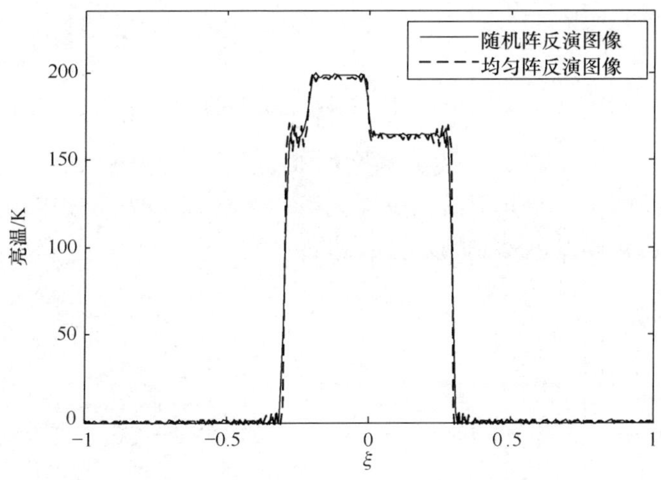

图 6-47 随机阵与均匀阵反演结果对比

对比结果显示，阵列因子成形算法应用于非均匀采样综合孔径辐射计后，其反演亮温图像的振荡比均匀采样综合孔径辐射计稍微小一点，并且从结果对比图上可以看出，应用阵列因子成形算法后的一维非均匀采样综合孔径辐射计反演出的亮温图像更接近原始场景一些。

另一个值得注意的问题是,非均匀采样综合孔径辐射计的硬件效率较高,能节约硬件资源。在这两个仿真实例中,一维非均匀采样综合孔径辐射计只有 19 根单元天线,而仿真的均匀采样综合孔径辐射计使用了 121 根天线。即使在使用最小冗余线阵的情况下,均匀采样综合孔径辐射计至少也需要 20 根天线。因此,这个仿真也说明使用非均匀阵列可以减小硬件的复杂度,提高硬件效率。

6.4.6 实验

为验证基于阵列因子成形预处理的反演方法的正确性,在一个 5 单元的综合孔径辐射计实验样机上进行了成像实验。该 5 单元综合孔径辐射计实验样机由中国航天科技集团公司西安分院研制,工作频率为 1.413GHz,接收通道带宽为 25MHz,积分时长为 32ms,量化位数为 8bit。系统原理如图 6-48 所示。

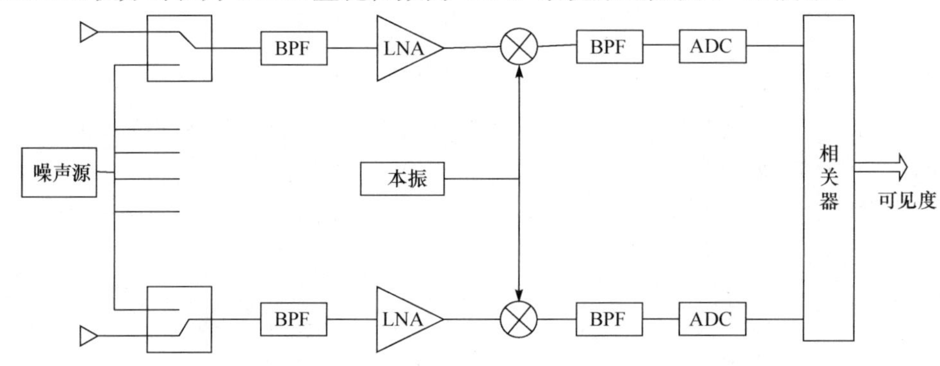

图 6-48　实验样机原理图

该实验样机的 5 个单元天线分别摆在 0、0.19m、0.46m、0.58m、0.81m 的位置上,如图 6-49 所示。单元天线为缝隙天线,5 单元阵列为非规则排列的阵列,其在 UV 平面上的采样点也是非均匀分布的。

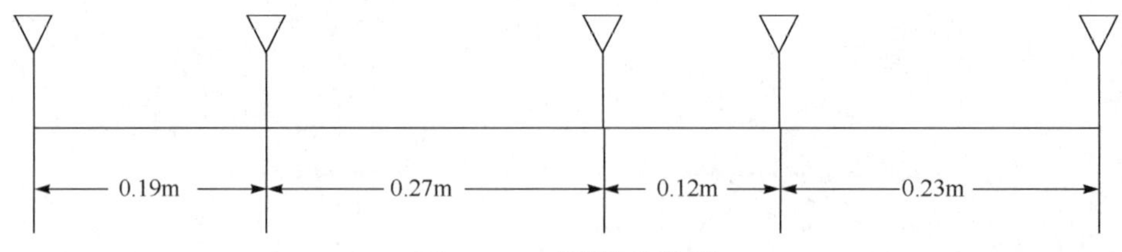

图 6-49　天线阵的排列

由于实验样机中存在较大的系统误差,在进行点源成像实验前需进行误差校正。这里使用外部点源进行误差校正。首先,在离设备大约 5m 外的正中间放置一个噪声源。然后,测量各通道的输出,将测量结果进行复相关得到各基线的可见度函数 $V(u_k)$。对理想设备而言,理想点源在对应基线上的可见度函数都为一固定常数。因此,若忽略系统中与方向有关的误差 $N(u,\xi)$,测量的可见度函数可以看做是系统中与方向有关的误差 $I(u_k)$。最后,计算出每个基线上的权重系数 d_k。

为进行成像实验,同样在离实验样机前方大 15°的位置放置一个点源。在每个基线上的输出,乘以对应的权重系数 d_k。然后进行图像反演,反演结果如图 6-50 所示。若不使用本章所提出的方法,直接使用傅氏反演算法进行点源实验,得到的成像结果如图 6-51 所示。

对比分析图 6-50 和图 6-51 可以发现,本章提出的阵列因子成形算法应用于一维非均匀采样综合孔径辐射计后能正确的反演出点源的图像。由于受实验设备和实验条件的限制,反演结果中还残留有一些误差。若不使用阵列因子成形算法则完全无法正确地反演出点源的图像。通过这个实验可以验证基于阵列因子成形的一维非均匀采样综合孔径辐射计原理的正确性。

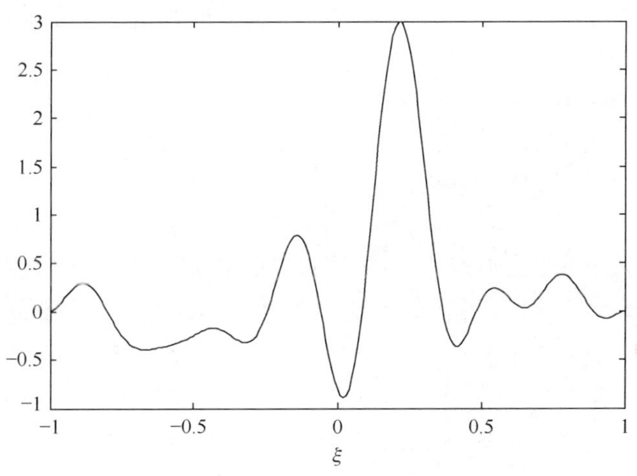

图 6-50　基于阵列因子的一维非均匀采样综合孔径辐射计点源成像结果

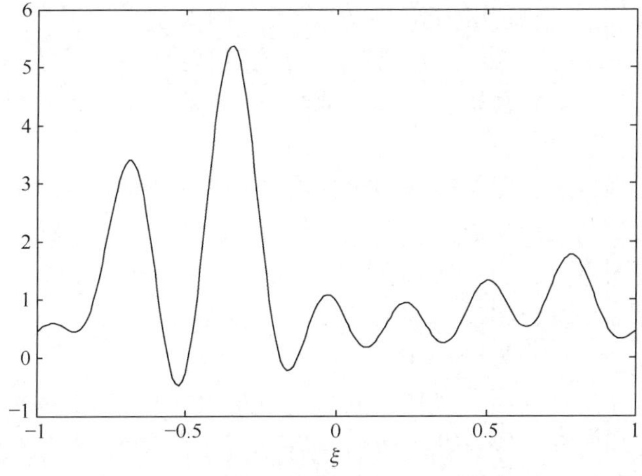

图 6-51　直接使用傅氏算法成像结果

6.5 小　结

规则天线阵因其天线阵元需按一定的阵形排列,其应用的灵活性受到一定的限制,且天线阵元的规则排列会存在较多的冗余基线。此外,当规则天线阵的最小天线间隔大于半波长时,会出现栅瓣和周期混叠,其无混叠视场会缩窄。

非规则天线阵综合孔径辐射计的天线阵可以根据需要排列,例如按平台的外形排列,根据卫星编队排列,因此有较好的灵活性和适应性。其冗余基线可以设计得非常少,甚至接近于零,因此对相同空间分辨率,所需的天线数目、通道数目及相关器数目可以更少。由于非规则天线阵综合孔径辐射计在空间频率域的采样是非均匀的,也被称为非均匀采样综合孔径辐射计,其阵列因子不具有周期性,因此其反演图像不会出现明显的周期混叠现象。

非均匀采样综合孔径辐射计在应用中会面临图像重建(反演)算法复杂及反演精度较差的问题。因此,需要研究非均匀采样综合孔径辐射计的亮温图像重建算法,降低反演复杂度、提高反演精度。

适用于均匀采用综合孔径辐射计的快速傅氏反演算法不能直接用于非均匀采样的综合孔径辐射计。因为快速傅氏变换要求在频域上的采样点必须是均匀分布的,而非均匀采样综合孔径辐射计在 UV 平面上的采样点是非均匀分布的。

$\boldsymbol{G}$ 矩阵反演算法应用于非均匀采样综合孔径辐射计时不能得到稳定的解。因非均匀采样综合孔径辐射计系统冲激响应的 $\boldsymbol{G}$ 矩阵中存在许多非常小的奇异值。这些小奇异值是由单元天线的非规则排列所导致的,会引起反演结果的不稳定。

使用傅氏反演算法虽然可以得到稳定的解,但是非均匀采样综合孔径辐射计阵列因子的旁瓣较大,在反演图像中会引入较大的误差。为提高傅氏反演算法的精度,NUFFT 算法被引入非均匀采样综合孔径辐射计中。虽然 NUFFT 算法可以提高非均匀采样综合孔径辐射计的反演精度,但是所需的计算量和内存资源非常大,尤其是应用于大型阵列。

本章论述的网格法可以提高非均匀采样综合孔径辐射计反演的计算效率,得到精度较好的反演结果。从数学过程上来说,网格法是一种卷积插值的算法,使用网格法反演亮温图像时会引入误差,这些引入的误差包括截断误差、混叠误差及离散误差。本章详细分析这些误差的来源及如何在反演亮温图像中减小这些误差对结果的影响。

本章阐述了基于阵列因子成形预处理的反演方法的原理,阵列因子成形预处理算法可减小非均匀采样综合孔径辐射计阵列因子的旁瓣,从而提高反演图像的质量。将此方法应用于一维非均匀采样综合孔径辐射计,不但反演质量提高了,而且还可扩大视场范围。另外,阵列因子成形预处理算法应用于非均匀采样综合孔径辐射计后还可校正与方向无关的系统误差。

非均匀采样综合孔径辐射计亮温图像的反演精度与天线阵的排列密切相关,当天线阵的排列使得在 *UV* 平面上的采样图案极不均匀时,即使采用非均匀反演算法,得到的亮温图像的误差也会很大。

参考文献

[1] Liu H,Wu J,Zhang S W,et al. Development of a three-element interferometer at 50～56GHz for geostationary interferometric microwave sounder[C]//IEEE International Geoscience and Remote Sensing Symposium,2010.

[2] Liu H,Wu J,Zhang S W,et al. The geostationary interferometric microwave sounder[C]// Instrument Overview and Recent Progress. IEEE International Geoscience and Remote Sensing Symposium,2011.

[3] Zhang C,Liu H,Wu J,et al. Imaging performance analysis for the geostationary interferometric microwave sounder demonstrator[C]//IEEE 12th Specialist Meeting on Microwave Radiometry and Remote Sensing of the Environment,Rome,2012.

[4] Christensen J,Carlstrom A,Ekstrom H,et al. GAS: the geostationary atmospheric sounder [C]//IEEE International Geoscience and Remote Sensing Symposium,2007.

[5] Carlstrom A,Christensen J,Embretsen J,et al. A geostationary atmospheric sounder for nowcasting and short-range weather forecasting[C]//Antennas and Propagation Society International Symposium,2009.

[6] Carlstrom A,Christensen J,Ingvarson P,et al. Geostationary atmospheric sounder demonstrator development[C]//3rd European Conference on Antennas and Propagation,2009.

[7] Goutoule J M,De Boer F. Large interferometer antennas synthesised by satellites in formation for earth remote sensing[C]//Geoscience and Remote Sensing Symposium,2000.

[8] Sabol C,Burns R,McLaughlin C A. Satellite formation flying design and evolution[J]. Journal of Spacecraft and Rockets,2001,38(2):270-278.

[9] Sun W Y,Wu J,Zhang C. Applications of pseudo-polar FFT in synthetic aperture radiometer imaging[C]//Progress in Electromagnetics Research Symposium,2007.

[10] 张成,吴季,孙伟英. 干涉式微波辐射计成像算法以及天线阵采样方案分析[J]. 遥感技术与应用,2007,22(2):135-140.

[11] Carlstrom A,Christensen J,Emrich A,et al. Image retrieval simulations for the GEO atmospheric sounder[C]//Geoscience and Remote Sensing Symposium,2008.

[12] Liu Q H, Nguyen N. An accurate algorithm for nonuniform fast Fourier transforms (NUFFT's)[J]. Microwave and Guided Wave Letters,IEEE,1998,8(1):18-20.

[13] Fessler J A, Sutton B P. Nonuniform fast Fourier transforms using min-max interpolation [J]. Signal Processing, IEEE Transactions on, 2003, 51(2): 560-574.

[14] Camps A, Vall-Llossera M, Corbella I, et al. Angular and radiometric resolution of y-shaped nonuniform synthetic aperture radiometers for earth observation[J]. Geoscience and Remote Sensing Letters, IEEE, 2008, 5(4): 793-795.

[15] Zhou X, Sun H, He J, et al. NUFFT-based iterative reconstruction algorithm for synthetic aperture imaging radiometers[J]. Geoscience and Remote Sensing Letters, IEEE, 2009, 6(2): 273-276.

[16] Song J, Liu Y, Gewalt S L, et al. Least-square NUFFT methods applied to 2-D and 3-D radially encoded MR image reconstruction[J]. Biomedical Engineering, IEEE Transactions on, 2009, 56(4): 1134-1142.

[17] Regalia P A, Mitra S K. Kronecker products, unitary matrices and signal processing applications[J]. Society for Industrial and Applied Mathematics Review, 1989, 31(4): 586-613.

[18] O'Sullivan J D. A fast sinc function gridding algorithm for Fourier inversion in computer tomography[J]. Medical Imaging, IEEE Transactions on, 1985, 4(4): 200-207.

[19] Sedarat H, Nishimura D G. On the optimality of the gridding reconstruction algorithm[J]. Medical Imaging, IEEE Transactions on, 2000, 19(4): 306-317.

[20] Schomberg H, Timmer J. The gridding method for image reconstruction by Fourier transformation[J]. Medical Imaging, IEEE Transactions on, 1995, 14(3): 596-607.

[21] Hoge R D, Kwan R K, Bruce Pike G. Density compensation functions for spiral MRI[J]. Magnetic Resonance in Medicine, 1997, 38(1): 117-128.

[22] Aurenhammer F. Voronoi diagrams-a survey of a fundamental geometric data structure[J]. ACM Computing Surveys, 1991, 23(3): 345-405.

[23] Anterrieu E, Waldteufel P, Lannes A. Apodization functions for 2-D hexagonally sampled synthetic aperture imaging radiometers[J]. IEEE Transactions on Geoscience and Remote Sensing, 2002, 40(12): 2531-2542.

[24] Jackson J I, Meyer C H, Nishimura D G, et al. Selection of a convolution function for Fourier inversion using gridding[computerised tomography application][J]. IEEE Transactions on Medical Imaging, 1991, 10(3): 473-478.

[25] Beatty P J, Nishimura D G, Pauly J M. Rapid gridding reconstruction with a minimal oversampling ratio[J]. IEEE Transactions on Medical Imaging, 2005, 24(6): 799-808.

[26] Ruf C S, Swift C T, Tanner A B, et al. Interferometric synthetic aperture microwave radiometry for the remote sensing of the earth[J]. IEEE Transactions on Geoscience and Remote Sensing, 1988, 26(5): 597-611.

[27] Camps A. Application of interferometric radiometry to earth observation[D]. Barcelona: Polytechnic University of Catalonia, 1996.

[28] Chen K, Guo W, Li Q X, et al. Phase and amplitude calibration of the HUST Ku-band aperture synthesis radiometer using external source[C]//Microwave, Antenna, Propagation and EMC Technologies for Wireless Communications. 3rd IEEE International Symposium on, Beijing, 2009.

第 7 章　全极化综合孔径微波辐射成像

7.1　电磁波的极化

在空间的任一定点上，电磁波的电场强度矢量的取向随时间变化的方式(规律或特性)称为电磁波的极化[1]。电磁波的极化可用电场强度矢量的矢端随时间变化画出的空间轨迹，即矢端曲线的形状来表示。

7.2　电磁波极化的分类

根据电场矢量的矢端随时间变化画出的空间轨迹的不同，将电磁波分为完全极化波、部分极化波和无极化波[2,3]。

① 完全极化波。如果在空间任意一点处能够描绘一个极化椭圆，该极化椭圆具有恒定椭圆率角和椭圆倾角的，而且该极化椭圆是非时变的，则称之为完全极化波。例如，单频波是完全极化波。对于非单频波情况，若两垂直分量的幅度比和相位差是非时变的，同样可以合成完全极化波。

② 部分极化波。若电场矢量在传播过程中，其轨迹是一条形状和方向都随时间变化的曲线，则称为部分极化波。

③ 无极化波。若电场矢量在空间任意方向上的传播机会均等，则为无极化波，如自然物体的微波热辐射。无极化波亦称非极化波或随机极化波。

为鉴别平面波的极化状态，可引入相干因子。设一个准单频平面波沿 $+z$ 轴方向传播，其电场用矢量形式可以表示为

$$\boldsymbol{E}(t)=\begin{bmatrix}E_x(t)\\E_y(t)\end{bmatrix} \tag{7-1}$$

定义波的相干矩阵[2,3]为

$$\boldsymbol{C}=\overline{\boldsymbol{E}(t)\boldsymbol{E}(t)^{\mathrm{H}}}=\begin{bmatrix}C_{xx} & C_{xy}\\C_{yx} & C_{yy}\end{bmatrix} \tag{7-2}$$

其中，上划线表示统计平均(集合平均)。

定义波的相干因子(归一化互相关值)为[4,5]

$$\mu=\frac{C_{xy}}{\sqrt{C_{xx}C_{yy}}} \tag{7-3}$$

则有 $|\mu| \leqslant 1$。

$|\mu|$ 的大小反映了波的电场分量之间的相关程度。

① 当 $|\mu|=1$ 时，波的两个正交场分量之间具有完全相干性，称为完全极化波。

② 当 $0<|\mu|<1$ 时，波的两个场分量之间是部分相干的，称为部分极化波。

③ 当 $|\mu|=0$ 时，波的两个正交场分量具有相等的平均功率密度，而又彼此不相干，称为无极化波。

完全极化波中包括线极化、圆极化、椭圆极化；部分极化波可以分解为一个完全极化波和一个无极化波。

7.3　电磁波极化的表征——Stokes 矢量

为了方便地描述和测量电磁波的极化状态，英国物理学家 Stokes 于 1852 年提出用四个具有功率密度量纲的参数描述电磁波的振幅和极化状态，称为 Stokes 参数[2,3]。Stokes 参数是电磁波的二阶统计量（二阶矩），将 4 个 Stokes 参数构成一个列矢量 $\boldsymbol{S}$，称之为电磁波的 Stokes 矢量。

$$\boldsymbol{S}=\begin{bmatrix} I \\ Q \\ U \\ V \end{bmatrix}=\frac{1}{\gamma}\begin{bmatrix} \overline{E_v E_v^* + E_h E_h^*} \\ \overline{E_v E_v^* - E_h E_h^*} \\ \overline{E_v E_h^* + E_h E_v^*} \\ \overline{j(E_v E_h^* - E_h E_v^*)} \end{bmatrix}=\frac{1}{\gamma}\begin{bmatrix} \overline{|E_v|^2}+\overline{|E_h|^2} \\ \overline{|E_v|^2}-\overline{|E_h|^2} \\ 2\mathrm{Re}(\overline{E_v E_h^*}) \\ 2\mathrm{Im}(\overline{E_v E_h^*}) \end{bmatrix} \tag{7-4}$$

$$\begin{aligned} E_{45}&=\frac{E_h+E_v}{\sqrt{2}}, \quad E_{-45}=\frac{E_h-E_v}{\sqrt{2}} \\ E_{cl}&=\frac{E_h+\mathrm{j}E_v}{\sqrt{2}}, \quad E_{cr}=\frac{E_h-\mathrm{j}E_v}{\sqrt{2}} \end{aligned} \tag{7-5}$$

其中，I、Q、U、V 为 Stokes 矢量的四个分量；I 代表总功率密度；Q 代表垂直和水平分量的功率密度差；U 和 V 分别表示垂直和水平方向的电场强度分量的互相关函数的实部和虚部；γ 为波阻抗；E_h 和 E_v 分别为电场强度的水平和垂直分量；上划线表示统计平均（集合平均）；$\mathrm{j}=\sqrt{-1}$ 为虚单位；Re 表示取实部；Im 表示取虚部。

① 对全极化波，Stokes 参数之间满足关系，即 $I^2=Q^2+U^2+V^2$。

② 对无极化波，Stokes 参数之间满足关系，即 $Q=U=V=0$。

③ 对部分极化波，Stokes 参数之间满足关系，即 $I^2 \geqslant Q^2+U^2+V^2$。

7.4　微波辐射的极化表征——Stokes 矢量

各向同性的自然物质的微波辐射通常是无极化的，Stokes 参数 $Q=U=V=0$；只有 I 分量。对于各向异性的物质[6,7]，如风浪海面，Stokes 参数 Q、U、V 分量不为零。海面风会造成海面方位向的各向异性，方位角的不对称会造成非零的第 3 和第 4 个 Stokes 参量。因此，第 3 和第 4 个 Stokes 参数包含方位面结构信息。

对微波辐射测量，微波亮温的定义为[5]

$$B_f=\frac{2\kappa T_B}{\lambda^2} \tag{7-6}$$

其中，B_f 为谱亮度；T_B 为亮温(亮度温度)；λ 为波长；κ 为玻尔兹曼常数。

参照亮温的定义式，定义亮温的 Stokes 矢量为

$$\boldsymbol{T}_B=\lambda^2\cdot\boldsymbol{S}/\kappa \tag{7-7}$$

将 Stokes 矢量代入上式，可以得到亮温的 Stokes 矢量，即

$$\boldsymbol{T}_B=\frac{\lambda^2}{\kappa\gamma}\begin{bmatrix}\langle|E_v|^2\rangle+\langle|E_h|^2\rangle\\ \langle|E_v|^2\rangle-\langle|E_h|^2\rangle\\ 2\mathrm{Re}\langle E_vE_h^*\rangle\\ 2\mathrm{Im}\langle E_vE_h^*\rangle\end{bmatrix} \tag{7-8}$$

其中，$\boldsymbol{T}_B$ 为亮温的 Stokes 矢量；γ 为波阻抗；E_h 和 E_v 分别为电场强度的水平和垂直分量；$\langle\cdot\rangle$表示无限时间平均。

这里用时间平均代替统计平均是因为在微波辐射测量领域通常假设微波辐射是遍历的。在全极化微波辐射计相关文献中，通常使用变形的 Stokes 参数[8,9]，即

$$\boldsymbol{T}_B=\begin{bmatrix}T_h\\ T_v\\ T_3\\ T_4\end{bmatrix}=\frac{\lambda^2}{\kappa\gamma}\begin{bmatrix}\langle|E_h|^2\rangle\\ \langle|E_v|^2\rangle\\ 2\mathrm{Re}\langle E_vE_h^*\rangle\\ 2\mathrm{Im}\langle E_vE_h^*\rangle\end{bmatrix} \tag{7-9}$$

其中，$\boldsymbol{T}_B$ 为变形的亮温的 Stokes 矢量；T_h、T_v、T_3 和 T_4 为 $\boldsymbol{T}_B$ 的四个分量；λ 为波长；κ 是玻尔兹曼常数；γ 为波阻抗；E_h 和 E_v 分别为电场强度的水平和垂直分量；$\langle\cdot\rangle$表示无限时间平均；Re 表示取实部；Im 表示取虚部。

本书也采用变形的亮温的 Stokes 参数，若没有特别的说明，亮温的 Stokes 参数均指变形的亮温的 Stokes 参数。在亮温的 Stokes 矢量中，T_h 代表水平极化亮温，T_v 为垂直极化亮温，T_3 为水平极化与垂直极化电场的复相关量的实部，T_4 为

水平极化与垂直极化电场的复相关量的虚部。

由于有

$$\langle |E_{45}|^2\rangle-\langle |E_{-45}|^2\rangle=2\mathrm{Re}\langle E_v E_h^*\rangle \tag{7-10}$$

$$\langle |E_{cl}|^2\rangle-\langle |E_{cr}|^2\rangle=2\mathrm{Im}\langle E_v E_h^*\rangle \tag{7-11}$$

其中，E_{45} 和 E_{-45} 分别表示相对正交方向倾斜 45°和 −45°的线性极化电场分量；E_{cl} 和 E_{cr} 分别为左旋圆极化和右旋圆极化电场分量。

$$\begin{aligned} &E_{45}=\frac{E_h+E_v}{\sqrt{2}},\quad E_{-45}=\frac{E_h-E_v}{\sqrt{2}} \\ &E_{cl}=\frac{E_h+\mathrm{j}E_v}{\sqrt{2}},\quad E_{cr}=\frac{E_h-\mathrm{j}E_v}{\sqrt{2}} \end{aligned} \tag{7-12}$$

因此

$$T_3=T_{45}-T_{-45} \tag{7-13}$$

$$T_4=T_{cl}-T_{cr} \tag{7-14}$$

其中，T_{45} 和 T_{-45} 分别表示相对正交方向倾斜 45°和 −45°的线性极化亮温；T_{cl} 和 T_{cr} 分别为左旋圆极化和右旋圆极化亮温。

于是亮温 Stokes 矢量可以写为[9,10]

$$\boldsymbol{T}_B=\begin{bmatrix}T_h\\T_v\\T_3\\T_4\end{bmatrix}=\begin{bmatrix}T_h\\T_v\\T_{45}-T_{-45}\\T_{cl}-T_{cr}\end{bmatrix}=\frac{\lambda^2}{\kappa\gamma}\begin{bmatrix}\langle|E_h|^2\rangle\\\langle|E_v|^2\rangle\\2\mathrm{Re}\langle E_vE_h^*\rangle\\2\mathrm{Im}\langle E_vE_h^*\rangle\end{bmatrix}=\frac{\lambda^2}{\kappa\gamma}\begin{bmatrix}\langle|E_h|^2\rangle\\\langle|E_v|^2\rangle\\\langle|E_{45}|^2\rangle-\langle|E_{-45}|^2\rangle\\\langle|E_{cl}|^2\rangle-\langle|E_{cr}|^2\rangle\end{bmatrix} \tag{7-15}$$

全极化微波辐射计系统能够测量所有 Stokes 参数，主要用来观测海面的风速和风向。在 4 个 Stokes 参数中，前两个 Stokes 参数可以用标准的线极化全功率辐射计测量。测量全极化矢量的关键技术在于对第 3 个和第 4 个 Stokes 参数的测量，即如何得到$\langle E_vE_h^*\rangle$的实部和虚部，如何有效地实现相关关系。

非极化波的极化状态是随机的，它所占的频谱很宽，介于全极化波和非极化波之间的是部分极化波。它有统计平均意义上的极化状态，实际的极化状态是在平均极化附近随机摆动。部分极化波通常占有一个很窄的频段，可以分解为一个全极化波和一个非极化波之和。其全极化分量的功率密度在全部功率密度中所占的比重称为极化度。物体的微波电磁辐射一般都是部分极化的，如海洋表面，这意味着水平和垂直极化分量不等。

对于被动微波遥感，由于微波辐射计本身不发射信号，它探测到的不是来自太阳的自然光，而是来自地球表面(陆地、海洋或者大气)的自发辐射。海面风可以改变当地海面斜率,进而改变海面自发辐射的极化状态。特别是,在微波范围内,粗糙海面的发射率与电磁波的极化状态关系非常密切。

传统的微波辐射计只测量目标微波辐射的水平和垂直极化分量的辐射亮温。近年来,两个正交极化分量的复相关分量逐渐引起人们的重视,能够提供更多关于目标的信息,全极化微波辐射计的研究成为国际上微波遥感技术发展的前沿方向,得到快速发展和应用。

7.5 全极化微波辐射计

全极化微波辐射计的关键是两个复相关极化分量第 3 和第 4 个 Stokes 参数的测量。根据这两个参数的测量方式不同,全极化微波辐射计有两种基本的结构,即直接相关型和极化组合型[11]。

直接相关型的原理是式(7-16)和式(7-17)的相关运算,因此称为乘法型,也称为直接法,即

$$T_3=\frac{\lambda^2}{\kappa\gamma}(2\mathrm{Re}\langle E_v E_h^* \rangle) \tag{7-16}$$

$$T_4=\frac{\lambda^2}{\kappa\gamma}(2\mathrm{Im}\langle E_v E_h^* \rangle) \tag{7-17}$$

极化组合型的原理是式(7-18)和式(7-19),是由两项相减,因此称为加法型,也称为间接方法,即

$$T_3=T_{45}-T_{-45} \tag{7-18}$$

$$T_4=T_{cl}-T_{cr} \tag{7-19}$$

7.5.1 直接相关辐射计

直接相关辐射计(direct correlation polarimeter,DCP),也称乘法型极化辐射计。根据 T_3 和 T_4 的定义,它们分别是 h 和 v 两个极化电场复振幅的复相关量的实部和虚部,所以 T_3 和 T_4 测量的第一种方法是直接通过对 h 和 v 两个极化分量接收电压的复振幅进行复相关获得。实际的相关可以通过模拟或数字乘法电路实现。这种极化辐射计的实现一般需要一个共本振、双通道超外差接收机。如果接收机中频输出的电压 $v_v(t)$ 和 $v_h(t)$ 是各态历经的、平稳的,那么其互相关,R_{vh} 为

$$R_{vh}=\langle v_v(t)v_h(t)\rangle \tag{7-20}$$

通过接收机把中频电压与入射电场联系起来，那么由 R_{vh} 就可以得到 T_3，即

$$T_3 = aR_{vh} + b \tag{7-21}$$

其中，系数 a，b 可以通过定标确定。

如果接收机是单边带，一路信号进行 90°移相，就可以得到 T_4。直接相关类型的辐射计又可以分为基本相关辐射计(basic correlation radiometer，BCR)和开关相关辐射计(switching correlation radiometer，SCR)。

1. 基本相关辐射计

基本相关辐射计和前面介绍的相关辐射计一致，区别只是在实现复相关的时候有 T_3 和 T_4 两路信号输出，如图 7-1 所示。两个相同的接收机分别连接到天线系统产生的垂直和水平极化信号。两个接收机的输出分别是垂直极化亮温 T_v 和水平极化亮温 T_h。它们在中频输出的信号一部分进入复相关器产生相关输出，相关函数的实部和虚部分别是 T_3 和 T_4 两个参数。来自两个接收机的中频信号直接相乘就可以得到实部，而虚部信号的产生则需要将水平信号相移 90°，然后和垂直极化信号相乘。辐射计一般采用超外差接收机，用两个平行通道和一个共同的本振，以保证系统的灵敏度和稳定性。丹麦技术大学的机载极化辐射计 EMIRAD 就是按照这个原理设计的。

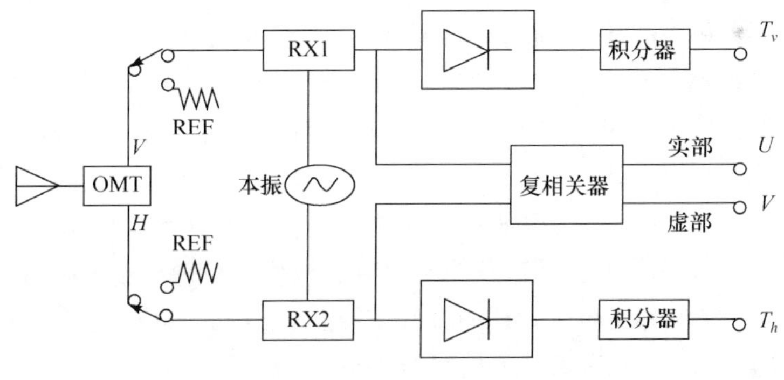

图 7-1　基本相关辐射计

2. 开关相关辐射计

开关相关辐射计是在输入的水平极化和垂直极化信号到接收机之前增加了一个互交叉开关，在检波器输出端增加了一个同步解调器，如图 7-2 所示。所有开关和同步解调器同时工作，采用如狄克辐射计那样的快速开关进行切换。开关处理不会受开关转换的影响。

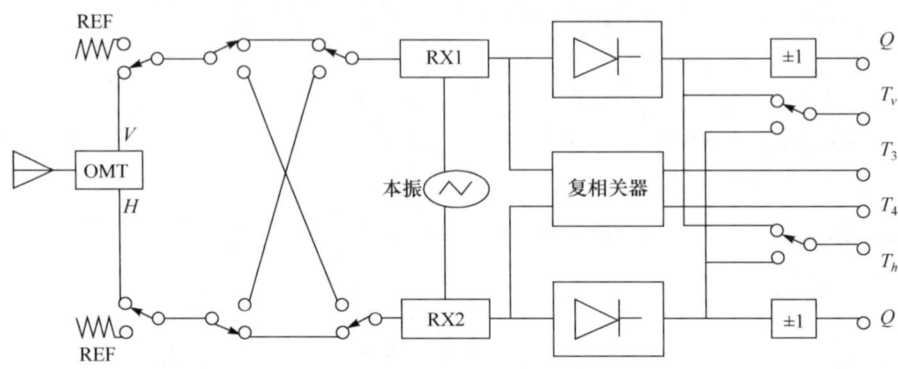

图 7-2 开关相关辐射计

全功率辐射计理论上提供最好的辐射分辨率,而狄克辐射计和噪声注入辐射计的理论分辨率只是全功率辐射计灵敏度的一半。在实际中,全功率辐射计需要进行经常定标来压制接收机增益和偏移量的变化;狄克辐射计可以消除辐射计噪声变化,并且大大减小增益波动。这样积分时间可以较长。

7.5.2 极化组合辐射计

极化组合辐射计(polarization combining radiometer),也称加法型极化辐射计(additive radiometer)。这种辐射计需要测量另外极化状态的亮温,45°线性极化亮温 T^0_{45} 和左旋圆极化亮温 T_l 或者右旋圆极化亮温 T_r。进行全极化测量时,极化组合所要求的极化分量既可以通过各个极化的独立测量获得,也可通过对任意两个正交极化分量的组合得到。H、V、45°、−45°线极化、T_l 和 T_r 这 6 种极化方式分别两两正交,它们之间是可以通过组合相互转化的。因此,原理上只需测量任意两个正交的极化分量就可以得到其他的分量。极化分量的组合变换既可以在射频进行,也可以在中频进行,但必须保证在进行组合之前,这两个正交极化接收信道是相干的,并且保持相位平衡。根据组合性辐射计的原理,可以有两种实现方式:一种是多路极化组合型辐射计(full multiplex polarization combining radiometer,MCR),如图 7-3 所示;另一种是平行接收型极化辐射计(parallel receiver polarization combining radiometer,PCR),如图 7-4 所示。

多路极化组合型辐射计把输入的垂直极化和水平极化信号通过一个开关切换微波组合网络,连接到一个接收机上。通过把水平和垂直极化信号引入魔 T(和差器)就可以产生信号的和与差。当相移设置为 0°时,就可以得到+45°和−45°线极化。当相移设置为 90°时,从魔 T 出来的混合信号就变为右旋圆极化和左旋圆极化。图 7-4 是平行接收型极化辐射计的原理图。其极化组合不是通

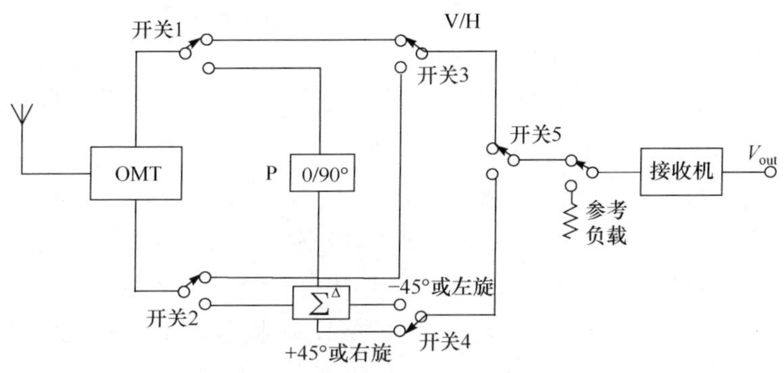

图 7-3　多路极化组合型辐射计

过开关的顺序切换，而是采用功分器，外加魔 T 和 90°移相器。六个相同的接收机用来测量不同的极化组合，系统需要具有一定增益的前置放大器，否则接收机的灵敏度会下降。

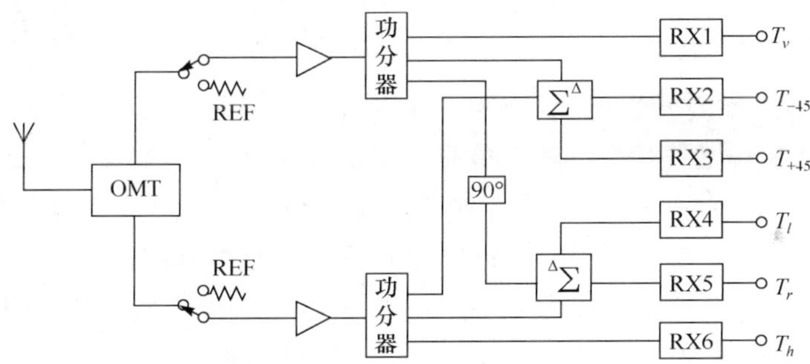

图 7-4　平行接收型极化辐射计(RX 表示接收机)

7.6　全极化微波辐射计的国内外研究概况

全极化微波辐射计是 20 世纪 90 年代中后期才发展起来的一种新兴的被动微波遥感器，它在传统微波辐射计功率幅度测量的基础上，进一步提取观测目标的极化信息。除了能够实现传统微波辐射计的功能，测量目标微波热电磁辐射功率的两个正交的极化分量外，还能测量这两个正交分量的复相关分量。全极化微波辐射计不但具有传统微波辐射计能够测量海面温度、风速、大气水汽含量和云水含量、海冰边界和密集度、雨率等参数的能力，而且具备微波散射计能够测量海面的风速和风向的功能。这样它就具备大尺度快速获取全球海洋水文气象参数的能力，拓宽了被动辐射测量的应用范围。在目前阶段，全极化微波辐射计可以与散射计相互配合,兼顾对高风速和低风速的测量要求。从发展趋势上,它有可能取代目前所采用的微波散射计测量海面风场。

虽然早期利用传统的地基辐射计采用物理旋转的方法进行极化实验,但是准确的测量结果则需要极化测量技术。1992 年文献[12]报道了俄罗斯科学院空间研究所(SKI)研制的第一台极化辐射计。1993 年美国 Jet Propulsion Laboratory (JPL) 研制出 19. 35GHz 机载极化辐射计 WINDRAD[13]。随后美国佐治亚理工大学[14,15]研制了数字相关的极化微波辐射计(polarimetric scanning radiometer, PSR)。在欧洲,丹麦技术大学研制了 Ku(16GHz)和 Ka(34GHz)波段机载成像相关型极化辐射计 EMIRAD[16];芬兰赫尔辛基工业大学研制了 Ka(36. 5GHz)波段全极化辐射计(fully polarimetric radiometer,FPoR)[17],并进行了一系列飞行实验,也对极化辐射计测量海面风向的可行性进行了验证。

在陆基和机载验证实验成功之后,星载系统的研制逐步展开,由美国海军实验室研制的 Windsat[10]是世界上第一个用于海面风速和风向测量的全极化微波辐射计系统。Windsat 于 2003 年发射,已经获得的大量数据证明了其重要的应用价值[18]。

2011 年 6 月发射的美国/阿根廷 Aquarius/SAC-D(宝瓶座/科学应用卫星 D)采用主-被动推扫式遥感仪器,其上搭载的微波辐射计工作在 1. 4GHz 频率上[19],可接收垂直极化、水平极化和第 3 个 Stokes 参数用于测量海面盐度[20],另外 1. 2GHz 的散射计对海面粗糙度进行测量以校正其对测盐的影响。

2009 年 11 月欧洲空间局发射了土壤湿度和海洋盐度遥感卫星[21],其唯一载荷 MIRAS 是一个二维 L 波段干涉式综合孔径微波辐射计系统[22],具有全极化测量模式。MIRAS 是目前全球唯一在轨的全极化综合孔径微波辐射计,并可实现对同一目标的多角度测量。

表 7-1 给出了这几种极化辐射计类型及其主要特征的描述[23]。不同类型之间的优点和局限仍然在研究中,所以在检测 T_3 和 T_4 参数时,目前没有哪一种接收机类型优势最明显。此外,现有极化辐射计使用的频率从 1. 4～89GHz,最常用的频率在 35GHz 附近。

中国科学院空间科学与应用研究中心开展了全极化辐射计及定标的研究工作。中国空间技术研究院西安分院十一五期间研制了全极化微波辐射计样机。华中科技大学也进行了全极化微波辐射计的初步研究工作。

表 7-1　机载和星载极化辐射计

研究单位	极化通道	频率/GHz	极化信号检测类型	基本接收机类型
FPoR/赫尔辛基工业大学	T_3 和 T_4	36.5	同步，直接模拟相关	狄克式
PSR-A/NOAA	T_3 和 T_4	10.7,18.7	同步,加法模拟相关	全功率式
	T_3	37,89		
PSR-CX/NOAA	T_3 和 T_4	6.92,10.7	同步,加法模拟相关	全功率式
EMIRAD/丹麦理工大学	T_3 和 T_4	1.4,16,34	同步，直接数字相关	全功率式
WindSat/NRL	T_3 和 T_4	10.7,18.7,37.0	异步,平行通道	全功率式
WINDRAD/JPL	T_3 和 T_4	19.35	异步,分时多路	狄克式
	T_3	37		
PSR-D/佐治亚工学院	T_3	10.7,37	同步,直接数字相关	全功率式
KAPOL/(俄罗斯)空间研究院	T_3	37	异步,分时多路	狄克式
NAMR/(俄罗斯)空间研究院	T_3	20,37	异步,分时多路	狄克式

7.7　全极化综合孔径测量原理

到目前为止,全球唯一在轨的全极化综合孔径微波辐射计是欧洲空间局的土壤湿度和海洋盐度计划中的 MIRAS[21,24]。MIRAS 在太阳同步轨道对全球土壤湿度和海水盐度进行观测,是一个二维 L 波段干涉式综合孔径微波辐射计系统。MIRAS 工作在 L 波段,总共 69 个天线单元,采用 Y 形阵布局。MIRAS 的 L 波段亮温数据产品可以反演出海水盐度;指向陆地时,L 波段亮温数据产品可以反演出土壤湿度。MIRAS 有两种工作模式,即双极化模式和全极化模式。在双模式下,MIRAS 测量水平极化和垂直极化的亮温;在全极化模式下,MIRAS 测量四个 Stokes 参数。

综合孔径微波辐射成像的原理是针对场景的某一个极化亮温进行测量的,如水平极化或垂直极化的亮温。对于全极化测量而言,就是要测量场景的 Stocks 矢量,即

$$\boldsymbol{T}_B=\begin{bmatrix}T_h\\T_v\\T_3\\T_4\end{bmatrix}=\frac{\lambda^2}{\kappa\gamma}\begin{bmatrix}\langle|E_h|^2\rangle\\\langle|E_v|^2\rangle\\2\mathrm{Re}\langle E_vE_h^*\rangle\\2\mathrm{Im}\langle E_vE_h^*\rangle\end{bmatrix}\tag{7-22}$$

其中,$\boldsymbol{T}_B$ 为场景亮温的 Stokes 矢量;T_h、T_v、T_3 和 T_4 为 $\boldsymbol{T}_B$ 的四个分量;λ 为波长;k 是玻尔兹曼常数;γ 为波阻抗;E_h 和 E_v 分别为电场强度的水平和垂直分量;$\langle\cdot\rangle$表示无限时间平均;Re 表示取实部;Im 表示取虚部。

在亮温的 Stokes 矢量中,T_h 代表水平极化亮温,T_v 为垂直极化亮温,T_3 为水平极化与垂直极化电场的复相关量的实部,T_4 为水平极化与垂直极化电场的复相关量的虚部,即不仅要测量水平极化和垂直极化的亮温,还要测量 T_3 和 T_4。

为了表达方便,我们用 T^{hh} 代表 T_h,表明其为水平极化电场与水平极化电场的复相关(自相关),h 代表水平极化;用 T^{vv} 代表 T_v,表明其为垂直极化电场与垂直极化电场的复相关(自相关),v 代表垂直极化;用 T^{hv} 代表水平极化电场与垂直极化电场的互复相关,包括 T_3 和 T_4 的信息。

当采用综合孔径进行全极化微波测量时,对应的可见度包括全极化可见度 V^{hh}、V^{vv}、V^{hv}、V^{vh}。根据综合孔径微波辐射成像的原理公式,在理想情况下有

$$V^{hh}(u,v)=\iint T_B^{hh}(\xi,\eta)\mathrm{e}^{-\mathrm{j}2\pi(u\xi+v\eta)}\mathrm{d}\xi\mathrm{d}\eta\tag{7-23}$$

$$V^{vv}(u,v)=\iint T_B^{vv}(\xi,\eta)\mathrm{e}^{-\mathrm{j}2\pi(u\xi+v\eta)}\mathrm{d}\xi\mathrm{d}\eta\tag{7-24}$$

$$V^{hv}(u,v)=\iint T_B^{hv}(\xi,\eta)\mathrm{e}^{-\mathrm{j}2\pi(u\xi+v\eta)}\mathrm{d}\xi\mathrm{d}\eta\tag{7-25}$$

$$V^{vh}(u,v)=\iint T_B^{vh}(\xi,\eta)\mathrm{e}^{-\mathrm{j}2\pi(u\xi+v\eta)}\mathrm{d}\xi\mathrm{d}\eta\tag{7-26}$$

前两个公式是一般综合孔径微波辐射成像的原理公式。若考虑一般情况,可见度可以表述为

$$V^{pq}(u,v)=2\kappa\gamma\sqrt{B_iB_k}\alpha_i\alpha_k\iint_{\xi^2+\eta^2\leqslant1}T_{\mathrm{mod}}^{pq}(\xi,\eta)\tilde{r}_{ik}\left(-\frac{u\xi+v\eta}{f_c}\right)\mathrm{e}^{-\mathrm{j}2\pi(u\xi+v\eta)}\mathrm{d}\xi\mathrm{d}\eta\tag{7-27}$$

其中,$V^{pq}(p,q\in\{h,v\})$表示一个接收通道的极化为 p,另一个接收通道极化为 q 时的可见度函数(v 为垂直极化,h 为水平极化);$\xi=\sin\theta\cos\varphi$ 和 $\eta=\sin\theta\sin\varphi$ 表示球坐标系中的方向余弦;$u=(x_k-x_i)/\lambda_c$ 和 $v=(y_k-y_i)/\lambda_c$ 表示空间频率,λ_c 为中心波长;(x_i,y_i)和(x_k,y_k)分别是天线 i 和 k 的笛卡儿坐标;消条纹函数 $\tilde{r}_{ik}(t)$为

$$\tilde{r}_{ik}(t)=\frac{\mathrm{e}^{-\mathrm{j}2\pi f_ct}}{\sqrt{B_iB_k}\alpha_i\alpha_k}\int_0^\infty H_i(f)H_k^*(f)\mathrm{e}^{\mathrm{j}2\pi ft}\mathrm{d}f\tag{7-28}$$

式中,f 为频率;f_c 为中心频率;α_i 表示通道 i 的最大电压增益;B_i 表示通道 i 的等

效噪声带宽，即

$$B_i = \frac{1}{\alpha_i^2}\int_0^{\infty} |H_i(f)|^2 \mathrm{d}f \tag{7-29}$$

$T_{\mathrm{mod}}^{pq}(\xi,\eta)$为修正的亮温，即

$$T_{\mathrm{mod}}^{pq}(\xi,\eta)=\frac{\sqrt{G_iG_k}}{4\pi}\frac{T_B^{pq}(\xi,\eta)}{\sqrt{1-\xi^2-\eta^2}}F_{ni}(\xi,\eta)F_{nk}(\xi,\eta) \tag{7-30}$$

式中，G_i 和 G_k 表示天线 i 和 k 的最大功率增益；$T_B^{pq}(\xi,\eta)$为场景 p 与 q 极化互相关亮温；$F_{ni}(\xi,\eta)$和 $F_{nk}(\xi,\eta)$表示天线 i 和 k 的归一化电压方向图，$F_i(\xi,\eta)=\sqrt{G_i}F_{ni}(\xi,\eta)$，$F_k(\xi,\eta)=\sqrt{G_k}F_{nk}(\xi,\eta)$。

若将积分离散为求和，则全极化可见度可以表示为矩阵，即

$$\begin{bmatrix} V^{hh} \\ V^{vv} \\ V^{hv} \\ V^{vh} \end{bmatrix} = \begin{bmatrix} G_{11} & G_{12} & G_{13} & G_{14} \\ G_{21} & G_{22} & G_{23} & G_{24} \\ G_{31} & G_{32} & G_{33} & G_{34} \\ G_{41} & G_{42} & G_{43} & G_{44} \end{bmatrix} \begin{bmatrix} T^{hh} \\ T^{vv} \\ T^{hv} \\ T^{vh} \end{bmatrix} \tag{7-31}$$

其中，$V^{pq}(p,q\in\{h,v\})$表示一个接收通道的极化为 p，另一个接收通道极化为 q 时的可见度函数（v 为垂直极化，h 为水平极化）；G_{ij}（$i\in\{1,2,3,4\}$，$j\in\{1,2,3,4\}$）为对应的系统响应矩阵块；T^{hh} 代表水平极化亮温；T^{vv} 代表垂直极化亮温；T^{hv} 代表水平与垂直电场的互相关亮温；T^{vh} 代表水平与垂直电场的互相关亮温。

若天线的交叉极化为零，且没有通道串扰，则对角矩阵之外的矩阵块均为零。利用该式采用 **G** 矩阵相关的反演方法就可以重建出 T^{hh}、T^{vv}、T^{hv}、T^{vh} 亮温图像。

参 考 文 献

[1] 沈熙宁. 电磁场与电磁波[M]. 北京：科学出版社，2006.

[2] 王被德. 雷达极化理论和应用[M]. 南京：电子工业部第十四研究所，1994.

[3] Born M, Wolf E. Principles of Optics: Electromagnetic Theory of Propagation, Interference and Diffraction of Light[M]. Oxford: Pergamon Press, 1980.

[4] 张祖荫，林士杰. 微波辐射测量技术及应用[M]. 北京：电子工业出版社，1995.

[5] Ulaby F T, Moore R K, Fung A K. Microwave Remote Sensing: Active and Passive, Vol. I, Microwave Remote Sensing Fundamentals and Radiometry[M]. New York: Addison-Wesley, 1981.

[6] Yueh S H, Nghiem S V, Kwok R. Polarimetric emission from anisotropic media for passive remote sensing of sea ice[C]//Geoscience and Remote Sensing Symposium, 1992.

[7] Tsang L, Xu P, Chen K S. Third and fourth Stokes parameters in polarimetric passive microwave remote sensing of rough surfaces over layered media[J]. Microwave and Optical Technology Letters, 2008, 50(12): 3063-3069.

[8] Piepmeier J R, Gasiewski. High-resolution passive polarimetric microwave mapping of ocean surface wind vector fields[J]. IEEE Transactions on Geoscience and Remote Sensing, 2001, 39(3): 606-622.

[9] Tsang L, Kong J A, Shin R T. Theory of Microwave Remote Sensing[M]. New York: Wiley, 1985.

[10] Gaiser P W, St Germain K M, Twarog E M, et al. The windsat spaceborne polarimetric microwave radiometer: sensor description and early orbit performance[J]. IEEE Transactions on Geoscience and Remote Sensing, 2004, 42(11): 2347-2361.

[11] Skou N, Laursen B, Sobjaerg S. Polarimetric radiometer configurations: potential accuracy and sensitivity[J]. IEEE Transactions on Geoscience and Remote Sensing, 1999, 37(5): 2165-2171.

[12] Dzura M S, Etkin V S, Khrupin A S, et al. Radiometrs-polarimeters: principles of design and applications for sea surface microwave emission polarimetry[C]//International Geoscience and Remote Sensing Symposium, 1992.

[13] Yueh S H, Wilson W J, Li F K, et al. Polarimetric measurements of sea surface brightness temperatures using an aircraft K-band radiometer[J]. IEEE Transactions on Geoscience and Remote Sensing, 1995, 33(1): 85-92.

[14] Piepmeier J R. Remote sensing of ocean wind vectors by passive microwave polarimetry [D]. Atlanta: Georgia Institute of Technology, 1999.

[15] Piepmeier J R, Gasiewski A. Polarimetric scanning radiometer for airborne microwave imaging studies[C]//Geoscience and Remote Sensing Symposium. Remote Sensing for a Sustainable Future, International, Lincoln, NE, 1996.

[16] Laursen B, Skou N. Wind direction over the ocean determined by an airborne, imaging, polar-imetric radiometer system[J]. IEEE Transactions on Geoscience and Remote Sensing, 2001, 39(7): 1547-1555.

[17] Lahtinen J, Pihlflyckt J, Mononen I, et al. Fully polarimetric microwave radiometer for remot e sensing [J]. IEEE Transactions on Geoscience and Remote Sensing, 2003, 41(8): 1869-1878.

[18] Yueh S H, Wilson W J, Dinardo S J, et al. Polarimetric microwave wind radiometer model function and retrieval testing for windsat[J]. IEEE Transactions on Geoscience and Remote Sensing, 2006, 44(3): 584-596.

[19] Le Vine D M, Lagerloef G S E, Ruf C, et al. Aquarius: the instrument and initial results [C]//Microwave Radiometry and Remote Sensing of the Environment. 12th Specialist Meeting on, Rome, 2012.

[20] Le Vine D M, Abraham S, Utku C, et al. Aquarius third Stokes parameter measurements: initial results[J]. IEEE Geoscience and Remote Sensing Letters, 2013, 10(3): 520-524.

[21] Barre H M, Duesmann B, Kerr Y H. SMOS: the mission and the system[J]. IEEE Transactions on Geoscience and Remote Sensing, 2008, 46(3): 587-593.

[22] Corbella I, Torres F, Duffo N, et al. First results on MIRAS calibration and overall SMOS performance[C]//Microwave Radiometry and Remote Sensing of the Environment. 11th Specialist Meeting on, Washington, DC, 2010.

[23] 王振占. 海面风场全极化微波辐射测量[D]. 北京: 中国科学院空间科学与应用研究中心, 2005.

[24] McMullan K D, Brown M A, Martin-Neira M, et al. SMOS: the payload[J]. IEEE Transactions on Geoscience and Remote Sensing, 2008, 46(3): 594-605.

第 8 章　镜像综合孔径微波辐射成像

在被动微波遥感的应用中，遥感图像的分辨率是决定遥感数据价值的重要因素之一。因此，综合孔径辐射成像的高分辨率优势使得综合孔径辐射计成为对地观测的一个重要发展方向。特别是，在低频率（如 L 波段）观测系统及运行在高轨道（如地球静止轨道）的观测系统中，综合孔径成像是提供高分辨率的主要途径。但是，综合孔径技术的分辨率优势是以系统复杂度和信号处理的复杂度为代价的。对于大型综合孔径系统，由于阵元数目过多，系统结构和信号处理将非常复杂，大阵列系统带来的质量增大及惯性动量增大等制约了综合孔径辐射计的规模，进一步限制了其系统性能。这也是 MIRAS 系统从最早的每臂 43 单元下降到 27 单元、23 单元，以及最终 21 单元的原因[1]。

为了解决传统综合孔径辐射计系统结构和信号处理复杂度高的难题，提出镜像综合孔径微波辐射成像的概念、原理及方法。镜像综合孔径的基本思想是将天线阵列与反射板组合，形成镜像天线阵列，其中的天线阵列接收观测场景的辐射信号及反射板反射的辐射信号，通过镜像综合孔径的变换方法使镜像天线阵列等效为更大的天线阵列，等效于有更多的天线。相较于传统的综合孔径辐射计，镜像综合孔径辐射计能以较少的天线数获取更高的空间分辨率，系统结构的复杂度和信号处理的复杂度较低。

本章阐述一维及二维镜像综合孔径微波辐射成像的原理与方法[2]、成像性能[3]、误差分析、图像重建等。这些为镜像综合孔径微波辐射成像理论的完善和实际系统的研制奠定理论基础。

8.1　引　　言

综合孔径辐射计利用多个离散的小天线合成较大的实孔径，采用稀疏阵列排布，大大减少了天线的质量和体积，解决了分辨率与孔径尺寸之间的固有矛盾。此外，综合孔径辐射计可以大范围瞬时成像，避免了大孔径扫描问题。与传统的实孔径辐射计相比，综合孔径辐射计在分辨率和视场两方面具有优势，但是这种优势是以系统结构和信号处理复杂度为代价的。特别是，对于大型综合孔径系统如星载综合孔径辐射计，由于阵元数目过多，系统结构和信号处理将非常复杂，主要体现在以下几个方面。

① 非常高的系统复杂度。虽然采用阵列稀疏可以有效地减少天线数目，但是为了获取所需要的系统分辨率，现有的星载综合孔径辐射计仍含有较大数目的天线单元，例如星载 MIRAS 系统含有 69 个天线单元[4]，NASA 正在设计的星载 GeoSTAR 系统含有的天线更多，高达 300 个[5]。相对于简单的实孔径单通道系统，综合孔径辐射计的通道结构也比较复杂，包含 I/Q 解调、本振分布网络、ADC 等；数字相关器的数量随着天线数目的增多成平方增长，例如 MIRAS 系统含有 2000 多个数字相关器、GeoSTAR 系统含有的数字相关器多达几万个，如此大规模的电路系统在集成上相当有难度，星载综合孔径系统中的数字相关子系统通常采用 1bit 量化和比较器来提高集成度。较多的天线单元和复杂的接收机结构使得综合孔径辐射计的复杂度远高于实孔径辐射计。

② 引入误差的因素繁杂，需要精确校正。综合孔径辐射计要求各单元天线及通道之间具有良好的一致性，但是受器件制造水平的限制，该要求难以达到，并引入各种误差。根据误差来源，误差可以分为天线误差、通道误差、基线误差。天线误差的表现形式可以细分为天线方向图误差、天线位置误差、天线指向误差、天线交叉极化误差，以及天线互耦等。通道误差可以细分为接收机相位误差、接收机幅度误差，以及频率误差等。此外，还有由相关器引入的加性误差。这些误差若不进行校正，将难以达到预计性能，因此综合孔径系统一般都含有独立的校正系统，而这又增加了系统的复杂度。受误差影响，综合孔径辐射计的信号处理也非常复杂，理论上最简单的傅氏反演方法将不适用，不得不采用更复杂的 $\boldsymbol{G}$ 矩阵反演方法，而且为了减小误差波动对系统灵敏度的影响，还要采取周期校正的信号处理方式，这些都增加了信号处理的复杂度。

③ 庞大的数据量。在大型综合孔径系统中，数据量非常庞大。为了解决大量数据传输的问题，GeoSTAR 采用光纤和复用技术。此外，数据处理也是一大难题，如 GeoSTAR 系统，总共含有约 300 个天线，u-v 采样点高达 30 000 个，数字相关部分要进行的乘法运算每秒钟要达到 20 万亿次[5]。庞大的数据量也是大型综合孔径辐射计不得不采用 1bit 量化的原因之一。

综合孔径辐射计的上述因素限制了系统性能的提高。实际上，上述三个因素是互相影响的，较高的系统复杂度导致误差因素繁杂，需要校正系统的支持，而这又进一步增加了系统的复杂度；校正系统也产生了庞大的校正数据，如 $\boldsymbol{G}$ 矩阵的测量和周期校正等。

镜像综合孔径微波辐射成像方法能减少天线数目，或者说以较少的天线单元数获取更高的空间分辨率，有效降低成像系统的复杂度和信号处理的复杂度。

8.2 一维镜像综合孔径微波辐射成像方法

本节首先阐述一维镜像综合孔径的基本原理,覆盖天线接收、测量输出,以及图像重建等过程,然后分析一维镜像综合孔径成像的分辨率和灵敏度,并通过仿真对一维镜像综合孔径的原理,以及成像性能进行验证,最后将一维镜像综合孔径与传统综合孔径进行比较[2,3]。

8.2.1 一维镜像综合孔径成像基本原理

一维镜像综合孔径辐射计由一维天线阵列和反射面组成。信号接收过程如图 8-1 所示。综合孔径阵列用其基本单元——双天线 a_i 和 a_j 表示,两天线之间的间距为 d_{ij},天线 $a_{i,j}$ 到反射面的距离为 $h_{i,j}$。

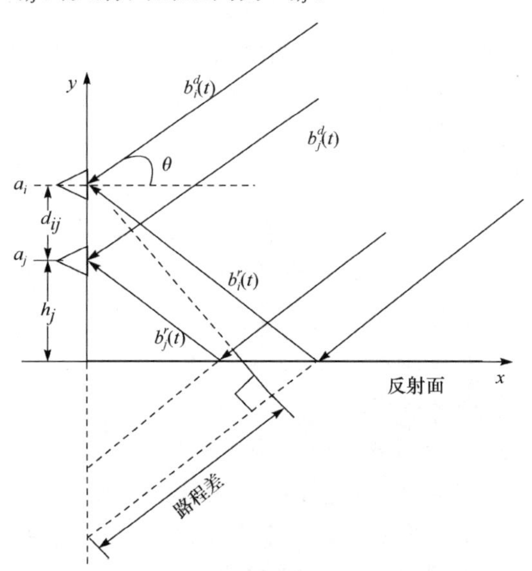

图 8-1 一维镜像综合孔径示意图

假设辐射源所在位置单位立体角内的辐射信号的基带形式为 $\beta(\theta;t)$,其功率谱密度可以表述为[6]

$$S_{\beta(\theta)}(f)=\begin{cases}\dfrac{2}{B}T_{\Omega}(\theta), & |f|<\dfrac{B}{2}\\ 0, & \text{其他}\end{cases}\tag{8-1}$$

其中,B 为系统带宽;$T_{\Omega}(\theta)$为单位立体弧度内接收亮温。

$T_{\Omega}(\theta)$与场景原始亮温 $T_B(\theta)$、天线立体角及天线方向图 $F_n(\theta)$之间的关系为

$$T_{\Omega}(\theta)=\frac{T_B(\theta)F_n(\theta)}{\Omega_e}\tag{8-2}$$

$R_{\beta(\theta)}(\tau)$为$\beta(\theta;t)$功率谱密度的傅氏变换，即

$$R_{\beta(\theta)}(\tau)=\langle\beta(\theta;t)\beta(\theta;t+\tau)\rangle =2T_{\Omega}(\theta)\mathrm{sinc}(B\tau) \tag{8-3}$$

从图 8-1 可知，每个天线接收两个射频信号，分别为直接入射信号和经反射面反射的信号。这两个随机信号和天线接收的总信号可以表示为

$$\begin{aligned} b^d(\theta;t)&=\beta(\theta;t)\cos[2\pi f_c t-kr^d(\theta)] \\ b^r(\theta;t)&=-\beta(\theta;t)\cos[2\pi f_c t-kr^r(\theta)] \\ b(\theta;t)&=b^d(\theta;t)+b^r(\theta;t) \end{aligned} \tag{8-4}$$

其中，$k=2\pi/\lambda$；$b^d(\theta;t)$为直接入射的信号；$b^r(\theta;t)$为反射面反射的信号。

式(8-4)反射信号中的负号是因为反射时信号发生了 180 度反相。对于空间非相关展源，有

$$\begin{aligned} b^d(t)&=\int_0^{\frac{\pi}{2}}\beta(\theta;t)\cos[2\pi f_c t-kr^d(\theta)]\mathrm{d}\theta \\ b^r(t)&=-\int_0^{\frac{\pi}{2}}\beta(\theta;t)\cos[2\pi f_c t-kr^r(\theta)]\mathrm{d}\theta \\ b(t)&=b^d(t)+b^r(t) \end{aligned} \tag{8-5}$$

对于任意的两个通道，其接收的信号均具有式(8-5)的形式。定义两通道同相信号相关输出为

$$R_{ij}=\langle b_i(t)b_j(t)\rangle \tag{8-6}$$

其中，⟨⟩表示集合平均。

将式(8-5)代入式(8-6)，则有

$$\begin{aligned} R_{ij}&=\langle b_i(t)b_j(t)\rangle \\ &=\langle b_i^d(t)b_j^d(t)\rangle+\langle b_i^d(t)b_j^r(t)\rangle+\langle b_i^r(t)b_j^d(t)\rangle+\langle b_i^r(t)b_j^r(t)\rangle \end{aligned} \tag{8-7}$$

且有

$$\begin{aligned} \langle b_i^d(t)b_j^d(t)\rangle&=\int_0^{\frac{\pi}{2}}T_{\Omega}(\theta)\cos[kr_j^d(\theta)-kr_i^d(\theta)]\mathrm{d}\theta \\ \langle b_i^d(t)b_j^r(t)\rangle&=-\int_0^{\frac{\pi}{2}}T_{\Omega}(\theta)\cos[kr_j^r(\theta)-kr_i^d(\theta)]\mathrm{d}\theta \\ \langle b_i^r(t)b_j^d(t)\rangle&=-\int_0^{\frac{\pi}{2}}T_{\Omega}(\theta)\cos[kr_j^d(\theta)-kr_i^r(\theta)]\mathrm{d}\theta \\ \langle b_i^r(t)b_j^r(t)\rangle&=\int_0^{\frac{\pi}{2}}T_{\Omega}(\theta)\cos[kr_j^r(\theta)-kr_i^r(\theta)]\mathrm{d}\theta \end{aligned} \tag{8-8}$$

当 $r\gg d_{ij}$，$r\gg h_j$ 时，下列近似成立，即

$$\begin{aligned}&r_j^d(\theta)-r_i^d(\theta)\approx d_{ij}\sin\theta\\&r_j^r(\theta)-r_i^d(\theta)\approx(d_{ij}+2h_j)\sin\theta\\&r_j^d(\theta)-r_i^r(\theta)\approx-(d_{ij}+2h_j)\sin\theta\\&r_j^r(\theta)-r_i^r(\theta)\approx-d_{ij}\sin\theta\end{aligned}\tag{8-9}$$

将式(8-8)、式(8-9)及 $h_i=d_{ij}+h_j$ 代入式(8-7)中,则有

$$\begin{aligned}R_{ij}&=2\int_0^{\frac{\pi}{2}}T_\Omega(\theta)\cos\left(2\pi\frac{d_{ij}}{\lambda}\sin\theta\right)\mathrm{d}\theta-2\int_0^{\frac{\pi}{2}}T_\Omega(\theta)\cos\left(2\pi\frac{d_{ij}+2h_j}{\lambda}\sin\theta\right)\mathrm{d}\theta\\&=2\int_0^{\frac{\pi}{2}}T_\Omega(\theta)\cos\left(2\pi\frac{h_i-h_j}{\lambda}\sin\theta\right)\mathrm{d}\theta-2\int_0^{\frac{\pi}{2}}T_\Omega(\theta)\cos\left(2\pi\frac{h_i+h_j}{\lambda}\sin\theta\right)\mathrm{d}\theta\end{aligned}\tag{8-10}$$

式(8-10)中的积分范围为$\left(0,\dfrac{\pi}{2}\right)$,这是因为受反射面的遮挡,可以观测的空间只有一半。

定义余弦可见度(cosine visibility,CV)为

$$\mathrm{CV}(u)=2\int_0^{\frac{\pi}{2}}T_\Omega(\theta)\cos(2\pi u\sin\theta)\mathrm{d}\theta\tag{8-11}$$

其中,u 为空间采样频率,如$\dfrac{h_i-h_j}{\lambda}=\dfrac{d_{ij}}{\lambda}$为一个空间采样频率,$\dfrac{h_i+h_j}{\lambda}$为另一个采样频率。

若令 $\xi=\sin\theta$,式(8-11)可以表示为

$$\mathrm{CV}(u)=2\int_0^{\frac{\pi}{2}}T'(\xi)\cos(2\pi u\xi)\mathrm{d}\xi\tag{8-12}$$

其中,$T'(\xi)$为修正亮温,即

$$T'(\xi)=\frac{T_\Omega(\xi)}{\sqrt{1-\xi^2}}\tag{8-13}$$

根据式(8-11)和式(8-12)可以看出,余弦可见度与亮温成余弦变换对(cosine transfrom)关系。

两接收机的同相相关输出 R_{ij} 用余弦可见度可以表示为

$$R_{ij}=\mathrm{CV}((h_i-h_j)/\lambda)-\mathrm{CV}((h_i+h_j)/\lambda)\tag{8-14}$$

天线 a_i 接收的同相信号与天线 a_j 接收的正交相信号的相关输出为

$$\begin{aligned}\left\langle b_i(t)b_j\left(t-\frac{1}{4f_c}\right)\right\rangle=&\int_0^{\frac{\pi}{2}}T(\theta)\cos\left(\frac{\pi}{2}+2\pi\frac{d_{ij}}{\lambda}\sin\theta\right)\mathrm{d}\theta\\&-\int_0^{\frac{\pi}{2}}T(\theta)\cos\left(\frac{\pi}{2}+2\pi\frac{d_{ij}+2h_j}{\lambda}\sin\theta\right)\mathrm{d}\theta\\&-\int_0^{\frac{\pi}{2}}T(\theta)\cos\left(\frac{\pi}{2}-2\pi\frac{d_{ij}+2h_j}{\lambda}\sin\theta\right)\mathrm{d}\theta\end{aligned}$$

$$
\begin{aligned}
&+\int_0^{\frac{\pi}{2}} T(\theta)\cos\left(\frac{\pi}{2}-2\pi\frac{d_{ij}}{\lambda}\sin\theta\right)\mathrm{d}\theta \\
&=0
\end{aligned}
\tag{8-15}
$$

式(8-15)表明,传统综合孔径中的 I/Q 解调在一维镜像综合孔经中是不需要的。回到式(8-14),可以发现任意两个天线的相关输出包含有两个空间采样频率的余弦可见度。$(h_i-h_j)/\lambda$ 对应于传统综合孔径双天线干涉仪形成的空间采样频率,$(h_i+h_j)/\lambda$ 则可以理解为由天线 a_i 与天线 a_j 关于反射面的镜像天线形成的空间采样频率。对于任意两个天线,均可以得到类似于式(8-14)的方程,这些方程可以组合成一个线性方程组,即

$$
\begin{bmatrix} R_{12} \\ R_{13} \\ \vdots \\ R_{(M-1)M} \end{bmatrix} = \begin{bmatrix} 1 & -1 & \cdots & 0 \\ 0 & 1 & \cdots & \cdots \\ \vdots & \vdots & & \vdots \\ 0 & 0 & \cdots & -1 \end{bmatrix} \begin{bmatrix} \mathrm{CV}(1) \\ \mathrm{CV}(2) \\ \vdots \\ \mathrm{CV}(N) \end{bmatrix} \tag{8-16}
$$

将其写成更紧凑的形式为

$$
\boldsymbol{R}=\boldsymbol{P}\mathbf{CV} \tag{8-17}
$$

其中,$\boldsymbol{P}$ 和 **CV** 取决于具体的阵列形式,以及阵列到反射面之间的距离。

传统的综合孔径的可见度函数是直接测量的,而镜像综合孔径系统的余弦可见度则是由求解线性方程组得到。

线性方程组(8-16)中没有包含采样频率为 0 的余弦可见度 CV(0)。CV(0)对应于整个场景亮温的平均值,可以通过一个专门的噪声注入辐射计来测量。令式(8-14)中 $i=j$,则有

$$
R_{ii}=\mathrm{CV}(0)-\mathrm{CV}(2h_i/\lambda)+T_i^{\mathrm{rec}} \tag{8-18}
$$

噪声注入辐射计测量的结果对应于 $\mathrm{CV}(0)-\mathrm{CV}(2h_i/\lambda)$。如果 $\mathrm{CV}(2h_i/\lambda)$ 包含于线性方程组(8-16),即 $\mathrm{CV}(2h_i/\lambda)$ 可以通过求解方程组获得,则可获得CV(0)的值。此外,可以利用一个规律来获取 CV(0),对于自然地物展源,其可见度的幅度随采样频率的提高而减小。以 GeoSTAR 为例,只有零基线可见度超过 100K,绝大多数基线的可见度幅度约为 0.024K,仅为零基线可见度的 0.02%,如此小的比例是完全可以忽略不计的。此时,可以认为噪声注入辐射计测量的结果,即零基线余弦可见度的值。

如果所有的余弦可见度都能够获得,那么可以通过反余弦变换来重建场景的亮温图像,即

$$
\begin{aligned}
\hat{T}(\theta) &= 2\int_0^{\infty} \mathrm{CV}(u)\cos(2\pi u\sin\theta)\,\mathrm{d}u \\
\hat{T}(\xi) &= 2\int_0^{\infty} \mathrm{CV}(u)\cos(2\pi u\xi)\,\mathrm{d}u
\end{aligned}
\tag{8-19}
$$

实际的测量系统只能获得有限的离散采样点,即

$$\hat{T}(\theta) = \Delta u\left[\mathrm{CV}(0) + 2\sum_{n=1}^{N}\mathrm{CV}(u_n)\cos(2\pi u_n \sin\theta)\right] \tag{8-20}$$

由式(8-14)可知,对于天线数目为 M 的阵列系统,传统一维综合孔径系统的最长基线由阵列两端最外围的两个天线提供,且由两天线之间的相对位置决定,即 d_{1M};一维镜像综合孔径系统的最长基线由离反射面最远的双天线构成,即 $h_{M-1}+h_M=2d_{1M}+2h_1-d_{(M-1)M}$。因此,当 $2h_1 \geqslant d_{(M-1)M}$时,在相同的阵列排布下,镜像综合孔径的分辨率至少是传统综合孔径分辨率的两倍。换句话说,在相同的分辨率下,镜像综合孔径需要的天线数目要比传统综合孔径少,这将降低系统的复杂度。此外,I/Q 解调在镜像综合孔径系统中是不需要的,可以简化接收机的结构。较少的天线数目,没有 I/Q 解调,则 ADC 和相关器的数量将大大降低,阵列子系统和相关阵列子系统的复杂度将降低,同时也降低了校正系统的复杂度。

8.2.2 一维镜像综合孔径成像系统的阵列因子及空间分辨率

1. 空间采样频率与基线完整性

对于传统的综合孔径系统,双天线的复相关输出仅依赖于基线的取向和长度,而与坐标原点无关。基线的取向和长度采用空间频率(u,v)衡量,每一对天线的复相关输出对应(u,v)采样平面上的一个点,因此采样平面可以直接描绘。一维综合孔径系统的空间采样频率对应于 u 轴这条直线,复相关输出仅与两天线之间的相对距离有关。对于一维镜像综合孔径系统,双天线的相关输出含有两个采样频率的余弦可见度,其中一个采样频率为$\dfrac{h_i-h_j}{\lambda}=\dfrac{d_{ij}}{\lambda}$,与传统一维综合孔径的采样频率一样依赖于两天线之间的相对距离;另一个采样频率为$\dfrac{h_i+h_j}{\lambda}$,与双天线到反射面之间的距离有关,若以反射面作为参考原点,则可以认为该采样频率依赖于双天线的绝对距离。

与采样频率相关的一个问题是基线完整性。对于传统的一维综合孔径系统,有多种最佳稀疏排列算法在保证基线完整性的前提下使得采样频率最大化。Leech 给出了阵元数目 $M<12$ 时的最佳阵列结构,还给出了对于阵元数目 M 较大时的低冗余排列的冗余度范围,即 $1.217<R<1.674$ 。Camps 等给出了天线单元 $M\leqslant 37$ 的排列方式,是查到文献中单元数目最多的阵列,而且直到阵元数目为 37 时阵列的冗余度仍然较低($R=1.585$)。冗余度的定义为

$$R=\frac{N_{\text{corr}}}{N_{\max}} \tag{8-21}$$

其中，$N_{\max}$为最大采样频率；$N_{\text{corr}}=\dfrac{M(M-1)}{2}$为双天线相关输出数目。

根据 Leech 的结论，有 $1.217N_{\max}<N_{\text{corr}}<1.674N_{\max}$。对于一维镜像综合孔径系统，其最长基线至少是传统综合孔径系统最长基线的 2 倍。在这种情况下，一维镜像综合孔径系统提供的最大采样频率超过双天线相关输出数目，这表明对于低冗余阵列，一维镜像综合孔径必然存在基线缺失，且线性方程组(8-16)是欠定的。

虽然少量的基线缺失可以通过插值或其他的数学方法来解决，但是大量的基线缺失将不可避免地对系统性能造成影响。此外，线性方程组的不适定性会放大系统噪声，从而降低系统的灵敏度。这两个问题必须予以解决，否则一维镜像综合孔径技术的优越性将难以体现。解决这两个问题有两种方法。

① 增加阵列的冗余度。该方法可以直接增加双天线相关输出的数量，但是这种方法意味着使用更多的天线单元，与镜像综合孔径的初始目的违背，因此大多数场合下这种方式是不适用的。该方法仅适用于通过基线冗余来提高系统灵敏度的传统综合孔径系统。

② 改变阵列与反射面的距离，进行多次测量。每次测量将得到类似于(8-16)的方程组，将多次测量的方程组进行组合可以得到一个更大的方程组，从而解决基线缺失和线性方程组欠定性的问题。此外，该方法为镜像综合孔径系统提供了进一步增加分辨率的可能。

下面以一个具体的镜像综合孔径系统为例，结合该系统讨论多次测量联合在解决基线缺失、降低方程组欠定性、进一步提高系统分辨率等 3 个方面的能力。考虑一个 12 单元的一维镜像综合孔径系统，其阵列排列为最小冗余线阵，排列间距为{1,2,3,7,7,7,7,7,4,4,1}，系统示意图如图 8-2 所示。

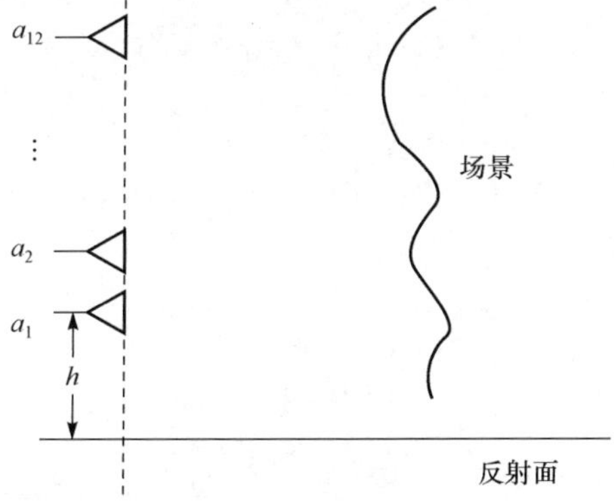

图 8-2　12 单元镜像综合孔径系统示意图

假设最小天线间距为 λ,阵列到反射面的距离为阵列长度的一半,即 $h=25\lambda$,此时线性方程组中的矩阵 $\boldsymbol{P}$ 大小为 66×108,秩为 63,可获得的最长基线为 149λ,可见存在 41 个缺失基线,且线性方程组具有严重欠定性。改变 h 的值进行测量可以得到类似于(8-17)的方程组,将这些方程组进行组合可以得到一个更大的方程组,然后再求解余弦可见度进行亮温反演。如果对 $h=25\lambda$ 时获得的方程组和 $h=25.5\lambda$时获得的方程组进行组合,组合后的矩阵 $\boldsymbol{P}$ 大小为 132 × 134,秩为 119,部分解决了基线缺失和方程组欠定性的问题。进一步组合更多 h 时的测量值,其组合后的效果如表 8-1 所示。

表 8-1 不同 h 值方程组组合后的结果

$h_{值}(\lambda)$	$\boldsymbol{P}$ 的大小	$\boldsymbol{P}$ 的秩	缺失基线数目	最长基线
25,25.5	132×134	119	31	150λ
25,25.5,26,26.5	264×152	150	0	152λ
25,25.5,26,26.5,50,50.5,51,51.5	528×202	201	0	202λ
25,25.5,26,26.5,75,75.5,76,76.5	528×252	250	0	252λ

可以发现,对于最后的 3 种不同 h 测量结果的组合,基线缺失的问题已经完全解决,方程组欠定性的问题基本解决,非常接近恰定情况,而且相对于传统的综合孔径系统,其最长基线分别提高了 3 倍、4 倍和 5 倍。实际上,可以通过继续调整阵列与反射面的距离组合更多的线性方程组来进一步提升一维镜像综合孔径系统的分辨率。

2. 阵列因子

下面推导反演亮温 $\hat{T}(\theta)$与场景实际亮温 $T(\theta)$之间的关系,以期获得一维镜像综合孔径系统的阵列因子,并在此基础上分析系统的空间分辨率。

将式(8-11)代入式(8-20)中有

$$\begin{aligned}\hat{T}(\theta) &= \Delta u\Big[\mathrm{CV}(0)+2\sum_{n=1}^{N}\mathrm{CV}(u_n)\cos(2\pi u_n\sin\theta)\Big]\\ &= \Delta u\int_0^{\frac{\pi}{2}}2T_\Omega(\theta')\mathrm{d}\theta'+\int_0^{\frac{\pi}{2}}T_\Omega(\theta')\,\mathrm{AF}^{(1)}(\theta,\theta')\mathrm{d}\theta'\end{aligned} \tag{8-22}$$

其中,$\mathrm{AF}^{(1)}(\theta,\theta')$为一维镜像综合孔径的阵列因子,即

$$\mathrm{AF}^{(1)}(\theta,\theta') = 4\Delta u\sum_{n=1}^{N}\cos(2\pi u_n\sin\theta)\cos(2\pi u_n\sin\theta')$$

$$= 2\Delta u\left\{\frac{\sin[(N+1)\pi(\sin\theta+\sin\theta')\Delta u]\cos[N\pi(\sin\theta+\sin\theta')\Delta u]}{\sin[\pi(\sin\theta+\sin\theta')\Delta u]}\right.$$
$$\left.+\frac{\sin[(N+1)\pi(\sin\theta-\sin\theta')\Delta u]\cos[N\pi(\sin\theta-\sin\theta')\Delta u]}{\sin[\pi(\sin\theta-\sin\theta')\Delta u]}\right\} \tag{8-23}$$

式(8-23)的表达式较复杂，在分析系统的栅瓣和分辨率时比较困难，下面阐述一种等效的阵列因子。

当信号 $x(t)$是实偶对称时，它的傅氏变换 $X(\mathrm{j}\omega)$为

$$X(\mathrm{j}\omega) = \int_{-\infty}^{\infty} x(t)\mathrm{e}^{-\mathrm{j}\omega t}\,\mathrm{d}t = 2\int_{0}^{\infty} x(t)\cos(\omega t)\,\mathrm{d}t \tag{8-24}$$

式(8-24)表明，对于一个实偶对称的信号，其傅氏变换也是实偶对称的。此时，傅氏变换又称之为余弦变换。这样，可以构造一个实偶对称的亮温 $T^E(\theta)$来重写式(8-11)，即

$$T^E(\theta)=\begin{cases} T_\Omega(\theta), & 0\leqslant\theta\leqslant\dfrac{\pi}{2} \\ T_\Omega(-\theta), & -\dfrac{\pi}{2}\leqslant\theta\leqslant 0 \end{cases} \tag{8-25}$$

$$\mathrm{CV}(u) = \int_{-\frac{\pi}{2}}^{\frac{\pi}{2}} T^E(\theta)\mathrm{e}^{-\mathrm{j}2\pi u\sin\theta}\,\mathrm{d}\theta \tag{8-26}$$

式(8-22)的另外一种形式为

$$\hat{T}(\theta) = \Delta u\Big[\mathrm{CV}(0) + 2\sum_{n=1}^{N}\mathrm{CV}(u_n)\cos(2\pi u_n\sin\theta)\Big]$$
$$= \Delta u\int_{-\frac{\pi}{2}}^{\frac{\pi}{2}} T^E(\theta')\,\mathrm{AF}^{(2)}(\theta,\theta')\,\mathrm{d}\theta' \tag{8-27}$$

其中，$\mathrm{AF}^{(2)}(\theta,\theta')$为等效阵列因子，即

$$\mathrm{AF}^{(2)}(\theta,\theta')=\Delta u\sum_{n=-N}^{N}\mathrm{e}^{\mathrm{j}2\pi u_n(\sin\theta-\sin\theta')}$$
$$=\Delta u\,\frac{\sin[(2N+1)\pi(\sin\theta-\sin\theta')\Delta u]}{\sin[\pi(\sin\theta-\sin\theta')\Delta u]} \tag{8-28}$$

若令 $\xi=\sin\theta$，$\xi'=\sin\theta'$，则等效阵列因子可表示为

$$\mathrm{AF}^{(2)}(\xi,\xi') = \mathrm{AF}^{(2)}(\xi-\xi')$$
$$= \Delta u\sum_{n=-N}^{N}\mathrm{e}^{\mathrm{j}2\pi u_n(\xi-\xi')}$$
$$= \Delta u\,\frac{\sin[(2N+1)\pi(\xi-\xi')\Delta u]}{\sin[\pi(\xi-\xi')\Delta u]} \tag{8-29}$$

可以看出，$AF^{(2)}(\theta,\theta')$与传统一维综合孔径的阵列因子是一样的。此时，可以通过式(8-28)来分析一维镜像综合孔径系统的分辨率及其他参数。

在式(8-22)、式(8-23)、式(8-27)及式(8-28)中，默认了一维镜像综合孔径系统能够获得所有采样频率处的余弦可见度。然而，实际情况下镜像综合孔径有可能缺失基线，若考虑这该因素，并且考虑加窗，式(8-23)和式(8-28)有一个更一般的表达式，即

$$\begin{aligned} AF^{(1)}(\theta,\theta') &= 4\Delta u\sum_{n=1}^{N} w(u_n)g(u_n)\cos(2\pi u_n\sin\theta)\cos(2\pi u_n\sin\theta') \\ AF^{(2)}(\theta,\theta') &= \Delta u\sum_{n=-N}^{N} w(u_n)g(u_n)e^{j2\pi u_n(\sin\theta-\sin\theta')} \end{aligned} \tag{8-30}$$

其中，$g(u_n)$为采样频率缺失函数，当该采样频率存在时，其值为 1；当该采样频率缺失时，其值为 0；$w(u_n)$为窗函数。

几种常见的窗函数的表达式(按照降低旁瓣程度排序)如表 8-2 所示。

表 8-2　常见的一维加窗函数

Rectangular	$w(u_n)=1$
Barlett (Triangular)	$w(u_n)=1-\dfrac{u_n}{u_{max}}$
Hamming	$w(u_n)=0.54+0.46\cos\left(\pi\dfrac{u_n}{u_{max}}\right)$
Hanning	$w(u_n)=0.5+0.5\cos\left(\pi\dfrac{u_n}{u_{max}}\right)$
Blackmann	$w(u_n)=0.42+0.5\cos\left(\pi\dfrac{u_n}{u_{max}}\right)+0.08\cos\left(2\pi\dfrac{u_n}{u_{max}}\right)$

受基线缺失的影响，镜像综合孔径系统的阵列因子将表现出不规则特性，其具体形状与阵列排列和阵列到反射面之间的距离有关，进一步的解析表达将非常困难。针对表 8-1 中的第一个组合，分别绘出$AF^{(1)}(\theta,\theta')$和$AF^{(2)}(\theta,\theta')$来说明基线缺失对阵列因子的影响。

图 8-3(a)和图 8-3(b)为理想情况下 10°处的阵列因子，分别对应于$AF^{(1)}(\theta,\theta')$和$AF^{(2)}(\theta,\theta')$；图 8-3(c)和图 8-3(d)为考虑基线缺失后的$AF^{(1)}(\theta,\theta')$和$AF^{(2)}(\theta,\theta')$。对比可以发现，理想情况下的阵列因子具有规则的旁瓣，而受基线缺失的影响，其实际的阵列因子的旁瓣将呈现无规律波动。

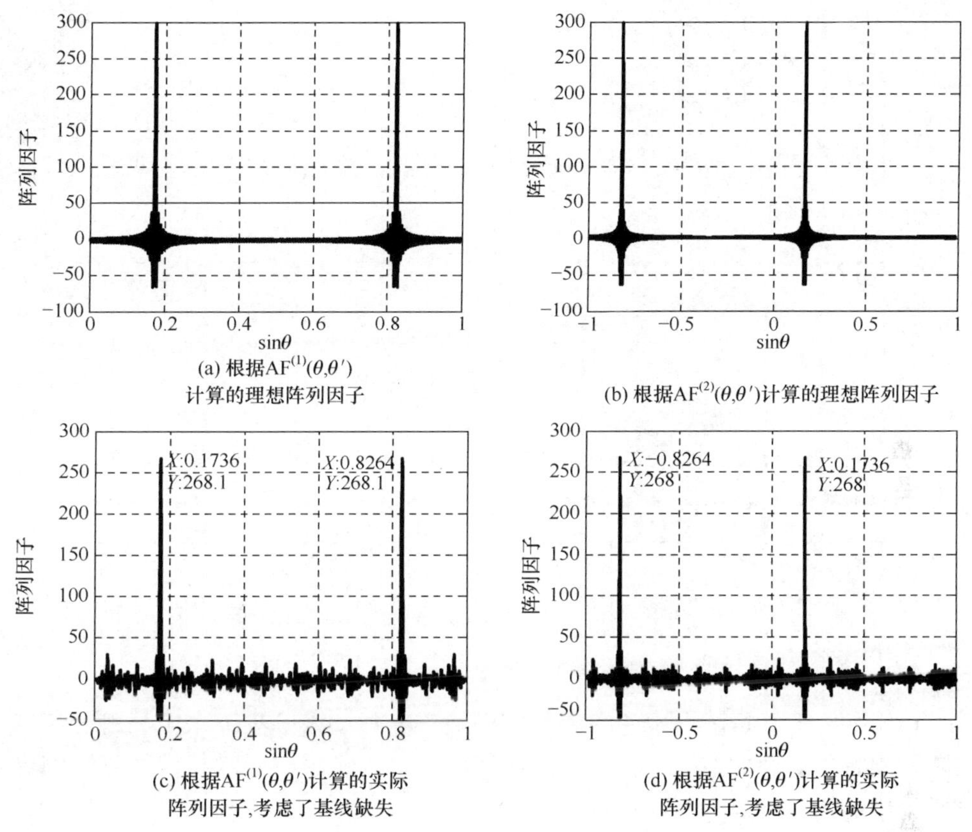

(a) 根据$AF^{(1)}(\theta,\theta')$计算的理想阵列因子

(b) 根据$AF^{(2)}(\theta,\theta')$计算的理想阵列因子

(c) 根据$AF^{(1)}(\theta,\theta')$计算的实际阵列因子,考虑了基线缺失

(d) 根据$AF^{(2)}(\theta,\theta')$计算的实际阵列因子,考虑了基线缺失

图 8-3　$h=25\lambda$ 和 $h=25.5\lambda$ 时计算的 10°处阵列因子

3. 采样间隔与栅瓣

观察图 8-3,可以发现阵列因子中存在栅瓣,这是由最小基线间距为 λ 导致的。对于$AF^{(2)}(\theta,\theta')$,其栅瓣出现的位置为 $\xi=-0.8264$;对于$AF^{(1)}(\theta,\theta')$,其栅瓣出现的位置为 $\xi=0.8264$,即$AF^{(1)}(\theta,\theta')$的栅瓣与$AF^{(2)}(\theta,\theta')$的栅瓣关于零点对称,这是因为结构$AF^{(2)}(\theta,\theta')$时的 $T^E(\theta)$与实际的 $T(\theta)$关于零点对称。

一般来讲,采样间隔大于 $\lambda/2$ 时,其阵列因子将出现栅瓣。对于$AF^{(2)}(\xi,\xi')$,根据极值方程$\dfrac{\partial F^{(2)}(\xi,\xi')}{\partial \xi'}=0$,可求出$AF^{(2)}(\xi,\xi')$的极大点,即

$$\xi'=\xi+\frac{N}{\Delta u},\quad N=0,\pm1,\pm2,\cdots \tag{8-31}$$

这些极大点处就形成了栅瓣。显然,采样的间距越稀,栅瓣间距越密。对于实际的阵列因子$AF^{(1)}(\xi,\xi')$,有

$$\xi'=\begin{cases}\xi+\dfrac{N}{\Delta u}, & \xi+\dfrac{N}{\Delta u}\geqslant 0\\ -\left(\xi+\dfrac{N}{\Delta u}\right), & \xi+\dfrac{N}{\Delta u}\leqslant 0\end{cases},\quad N=0,\pm1,\pm2,\cdots \tag{8-32}$$

考虑一个最小基线为 2λ,采样数目为 150 的一维镜像综合孔径系统,其阵列因子如图 8-4 所示。

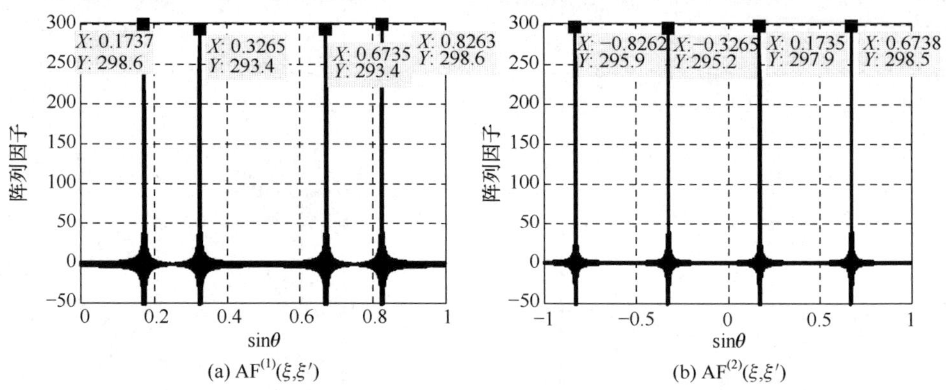

(a) $AF^{(1)}(\xi,\xi')$　　(b) $AF^{(2)}(\xi,\xi')$

图 8-4　最小基线为 2λ 时,10°处阵列因子和栅瓣

传统的综合孔径阵列中的栅瓣与镜像综合孔径等效阵列因子中的栅瓣一样,栅瓣之间是等间距的,间距为 $1/\Delta u$。从图 8-4 可以发现,镜像综合孔径的实际阵列因子中的栅瓣不是等间距的,疏密不等。

4. 空间分辨率

空间分辨率刻画了成像系统分辨两个点源的能力。在天线领域,可将其定义为方向图峰值两边的第一对零点之间的间隔,即当 $AF^{(1)}(\theta,\theta')=0$ 或者 $AF^{(2)}(\theta,\theta')=0$ 时,两 θ' 之间的间隔。令 $AF^{(2)}(\theta,\theta')=0$,即可求得一维镜像综合孔径系统的空间分辨率,即

$$\Delta\theta=\left|\sin^{-1}\left[\sin\theta+\frac{1}{(2N+1)\Delta u}\right]-\sin^{-1}\left[\sin\theta-\frac{1}{(2N+1)\Delta u}\right]\right|\text{rad} \tag{8-33}$$

在天顶 $\theta=0$ 方向上的分辨率为

$$\Delta\theta=2\sin^{-1}\left[\frac{1}{(2N+1)\Delta u}\right]\text{rad} \tag{8-34}$$

当等效孔径长度远大于波长时,又可以简化为

$$\Delta\theta\approx\frac{2\lambda_c}{D}\text{rad} \tag{8-35}$$

其中,$D=(2N+1)\Delta u$,为镜像综合孔径可以获得的最大基线长度的 2 倍。

在传统综合孔径系统中 $D\approx 2d_{1M}$，即阵列两端双天线之间的相对距离的 2 倍，而在一维镜像综合孔径系统中 $D\approx 2(h_{M-1}+h_M)=4d_{1M}+4h_1-2d_{(M-1)M}$，可见在同样的阵列排布下，当 $2h_1\geqslant d_{(M-1)M}$ 时，一维镜像综合系统的分辨率至少是传统综合孔径分辨率的 2 倍。

8.2.3　一维镜像综合孔径成像系统的灵敏度

灵敏度是成像系统的另一个重要指标，刻画了成像系统检测弱信号的能力。本节首先分析相关输出噪声特性，然后在此基础上推导一维镜像综合孔径系统的灵敏度，并与传统的镜像综合孔径系统进行比较。

1. 相关输出的噪声特性

镜像综合孔径的成像系统框图如图 8-5 所示。

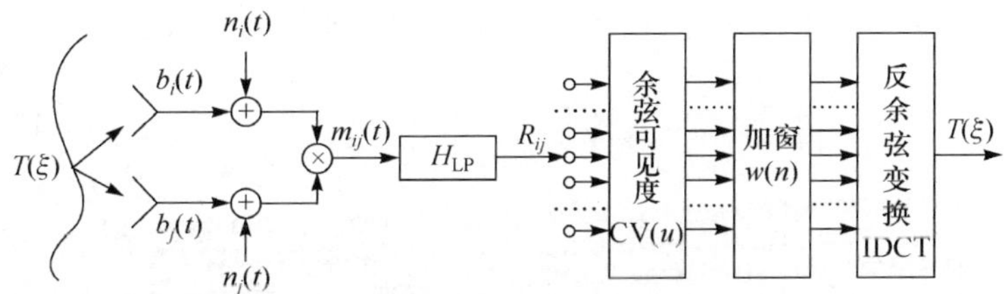

图 8-5　镜像综合孔径辐射成像系统框图

$$m_{ij}(t)=[b_i(t)+n_i(t)][b_j(t)+n_j(t)] \tag{8-36}$$

其中，$n_{i,j}(t)$ 分别表示两接收机的噪声；$m_{ij}(t)$ 的自相关为

$$\begin{aligned}R_{m_{ij}}(\tau)&=\langle m_{ij}(t)m_{ij}(t+\tau)\rangle\\&=\langle b_i(t)b_j(t)\rangle^2+\langle b_i(t)b_i(t+\tau)\rangle\langle b_j(t)b_j(t+\tau)\rangle\\&\quad+\langle b_i(t)b_i(t+\tau)\rangle\langle n_j(t)n_j(t+\tau)\rangle\\&\quad+\langle b_j(t)b_j(t+\tau)\rangle\langle n_i(t)n_i(t+\tau)\rangle\\&\quad+\langle n_i(t)n_i(t+\tau)\rangle\langle n_j(t)n_j(t+\tau)\rangle\\&\quad+\langle b_i(t)b_j(t+\tau)\rangle\langle b_j(t)b_i(t+\tau)\rangle\end{aligned} \tag{8-37}$$

且有

$$\begin{aligned}\langle b_i(t)b_j(t+\tau)\rangle&=\langle[b_i^d(t)+b_i^r(t)][b_j^d(t+\tau)+b_j^r(t+\tau)]\rangle\\&=\langle b_i^d(t)b_j^d(t+\tau)\rangle+\langle b_i^d(t)b_j^r(t+\tau)\rangle\\&\quad+\langle b_i^r(t)b_j^d(t+\tau)\rangle+\langle b_i^r(t)b_j^r(t+\tau)\rangle\\&=\mathrm{sinc}(B\tau)\cos(2\pi f_c\tau)\cdot\left[\mathrm{CV}\left(\frac{h_j-h_i}{\lambda}\right)-\mathrm{CV}\left(\frac{h_j+h_i}{\lambda}\right)\right]\end{aligned} \tag{8-38}$$

式(8-38)对所有的(i,j)组合都成立,类似的有

$$
\begin{aligned}
\langle y_i(t)y_j(t)\rangle &= \mathrm{CV}\left(\frac{h_j-h_i}{\lambda}\right)-\mathrm{CV}\left(\frac{h_j+h_i}{\lambda}\right)\\
\langle y_i(t)y_i(t+\tau)\rangle &= \mathrm{sinc}(B\tau)\cos(2\pi f_c\tau)\left[\mathrm{CV}(0)-\mathrm{CV}\left(\frac{2h_i}{\lambda}\right)\right]\\
\langle y_j(t)y_j(t+\tau)\rangle &= \mathrm{sinc}(B\tau)\cos(2\pi f_c\tau)\left[\mathrm{CV}(0)-\mathrm{CV}\left(\frac{2h_j}{\lambda}\right)\right]\\
\langle y_j(t)y_i(t+\tau)\rangle &= \langle y_i(t)y_j(t+\tau)\rangle\\
\langle n_i(t)n_i(t+\tau)\rangle &= T_i^{\mathrm{rec}}\mathrm{sinc}(B\tau)\cos(2\pi f_c\tau)\\
\langle n_j(t)n_j(t+\tau)\rangle &= T_j^{\mathrm{rec}}\mathrm{sinc}(B\tau)\cos(2\pi f_c\tau)
\end{aligned}
\tag{8-39}
$$

其中,$T_{i,j}^{\mathrm{rec}}$分别为两接收机的等效噪声温度。

将式(8-39)代入式(8-37)中,有

$$
\begin{aligned}
R_{m_{ij}}(\tau) =& \left[\mathrm{CV}\left(\frac{h_j-h_i}{\lambda}\right)-\mathrm{CV}\left(\frac{h_j+h_i}{\lambda}\right)\right]^2+\frac{1}{2}\mathrm{sinc}^2(B\tau)\\
&\cdot\left\{\left[\mathrm{CV}(0)-\mathrm{CV}\left(\frac{2h_i}{\lambda}\right)+T_i^{\mathrm{rec}}\right]\left[\mathrm{CV}(0)-\mathrm{CV}\left(\frac{2h_j}{\lambda}\right)+T_j^{\mathrm{rec}}\right]\right.\\
&\left.+\left[\mathrm{CV}\left(\frac{h_j-h_i}{\lambda}\right)-\mathrm{CV}\left(\frac{h_j+h_i}{\lambda}\right)\right]^2\right\}+\frac{1}{2}\mathrm{sinc}^2(B\tau)\cos(4\pi f_c\tau)\\
&\cdot\left\{\left[\mathrm{CV}(0)-\mathrm{CV}\left(\frac{2h_i}{\lambda}\right)+T_i^{\mathrm{rec}}\right]\left[\mathrm{CV}(0)-\mathrm{CV}\left(\frac{2h_j}{\lambda}\right)+T_j^{\mathrm{rec}}\right]\right.\\
&\left.+\left[\mathrm{CV}\left(\frac{h_j-h_i}{\lambda}\right)-\mathrm{CV}\left(\frac{h_j+h_i}{\lambda}\right)\right]^2\right\}
\end{aligned}
\tag{8-40}
$$

在式(8-40)中,受$\cos(4\pi f_c\tau)$调制的第三项将会被低通滤波器滤掉,因此只剩前两项,其功率谱密度为

$$
\begin{aligned}
S_{m_{ij}}(f) =& \left[\mathrm{CV}\left(\frac{h_j+h_i}{\lambda}\right)-\mathrm{CV}\left(\frac{h_j+h_i}{\lambda}\right)\right]^2\delta(f)+\frac{1}{2}T(f)\left\{\left[\mathrm{CV}(0)-\mathrm{CV}\left(\frac{2h_i}{\lambda}\right)+T_i^{\mathrm{rec}}\right]\right.\\
&\left.\cdot\left[\mathrm{CV}(0)-\mathrm{CV}\left(\frac{2h_j}{\lambda}\right)+T_j^{\mathrm{rec}}\right]+\left[\mathrm{CV}\left(\frac{h_j-h_i}{\lambda}\right)-\mathrm{CV}\left(\frac{h_j+h_i}{\lambda}\right)\right]^2\right\}
\end{aligned}
\tag{8-41}
$$

其中

$$
T(f)=\begin{cases}\dfrac{1}{B}\left(1-\left|\dfrac{f}{B}\right|\right), & |f|<B\\ 0, & 其他\end{cases}
\tag{8-42}
$$

式(8-41)可以写成更紧凑的形式,即

$$S_{m_{ij}}(f)=R_{ij}^2\delta(f)+\frac{1}{2}T(f)(R_{ii}R_{jj}+R_{ij})^2 \tag{8-43}$$

随机过程 $m_{ij}(t)$通过低通滤波器(积分器)后将输出双天线的相关值 $R_{ij}(t)$，其功率谱密度为

$$S_{R_{ij}}(f)=S_{m_{ij}}(f)\,|H_{LP}(f)|^2 \tag{8-44}$$

低通滤波器仅能通过 $f=0$ 附近很窄频带内的信号，因此 $T(f)$可以用其在 $f=0$处的值代替，则双天线信号相关输出的功率谱密度可以简化为

$$S_{R_{ij}}(f)=\begin{cases}R_{ij}^2\delta(f)+\dfrac{1}{2B}(R_{ii}R_{jj}+R_{ij})^2, & |f|<\dfrac{1}{2\tau}\\ 0, & 其他\end{cases} \tag{8-45}$$

$S_{R_{ij}}(f)$也可以写成直流分量和交流分量之和，即

$$S_{R_{ij}}(f)=S_{R_{ij}}^{\mathrm{DC}}(f)+S_{R_{ij}}^{\mathrm{AC}}(f)\mathrm{K}^2/\mathrm{Hz} \tag{8-46}$$

其中

$$S_{R_{ij}}^{\mathrm{DC}}(f)=R_{ij}^2\delta(f) \tag{8-47}$$

$$S_{R_{ij}}^{\mathrm{AC}}(f)=\begin{cases}\dfrac{1}{2B}(R_{ii}R_{jj}+R_{ij})^2, & |f|<\dfrac{1}{2\tau}\\ 0, & 其他\end{cases} \tag{8-48}$$

相关输出的均值对应于直流分量的功率，方差对应于交流分量的功率，即

$$\langle \Delta R_{ij}^2\rangle=\mathrm{Power}^{\mathrm{AC}}=\int_{-\infty}^{\infty}S_{R_{ij}}^{\mathrm{AC}}(f)\mathrm{d}f=\frac{1}{2B\tau}(R_{ii}R_{jj}+R_{ij}^2) \tag{8-49}$$

$m_{ij}(t)$与 $m_{kl}(t)$之间的互相关为

$$\begin{aligned}R_{m_{ij}m_{kl}}(\tau)&=\langle m_{ij}(t)m_{kl}(t+\tau)\rangle\\&=\langle[b_i(t)+n_i(t)][b_j(t)+n_j(t)]\\&\quad\cdot[b_k(t+\tau)+n_k(t+\tau)][b_l(t+\tau)+n_l(t+\tau)]\rangle\end{aligned} \tag{8-50}$$

可以拆分成 16 项，其中 15 项包含有通道噪声，由于通道之间噪声，以及噪声与测量信号之间是不相关的，因此只剩一项，即

$$\begin{aligned}\langle b_i(t)b_j(t)b_k(t+\tau)b_l(t+\tau)\rangle&=\langle b_i(t)b_j(t)\rangle\langle b_k(t+\tau)b_l(t+\tau)\rangle\\&\quad+\langle b_i(t)b_k(t+\tau)\rangle\langle b_j(t)b_l(t+\tau)\rangle\\&\quad+\langle b_i(t)b_l(t+\tau)\rangle\langle b_j(t)b_k(t+\tau)\rangle\end{aligned} \tag{8-51}$$

类似于式(8-38)和式(8-39)，有

$$\begin{aligned}R_{m_{ij}m_{kl}}(\tau)&=R_{ij}R_{kl}+\frac{1}{2}\mathrm{sinc}^2(B\tau)(R_{ik}R_{jl}+R_{il}R_{jk})\\&\quad+\frac{1}{2}\mathrm{sinc}^2(B\tau)\cos(4\pi f_c\tau)(R_{ik}R_{jl}+R_{il}R_{jk})\end{aligned} \tag{8-52}$$

类似于式(8-40)~式(8-49)的推导过程,可得到互协方差,即

$$\langle \Delta R_{ij} \Delta R_{kl} \rangle = \frac{1}{2B\tau}(R_{ik}R_{jl} + R_{il}R_{jk}) \tag{8-53}$$

如果令式(8-53)中 $i=k$ 和 $j=l$,则有

$$\langle \Delta R_{ij} \Delta R_{ij} \rangle = \frac{1}{2B\tau}(R_{ii}R_{jj} + R_{ij}R_{ij}) \tag{8-54}$$

可以看出,式(8-54)和式(8-49)是完全相同的。实际上,对于任意两个相关输出的协方差,无论是否共天线,式(8-54)都是成立的。

因此,镜像综合孔径系统的相关输出的自协方差和相关输出之间的互协方差为

$$\begin{aligned} \langle \Delta R_{ij}^2 \rangle &= \frac{1}{2B\tau}(R_{ii}R_{jj} + R_{ij}^2) \\ \langle \Delta R_{ij} \Delta R_{kl} \rangle &= \frac{1}{2B\tau}(R_{ik}R_{jl} + R_{il}R_{jk}) \end{aligned} \tag{8-55}$$

对于传统的综合孔径,其可见度之间的协方差为[7,8]

$$\begin{aligned} \langle \Delta V_{ij} \Delta V_{ij}^* \rangle &= \frac{1}{B\tau}V_{ii}V_{jj} \\ \langle \Delta V_{ij} \Delta V_{kl}^* \rangle &= \frac{1}{B\tau}V_{ik}V_{jl} \end{aligned} \tag{8-56}$$

比较式(8-55)和式(8-56),可以发现,镜像综合孔径的相关输出的自协方差与综合孔径的协方差的表达式非常接近。镜像综合孔径的相关输出的自协方差的表达式中的系数 1/2 是因为镜像综合孔径为实随机过程,而传统的综合孔径为复解析过程。根据式(8-55)可以得到所有相关输出之间的协方差矩阵,该矩阵记为 $\boldsymbol{\Gamma}_R$。

2. 灵敏度

余弦可见度可以根据式(8-17)求解。有多种正则化方法可以用于求解线性方程组,因此所求解的余弦可见度依赖于所应用的正则化方法。不失一般性,该求解过程可以表示为

$$\mathbf{CV} = \boldsymbol{AR} \tag{8-57}$$

对于最小二乘最小范数解,$\boldsymbol{A}$ 为 $\boldsymbol{P}$ 的 Moore-Penrose 伪逆。根据方差传递理论,则有

$$\boldsymbol{\Gamma}_{\mathrm{CV}} = \boldsymbol{A}\boldsymbol{\Gamma}_R\boldsymbol{A}^{\mathrm{T}} \tag{8-58}$$

其中，$\boldsymbol{\Gamma}_{\mathrm{CV}}$ 为余弦可见度的协方差矩阵。

加窗用矩阵可以表示为

$$\mathbf{CV}'=\boldsymbol{W}\mathbf{CV} \tag{8-59}$$

其中，$\boldsymbol{W}$ 为窗函数对角矩阵，其对角线为窗函数，则有

$$\boldsymbol{\Gamma}_{\mathrm{CV}'}=\boldsymbol{W}\boldsymbol{\Gamma}_{\mathrm{CV}}\boldsymbol{W}^{\mathrm{T}}=\boldsymbol{W}\boldsymbol{A}\boldsymbol{\Gamma}_{R}\boldsymbol{A}^{\mathrm{T}}\boldsymbol{W}^{\mathrm{T}} \tag{8-60}$$

反余弦变换反演亮温的过程也可以描述为矩阵操作，式(8-20)用矩阵可以表示为

$$\begin{bmatrix} T(0) \\ T(1) \\ \vdots \\ T(N) \end{bmatrix}=\Delta u\begin{bmatrix} 1 & 2 & \cdots & 2 \\ 1 & 2\cos\left(\dfrac{2\pi}{2N+1}\right) & \cdots & 2\cos\left(\dfrac{2N\pi}{2N+1}\right) \\ \vdots & \vdots & & \vdots \\ 1 & 2\cos\left(\dfrac{2N\pi}{2N+1}\right) & \cdots & 2\cos\left(\dfrac{2N^2\pi}{2N+1}\right) \end{bmatrix}\cdot\begin{bmatrix} \mathrm{CV}(0) \\ \mathrm{CV}(1) \\ \vdots \\ \mathrm{CV}(N) \end{bmatrix} \tag{8-61}$$

可以用更紧凑的矩阵表示为

$$\boldsymbol{T}=\boldsymbol{B}\mathbf{CV}' \tag{8-62}$$

则有

$$\boldsymbol{\Gamma}_{T}=\boldsymbol{B}\boldsymbol{\Gamma}_{\mathrm{CV}'}\boldsymbol{B}^{\mathrm{T}}=\boldsymbol{B}\boldsymbol{W}\boldsymbol{A}\boldsymbol{\Gamma}_{R}\boldsymbol{A}^{\mathrm{T}}\boldsymbol{W}^{\mathrm{T}}\boldsymbol{B}^{\mathrm{T}}=(\boldsymbol{B}\boldsymbol{W}\boldsymbol{A})\boldsymbol{\Gamma}_{R}\,(\boldsymbol{B}\boldsymbol{W}\boldsymbol{A})^{\mathrm{T}} \tag{8-63}$$

其中，$\boldsymbol{\Gamma}_{T}$ 为反演后的各像素亮温之间的协方差矩阵，对角线上的元素为各像素的方差，即灵敏度的平方。

从推导过程可知，一维镜像综合孔径系统的灵敏度受观测场景、带宽 B、积分时间 τ、求解余弦可见度所应用的正则化方法，以及窗函数的影响。由于求解余弦可见度是一个数值过程，因此难以获得镜像综合孔径灵敏度确切的解析表达式，其具体数值只能通过数值计算的方式获得。若考虑一个极端的理想情况，灵敏度的近似解析表达式可以通过以下几个步骤给出。

① 假设接收机等效噪声温度远大于天线温度，即 $R_{ii}R_{jj}\gg R_{ij}^2$，且各相关输出之间的相关性非常小，可以忽略，则式(8-55)近似为

$$\begin{aligned} \langle\Delta R_{ij}^2\rangle &\approx\frac{T_{\mathrm{sys}}^2}{2B\tau} \\ \langle\Delta R_{ij}\Delta R_{kl}\rangle &\approx 0 \end{aligned} \tag{8-64}$$

对于传统的综合孔径系统，可见度的方差为

$$\langle\Delta V_{ij}\Delta V_{ij}^{*}\rangle\approx\frac{T_{\mathrm{sys}}^2}{B\tau} \tag{8-65}$$

在该假设情况下，一维镜像综合孔径的相关输出的方差是传统综合孔径系统相关输出方差的一半。

② 假设联系余弦可见度和相关输出的线性方程组是适定良态的，即求解余弦可见度的算法不会放大噪声，且各余弦可见度之间是相互独立的，则有

$$\left\langle \Delta \mathrm{CV}\left(\frac{h_i-h_j}{\lambda}\right)^2 \right\rangle=\left\langle \Delta \mathrm{CV}\left(\frac{h_i+h_j}{\lambda}\right)^2 \right\rangle=\frac{1}{2}\langle \Delta R_{ij}^2\rangle=\frac{T_{\mathrm{sys}}^2}{4B\tau} \tag{8-66}$$

可以看出，余弦可见度的方差为传统综合孔径系统中可见度方差的 1/4。由此可以推出，在分辨率相同的情况下，一维镜像综合孔径系统的灵敏度是传统综合孔径系统灵敏度的 2 倍。

在点源情况下，一维镜像综合孔径系统灵敏度的近似解析表达式为

$$\Delta T_p^{\mathrm{MIAS}}=\frac{1}{2}\Delta T_p^{\mathrm{ASR}}=\frac{T_{\mathrm{SYS}}}{2\sqrt{B\tau}}\cdot\frac{\Omega_e}{\sqrt{2N+1}} \tag{8-67}$$

其中，Ω_e 为单天线的立体角；N 为基线数目。

上述结果表明，在空间分辨率、系统带宽，以及积分时间相同的情况下，一维镜像综合孔径系统的最优灵敏度是传统综合孔径系统灵敏度的 2 倍。这意味着在同样的灵敏度和分辨率情况下，一维镜像综合孔径系统的带宽将只有传统综合孔径系统带宽的 1/4。在较窄的带宽下，通道接收机之间的一致性将更容易满足，而且 ADC 的采样频率下降，数据量也大大下降。但是，上述过程并没有考虑多个位置联合测量带来的影响。根据 8.2.2 节的讨论，多个位置联合测量解决基线缺失的同时也对部分基线进行了重复测量，其重复测量的基线长度和次数均与实际的阵列及阵列到反射面的距离有关，因此即使对于最简单的点源场景，灵敏度的近似解析表达式同样将难以描述实际的情况。

8.2.4　其他相关问题

1. 反射面

可以利用自然的反射面如海面或湖面作为反射面。频谱中的 40～400MHz 这一中频部分是最能满足海面作为反射面的频谱范围。在水平极化情况下，海面是一个理想的反射面，在仰角不超过 10 度的情况下，反射系数非常接近 1。相对于海面，平静的湖面允许更高的系统工作频率。

在实际应用中，特别是星载遥感，反射面为人工制造，可以足够平坦，允许系统工作的频率更高。此外，在星载遥感中，地球相对于成像系统形成的张角是有限的，因此反射面的尺寸也是有限的。以 GeoSTAR 为例，为了达到 50km 的空间分辨率，GeoSTAR 系统的孔径尺寸超过 4m，需要 300 个天线单元。在地球同步轨

道，地球的张角为 17.5°。如果采用镜像综合孔径技术，其阵列的尺寸只需 2 米即可达到同样的分辨率。系统示意图如图 8-6 所示。根据图 8-6，可以计算出反射面的尺寸为$\frac{2+h}{\tan(\theta)}-\frac{h}{\tan(\theta+17.5)}$，其中 θ 为起始观测角。θ 和 h 为不同值时的计算结果如表 8-3 所示。

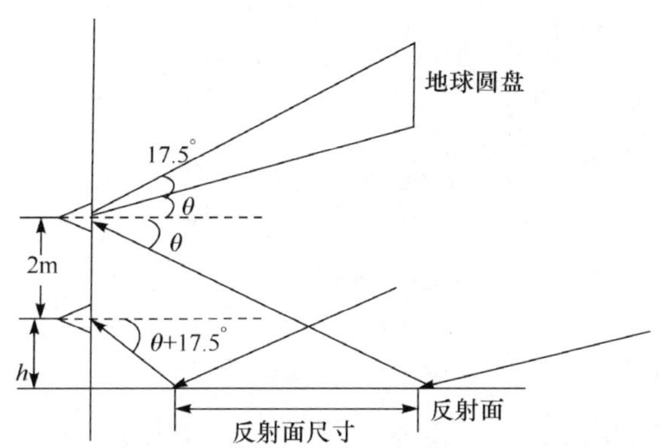

图 8-6　地球同步轨道上的一维镜像综合孔径系统示意图

表 8-3　不同 θ 和 h 的反射面尺寸

尺寸/m	20°	30°	40°	50°
接近于 0	5.5	3.5	2.4	1.7
0.5	6.2	3.9	2.7	1.9
1	6.9	4.3	2.9	2.1

从表 8-3 可知，当入射角度大于 30°时，其反射面的尺寸是可以接受的。

2. 天线间距

针对 12 单元最小冗余线阵分析基线完整性时，反射面到阵列的距离为 $\lambda/2$ 的整数倍，这样双天线形成的两个基线长度均为 λ 的整数倍。如果调整反射面到阵列的距离为 $\lambda/4$ 的整数倍时，则第二个采样频率对应的基线 h_i+h_j 将为 $\lambda/2$ 的整数倍，这样在天线间距为 λ 的整数倍的情况下，就获得了传统综合孔径系统天线间距为 $\lambda/2$ 时的采样频率。下面以一个简单的 3 单元天线阵来详细说明，其阵列排列示意如图 8-7 所示。

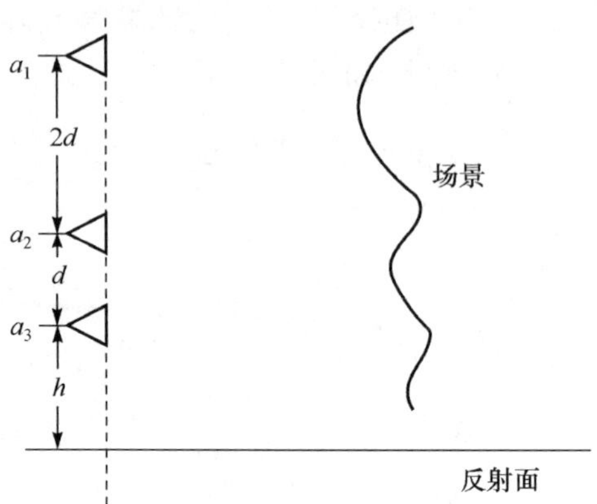

图 8-7　3 单元一维镜像综合孔径示意图

令 $h=\dfrac{d}{2}$，则有

$$
\begin{aligned}
R_{12}&=\mathrm{CV}\left(\frac{2d}{\lambda}\right)-\mathrm{CV}\left(\frac{2(h+d)+2d}{\lambda}\right)=\mathrm{CV}\left(\frac{2d}{\lambda}\right)-\mathrm{CV}\left(\frac{5d}{\lambda}\right)\\
R_{13}&=\mathrm{CV}\left(\frac{3d}{\lambda}\right)-\mathrm{CV}\left(\frac{2h+3d}{\lambda}\right)=\mathrm{CV}\left(\frac{3d}{\lambda}\right)-\mathrm{CV}\left(\frac{4d}{\lambda}\right)\\
R_{23}&=\mathrm{CV}\left(\frac{d}{\lambda}\right)-\mathrm{CV}\left(\frac{2h+d}{\lambda}\right)=\mathrm{CV}\left(\frac{d}{\lambda}\right)-\mathrm{CV}\left(\frac{2d}{\lambda}\right)
\end{aligned}
\tag{8-68}
$$

在该距离下，有 $\dfrac{d}{\lambda}$、$\dfrac{2d}{\lambda}$、$\dfrac{3d}{\lambda}$、$\dfrac{4d}{\lambda}$、$\dfrac{5d}{\lambda}$共 5 个频率分量。若令 $d=\lambda$，则对应的基线长度与传统综合孔径所获得的基线长度一样均为 λ 的整数倍，对应视场为(0,30°)。

令 $h=\dfrac{d}{4}$，则有

$$
\begin{aligned}
R_{12}&=\mathrm{CV}\left(\frac{2d}{\lambda}\right)-\mathrm{CV}\left(\frac{2(h+d)+2d}{\lambda}\right)=\mathrm{CV}\left(\frac{2d}{\lambda}\right)-\mathrm{CV}\left(\frac{9d}{2\lambda}\right)\\
R_{13}&=\mathrm{CV}\left(\frac{3d}{\lambda}\right)-\mathrm{CV}\left(\frac{2h+3d}{\lambda}\right)=\mathrm{CV}\left(\frac{3d}{\lambda}\right)-\mathrm{CV}\left(\frac{7d}{2\lambda}\right)\\
R_{23}&=\mathrm{CV}\left(\frac{d}{\lambda}\right)-\mathrm{CV}\left(\frac{2h+d}{\lambda}\right)=\mathrm{CV}\left(\frac{d}{\lambda}\right)-\mathrm{CV}\left(\frac{3d}{2\lambda}\right)
\end{aligned}
\tag{8-69}
$$

该距离下，有 $\dfrac{d}{\lambda}$、$\dfrac{3d}{2\lambda}$、$\dfrac{2d}{\lambda}$、$\dfrac{3d}{\lambda}$、$\dfrac{7d}{2\lambda}$、$\dfrac{9d}{2\lambda}$共 6 个频率分量。若令 $d=\lambda$，则 3 个采样频率 $\dfrac{3d}{2\lambda}$、$\dfrac{7d}{2\lambda}$、$\dfrac{9d}{2\lambda}$对应的基线为 $\lambda/2$ 的整数倍，对应视场为(0,90°)。也就是说，通过设置阵列到反射面的距离，镜像综合孔径技术可以在阵列最小间距为 λ 的情况下获得

阵列天线间距为 $\lambda/2$ 时的采样频率。这意味着,镜像综合孔径方法可以减少栅瓣的数目,降低空间混叠影响,或者在视场一定的情况下采用较大的天线间距,从而降低天线布局的困难及互耦的影响。

8.2.5 一维镜像综合孔径成像系统仿真和实验

下面以一个具体的镜像综合孔径系统为例,通过仿真和实验来验证镜像综合孔径原理的正确性,并对镜像综合孔径的分辨率,以及灵敏度进行直观的描述。仿真系统执行过程如下。

① 根据阵列排布和阵列到反射面的距离 h 确定所有双天线形成的采样频率。

② 重复①,获取所有 h 处所有双天线形成的采样频率,并对采样频率进行排序。据此确定式(8-17)中矩阵 **CV**。

③ 根据②所获取的采样频率,判断是否存在基线缺失,据此可得到含基线缺失的实际阵列因子。

④ 根据②即可得到组合所有 h 后的线性方程组,确定式(8-17)中矩阵 $\boldsymbol{P}$。

⑤ 对场景根据 $\xi=\sin\theta$ 进行离散,用 ξ_k 表示,离散后的 6 场景亮温用 $T(\xi_k)$ 表示。

⑥ 计算传统一维综合孔径系统中的可见度和一维镜像综合孔径系统中的余弦可见度,其理论值为

$$V(u)=\Delta\xi\sum_{k=1}^{K}T(\xi_k)\exp(-\mathrm{j}2\pi u\xi_k) \tag{8-70}$$

$$\mathrm{CV}(u)=\Delta\xi\sum_{k=1}^{K}2T(\xi_k)\cos(2\pi u\xi_k) \tag{8-71}$$

⑦ 根据计算的余弦可见度及式(8-14)可得到双天线相关输出理论值,并根据式(8-55)添加高斯白噪声,确定式(8-17)中矩阵 $\boldsymbol{R}$。

⑧ 应用正则化方法求解线性方程组(8-17)获得余弦可见度的实际值。

⑨ 若存在基线缺失,则采用插值补齐缺失基线的余弦可见度。

⑩ 对求解的余弦可见度进行加窗处理。

⑪ 利用⑩获得的余弦可见度进行反余弦变换重建场景亮温图像。

1. 点源和展源成像仿真

考虑如图 8-2 所示的 12 单元一维镜像综合孔径系统,为了削弱基线缺失和线性方程组欠定性的影响,采用表 8-1 中的第三个组合,即联合 $h=25\lambda,25.5\lambda,26\lambda,26.5\lambda,50\lambda,50.5\lambda,51\lambda,51.5\lambda$ 这 8 个位置的相关输出,此时联合后的线性方程组中 $\boldsymbol{P}$ 的大小为 528×202,秩为 201。在仿真过程中,不考虑天线方向图的影响,假设

单元天线为全向同性天线,即具有均匀的功率方向图,采用最小二乘最小范数正则化方法求解线性方程组。针对该系统,分别对双点源和展源场景进行仿真,验证一维镜像综合孔径的成像能力及系统的分辨率。

图 8-8 为双点源成像仿真结果。图 8-8(a)和图 8-8(b)为位置间隔为 $\Delta\xi=0.016$ 的两个点源的仿真结果,结果表明 12 单元传统综合孔径系统刚刚可以分辨,而 12 单元镜像综合孔径系统则非常明晰地分辨了该双点源。进一步缩短两点源之间的间距到 $\Delta\xi=0.004$(图 8-8(c)和图 8-8 (d)),可以发现传统综合孔径系统已经不能分辨,而镜像综合孔径系统依然能够分辨出该双点源。从该数据可以得出镜像综合孔径系统的分辨率约为传统综合孔径分辨率的 4 倍,这与镜像综合孔径的最长基线(202λ)为传统综合孔径的最长基线(50λ)约为 4 倍是吻合的。

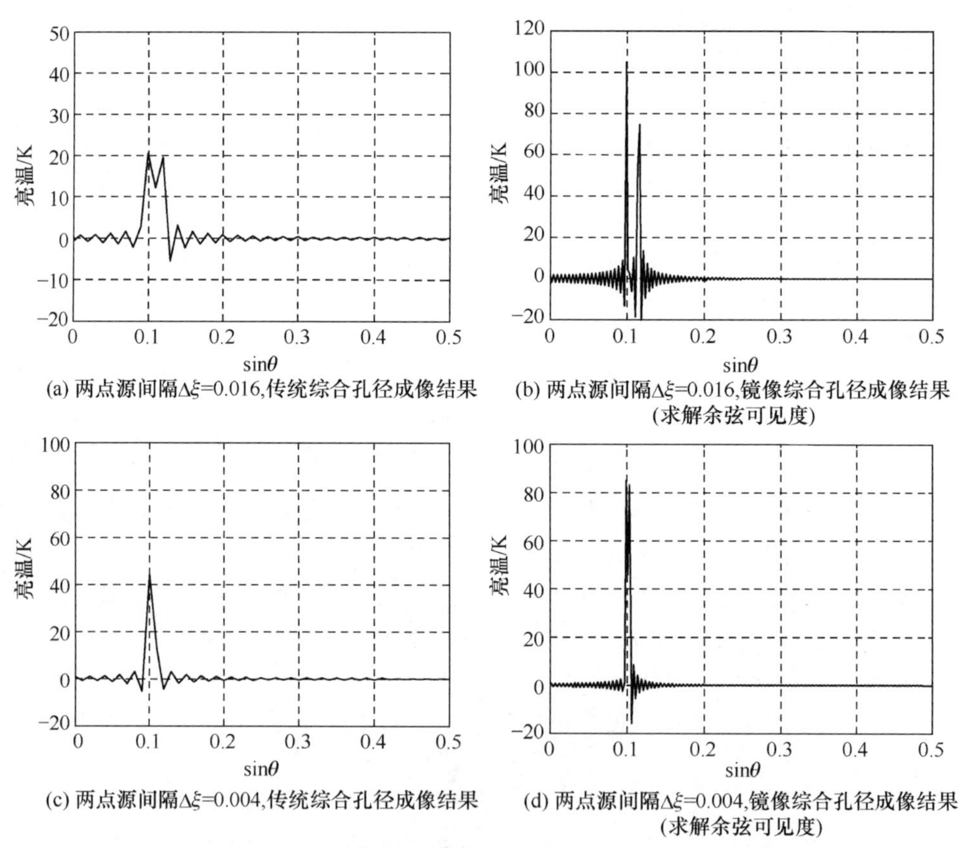

(a) 两点源间隔Δξ=0.016,传统综合孔径成像结果

(b) 两点源间隔Δξ=0.016,镜像综合孔径成像结果(求解余弦可见度)

(c) 两点源间隔Δξ=0.004,传统综合孔径成像结果

(d) 两点源间隔Δξ=0.004,镜像综合孔径成像结果(求解余弦可见度)

图 8-8　双点源成像仿真

图 8-9 对应于亮温为均匀阶梯分布的展源仿真结果。图 8-9(b)对应于传统的综合孔径结果，图 8-9(c)对应于镜像综合孔径对理想的余弦可见度进行处理的结果，图 8-9(d)对应于镜像综合孔径对求解的余弦可见度进行处理的成像结果。结果表明，镜像综合孔径能够正确重建展源场景的亮温分布，而且由于镜像综合孔径系统能够获得更多的采样频率，因 Gibbs 振铃现象的影响被削弱。比较图 8-9(c)和图 8-9(d)，可以发现在 $T(0)$处存在较大反演误差约 126.33K，在其他位置约 0.31K 的小误差，这是因为求解的余弦可见度与理想可见度之间存在 0.16K 差异，该差异将导致一个较大的直流误差。由于大误差仅发生在 $T(0)$处，这种误差可以通过更有效的正则化方法来降低。

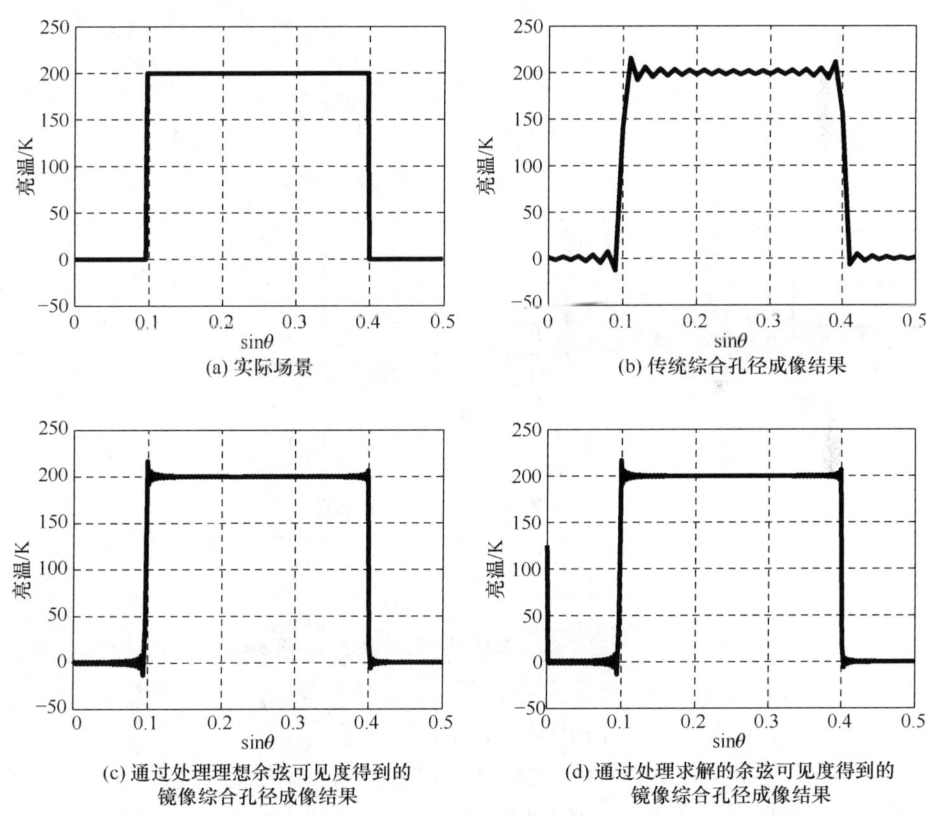

(a) 实际场景　(b) 传统综合孔径成像结果

(c) 通过处理理想余弦可见度得到的镜像综合孔径成像结果　(d) 通过处理求解的余弦可见度得到的镜像综合孔径成像结果

图 8-9　亮温为均匀阶梯分布的展源仿真

图 8-10 对应于亮温为“凸”字分布的展源仿真结果，镜像综合孔径反演结果中的上升沿和下降沿比传统综合孔径反演图像更接近于实际情形。此时，求解余弦可见度与理想可见度的差异下降至 0.10K，整幅图像的亮温[图 8-10(d)]与理想亮温[图 8-10(c)]差异下降至 0.20K，$T(0)$处误差下降至 83.69K。这说明，反演

亮温误差与原始场景亮温分布有关。

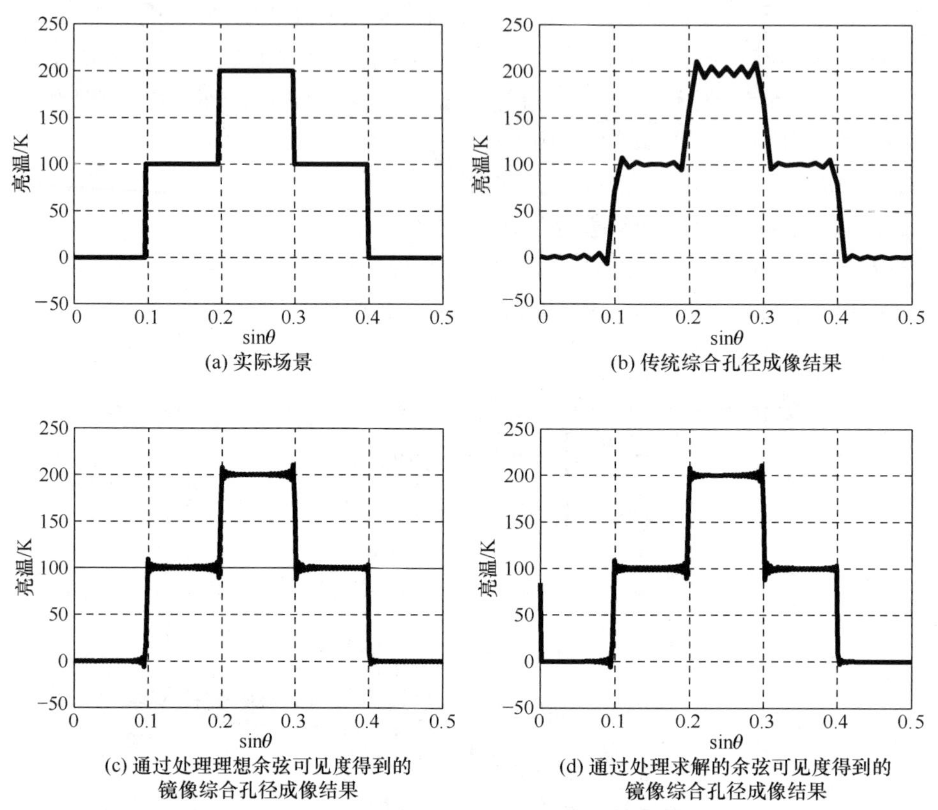

(a) 实际场景　　(b) 传统综合孔径成像结果

(c) 通过处理理想余弦可见度得到的镜像综合孔径成像结果　　(d) 通过处理求解的余弦可见度得到的镜像综合孔径成像结果

图 8-10　亮温为“凸”字分布的展源仿真

2. 灵敏度仿真

无论是一维镜像综合孔径系统，还是传统综合孔径系统，它们的灵敏度都与具体的阵列形式、观测场景、系统带宽，以及积分时间有关。一维镜像综合孔径系统的灵敏度还与应用求解线性方程组的正则化方法有关。因此，要仿真它们的灵敏度并进行比较需要指定各种参数。一维镜像综合孔径系统的阵列形式仍采用上述仿真所用的 12 单元阵列及 8 个位置的组合测量，其最长基线为 202λ。传统综合孔径系统则采用 25 单元的低冗余阵列，其阵列排布为{1,1,1,1,8,1,9,9,9,17,17,17,17,17,17,17,17,8,8,8,5,1,1,1}，最长基线为 208λ，这与一维镜像综合孔径系统的最长基线 202λ 非常接近，以利于在分辨率相近的情况下对灵敏度进行比较。系统带宽为 10MHz，积分时间为 1 秒，场景亮温分布如图 8-9(a)所示，通道等效噪声温度范围为(50K，500K)，间隔为 50K。两个系统中的天线温度分别为 180K 和 90K，这是因为镜像综合孔径系统中对每个方向的能量收集了 2 次。

为了逼近实际情况，考虑一维镜像综合孔径系统中相关输出之间的相关性和传统综合孔径系统中可见度之间的相关性。一维镜像综合孔径系统中相关输出之间的协方差矩阵可以根据式(8-55)获得，然后根据式(8-57)～式(8-63)可以计算出系统的灵敏度，其结果如图 8-11(a)所示。

在计算传统综合孔径系统的实际灵敏度时，需要考虑阵列冗余，以及可见度之间的相关性。假设 $V(n)$和 r_n 对应于第 n 个采样频率处的可见度，以及基线冗余数，则有

$$V(n)=\frac{1}{r_n}\sum_{k=1}^{r_n}V_k(n) \tag{8-72}$$

其中，$V_k(n)$表示第 k 个冗余测量输出。

冗余后的可见度相关性为

$$\langle\Delta V(n)\Delta V^*(m)\rangle=\frac{1}{r_n r_m}\sum_{k=1}^{r_n}\sum_{j=1}^{r_m}\langle\Delta V_k(n)\Delta V_j^*(m)\rangle \tag{8-73}$$

式(8-73)中右边的每一个子项可以根据式(8-56)获得。根据方差传递理论，其灵敏度可由下式获得[8]，即

$$\boldsymbol{\Gamma}_T^{\mathrm{ASR}}=\boldsymbol{F}\boldsymbol{\Gamma}_V\boldsymbol{F}^{\mathrm{H}} \tag{8-74}$$

其中，$\boldsymbol{F}$ 为傅氏变换矩阵；$\boldsymbol{\Gamma}_V$ 为可见度协方差矩阵；$\boldsymbol{\Gamma}_T^{\mathrm{ASR}}$ 为传统综合孔径系统重建图像各像素之间的协方差矩阵，其对角线上的元素为各像素灵敏度的平方。

针对 25 单元低冗余阵列，其灵敏度如图 8-11(b)所示。灵敏度的分布与场景分布较一致，这与文献中的讨论相吻合。

对比图 8-11(a)和图 8-11(b)可以发现，除小部分像素外，一维镜像综合孔径中大部分像素的灵敏度约为传统综合孔径系统灵敏度的 2 倍，这表明在相同的空间分辨率下，镜像综合孔径技术能够提高系统的灵敏度。图 8-11(c)是整幅图像所有像素灵敏度的均方根值(root mean square，RMS)，即

$$\Delta T_{\mathrm{RMS}}=\sqrt{\frac{1}{N}\sum_{k=1}^{N}\Delta T^2(k)} \tag{8-75}$$

从图 8-11(c)可知，当通道等效噪声温度大于 400K 时，通道噪声温度占主要地位，一维镜像综合孔径系统均方意义上的灵敏度约为传统综合孔径系统的 2 倍，但当通道等效噪声温度接近或小于天线温度时，如 50K，天线温度占主要地位，两个系统所有像素灵敏度的均方根值非常接近。

在仿真传统综合孔径的灵敏度过程中发现了另外一个规律，均方意义下的灵敏度不受可见度相关性的影响，即不考虑可见度相关性时的 $\Delta T_{\mathrm{RSM}}^{\mathrm{ASR}}$ 与考虑相关性后的 $\Delta T_{\mathrm{RSM}}^{\mathrm{ASR}}$ 是相等的。下面先描述傅氏变换矩阵 $\boldsymbol{F}$、可见度协方差矩阵 $\boldsymbol{\Gamma}_V$、亮温协方差矩阵 $\boldsymbol{\Gamma}_T^{\mathrm{ASR}}$ 的性质，再根据矩阵相关理论进行简要证明。

傅氏变换矩阵 $\boldsymbol{F}$ 为酉矩阵，则有 $\boldsymbol{F}\boldsymbol{F}^{\mathrm{H}}=k\boldsymbol{I}$，$\boldsymbol{I}$ 为单位矩阵，k 为一标量。

协方差矩阵 $\boldsymbol{\Gamma}_V$、$\boldsymbol{\Gamma}_T^{\mathrm{ASR}}$ 为正规矩阵，因为它们均为 Hermite 矩阵。

由于 $\boldsymbol{\Gamma}_T^{\mathrm{ASR}}=\boldsymbol{F}\boldsymbol{\Gamma}_V\boldsymbol{F}^{\mathrm{H}}$ 且 $\boldsymbol{\Gamma}_V$、$\boldsymbol{\Gamma}_T^{\mathrm{ASR}}$ 均为正规矩阵，因此 $\boldsymbol{\Gamma}_V$ 和 $\boldsymbol{\Gamma}_T^{\mathrm{ASR}}$ 具有相同的特征值。由于矩阵的迹等于矩阵特征值之和，因此 $\mathrm{tr}(\boldsymbol{\Gamma}_V)=\mathrm{tr}(\boldsymbol{\Gamma}_T^{\mathrm{ASR}})$。

根据式(8-75)可知，$\Delta T_{\mathrm{RSM}}^{\mathrm{ASR}}$为协方差矩阵 $\boldsymbol{\Gamma}_T^{\mathrm{ASR}}$ 的迹联系在一起，即

$$\Delta T_{\mathrm{RSM}}^{\mathrm{ASR}}=\sqrt{\frac{1}{N}\mathrm{tr}(\boldsymbol{\Gamma}_T^{\mathrm{ASR}})}=\sqrt{\frac{1}{N}\mathrm{tr}(\boldsymbol{\Gamma}_V)} \tag{8-76}$$

因此，均方意义下的灵敏度仅与可见度协方差矩阵 $\boldsymbol{\Gamma}_V$ 对角线上的值有关，而与对角线外的值无关，即仅依赖于各可见度的方差，而与可见度之间的相关性无关。

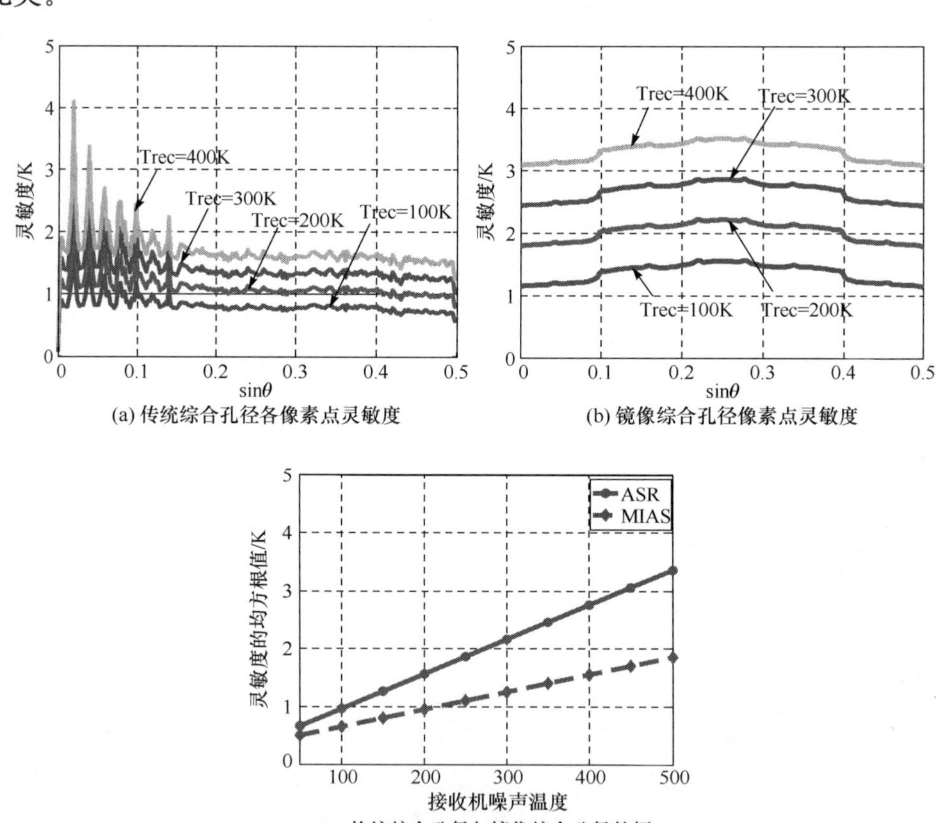

(a) 传统综合孔径各像素点灵敏度

(b) 镜像综合孔径像素点灵敏度

(c) 传统综合孔径与镜像综合孔径整幅图像所有像素灵敏度的均方根值

图 8-11　灵敏度仿真

3. 干涉条纹和分辨率实验

首先利用实验室 16 通道中的通道 2 和通道 6 测量传统综合孔径与镜像综合孔径的干涉条纹。两通道间距为 14λ，测量镜像综合孔径的干涉条纹时，反射面到通道 2 的距离约 10cm，约为 12λ。点源到两接收天线的距离约 6 米，点源每移动 5cm 测量一次，总共测量 28 个点。传统综合孔径的干涉条纹由双天线形成，其条纹如图 8-12 所示，含有 1.5 个周期。

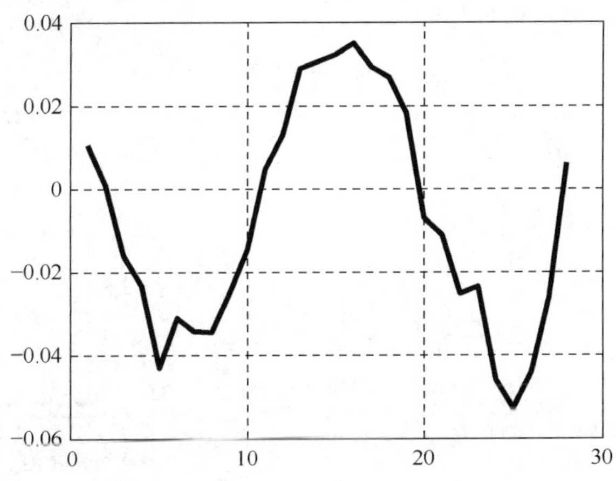

图 8-12　传统综合孔径的双天线干涉条纹

对于镜像综合孔径，单天线输出如式(8-18)所示，由一个直流分量和一个余弦分量构成，因此测量点源在不同位置处的单天线输出即可获得镜像综合孔径的干涉条纹。由通道 2 形成的干涉条纹如图 8-13(a)所示，由通道 6 形成的干涉条纹如图 8-13(b)所示。可以发现，两个干涉条纹包含一个直流分量和一个余弦分量，且条纹的幅度约为传统综合孔径条纹的 2 倍，这与预期一致。此外，通道 2 对应的镜像综合孔径的基线距离为 $2\times12\lambda=24\lambda$，其形成的采样频率为 $24\lambda/\lambda=24$，约为传统综合孔径采样频率($14\lambda/\lambda=14$)的 1.7 倍，则通道 2 形成的镜像综合孔径干涉条纹周期数为 $1.5\times1.7\approx2.55$ 个周期，这与图 8-13(a)显示的周期数一致。同样，由通道 6 形成的镜像综合孔径的基线距离为 $2\times(12+14)\lambda=52\lambda$，其形成的采样频率为 $24\lambda/\lambda=52$，约为传统综合孔径采样频率 $52/14=3.7$ 倍，则通道 6 形成的镜像综合孔径干涉条纹周期数为 $1.5\times3.7\approx5.55$ 个周期，这与图 8-13(b)显示的周期数一致。

镜像综合孔径的双天线相关输出如图 8-14(a)所示，其余弦变化后的频谱如图 8-14(b)所示，可以发现，其双天线相关输出谱包含由两个频率，这与式(8-14)一致。

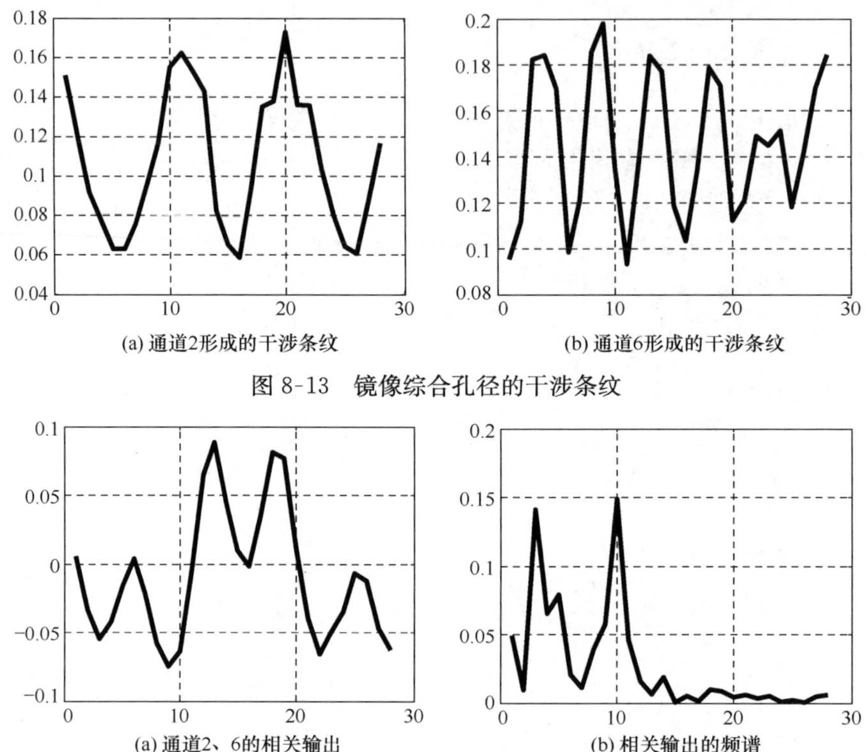

(a) 通道2形成的干涉条纹　(b) 通道6形成的干涉条纹

图 8-13　镜像综合孔径的干涉条纹

(a) 通道2、6的相关输出　(b) 相关输出的频谱

图 8-14　镜像综合孔径的双天线相关输出及频谱

然后利用 16 通道中的前 5 个通道进行双点源分辨率实验。5 单元天线的间距为{1,1,3,5}。对应的传统综合孔径最长基线为 10λ,但是传统综合孔径缺失 6λ 和 7λ 两个基线,在数据处理中对这两个基线采用补 0 的方式。镜像综合孔径采用 3 次联合测量,反射面到阵列的距离依次为 2λ、2.5λ 和 3λ,此时无基线缺失,最长基线为 21λ,约为传统综合孔径最长基线的 2 倍,因此镜像综合孔径的分辨率约为传统综合孔径分辨率的 2 倍。由于实验室目前只有 1 个信号源,因此在测量中采用了 MIRAS 近场测量分辨率的办法,利用测量过程的非相关特性,双点源的测量结果等价于单点源在两个不同位置测量结果的和。将点源依次放置在 12 度、15 度、18 度进行测量。处于 12 度和 18 度的单点源两次测量结果的和等价于处于 12 度和 18 度双点源一次测量结果,处于 15 度和 18 度的单点源两次测量结果的和等价于处于 15 度和 18 度双点源一次测量结果。

传统综合孔径系统和镜像综合孔径的双点源成像结果分别如图 8-15 和图 8-16 所示。可以发现,传统综合孔径系统可以分辨处于 12 度和 18 度的双点源,而不能分辨处于 15 度和 18 度双点源,而镜像综合孔径系统都可以分辨。该结果表明镜像综合孔径系统的分辨率是传统综合孔径系统的 2 倍,这与预期一致。

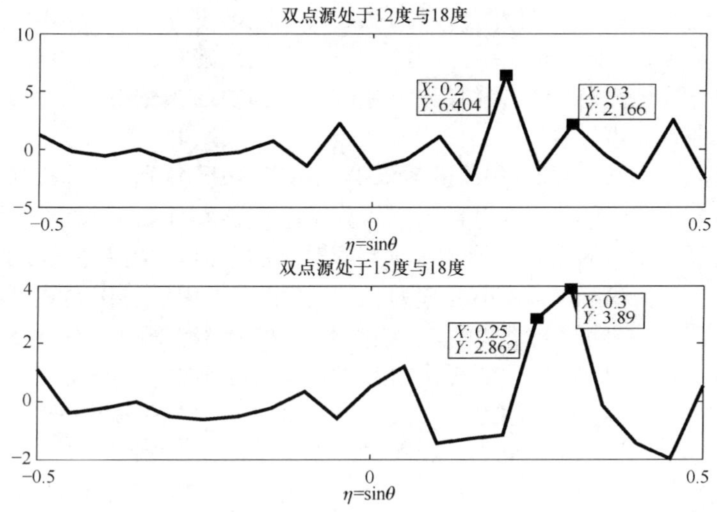

图 8-15　传统综合孔径双点源成像

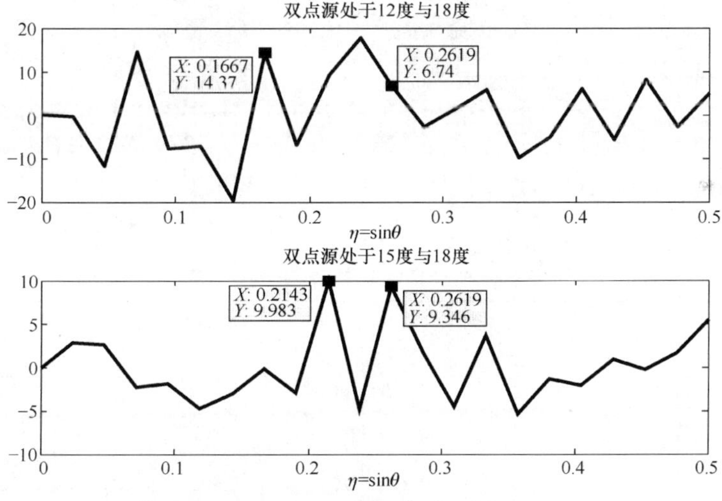

图 8-16　镜像综合孔径双点源成像

8.2.6　一维镜像综合孔径成像与一维传统综合孔径成像的比较

相对传统的综合孔径方法，一维镜像综合孔径在分辨率和灵敏度方面具有优势。下面从其他角度对一维镜像综合孔径成像方法与传统综合孔径成像方法进行比较，深入理解一维镜像综合孔径技术的思想。

采样频率及基线形成方式不同。传统综合孔径技术的基础是二元相关干涉仪，双天线相关仅形成一个采样频率；一维镜像综合孔径双天线相关输出形成两个采样频率。

成像原理不同。在传统综合孔径成像方法中,场景亮温分布与可见度函数成傅氏变换对关系,并根据此关系可通过反傅氏变换重建场景亮温图像;一维镜像综合孔径成像方法中,场景亮温分布与余弦可见度函数成余弦变换对关系,通过反余弦变换重建场景亮温图像。

阵列复用。在传统的综合孔径系统中,一旦天线数目和阵列排列确定,系统的分辨率就确定了,若想进一步提高系统的分辨率只能增加新的天线单元;在一维镜像综合孔径系统中,可以通过调整阵列与反射面的距离不断提高系统的分辨率,并不需要增加新的天线单元,较小的阵列,以及辅助的小规模校正系统可复用多次。

空间分辨率、时间分辨率,以及系统复杂度之间一种新的权衡。实孔径系统具有最简单的接收机结构,但受到天线尺寸的限制,系统的空间分辨率较低,而且由于一次只能对一个点成像,因此对大范围区域成像需要较长时间,即较低的时间分辨率;传统的综合孔径系统由于阵元数目较多因而具有较高的系统复杂度,具有较高的空间分辨率;一维镜像综合孔径系统由于较少的天线单元和没有 I/Q 解调因此具有中等的系统复杂度,具有较高的空间分辨率,而且可以通过不断调整阵列与反射面的距离获得越来越高的空间分辨率,但是有限次数的距离调整会延长成像时间,因此一维镜像综合孔径系统具有中等的时间分辨率。

综合孔径的优势体现在高空间分辨率上,下面就分辨率相同的情况下,对一维镜像综合孔径和一维传统综合孔径在各个方面进行比较,其中一维镜像综合孔径系统选用仿真中所用的 12 单元阵和 8 次联合测量,一维传统综合孔径选用灵敏度仿真时所用的 25 单元最小冗余线阵,此时两者之间的分辨率非常接近,其他各项参数如表 8-4 所示。

表 8-4　镜像综合孔径系统与传统综合孔径系统各项比较

	传统综合孔径	镜像综合孔径	比较结果
反射面	无	有,1 个	
I/Q 解调	有	无	
天线数目	25	12	节省约 50%
AD 数目	25×2=50	12	节省约 75%
相关器数目	25×24=600	12×11/2=66	节省约 90%
灵敏度			提升约 100%
时间分辨率			降低 8 倍
数据量(灵敏度相等时比较)	与相关器数目成正比=600	66×8/4=132	减少 80%

镜像综合孔径数据量计算中各数值含义:66 为相关器数目,8 为联合测量次数,4 为灵敏度相等时镜像综合孔径的带宽为传统综合孔径带宽的 1/4。

当联合更多次测量时,表中的天线数目、AD 数目、相关器数目可以继续减少,而时间分辨率将继续下降。

8.3 二维镜像综合孔径微波辐射成像方法

8.3.1 引言

相对传统综合孔径系统,一维镜像综合孔径系统可以使用较少的天线单元获取同样的空间分辨率,且可以通过不断调整阵列与反射面的距离来不断提高系统的分辨率,即阵列复用。此外,不需要 I/Q 解调可以简化了接收机结构,缩小了 ADC 子系统和相关器子系统的规模。若能将一维镜像综合孔径技术扩展到二维,研究与传统二维综合孔径相对应的二维镜像综合孔径,则能进一步扩大镜像综合孔径的优势。

最直接的想法就是将阵列由一维扩展到二维,即由二维阵列系统和单反射面构成的镜像综合孔径系统。在一维镜像综合孔径系统中,反射面在一维镜像综合孔经系统的分辨率及图像重建方法(余弦变换)起到了决定性的作用,因此对于二维阵列系统和单反射面,只能在垂直反射面的一维上体现镜像孔径综合技术的优点,而另一维仍然是传统综合孔径系统,系统的双天线相关输出为复数,无法像一维镜像综合孔径系统中不需要 I/Q 解调,也就没有简化接收机结构,更无法在另一维上体现镜像综合孔径技术的优势。改进的方法就是在另一维上增加一块反射面,即系统由二维阵列和双反射面构成,并将该系统称之为二维镜像综合孔径系统。本章将阐述二维镜像综合孔径成像的基本原理,分析其系统性能,并通过仿真对二维镜像综合孔径的原理及系统性能进行验证。

8.3.2 二维镜像综合孔径成像基本原理

二维镜像综合孔径系统由二维天线阵列和双反射面两部分组成,其构成与信号接收过程如图 8-17 所示。二维阵列位于 $z=0$ 平面第一象限内,双反射面分别

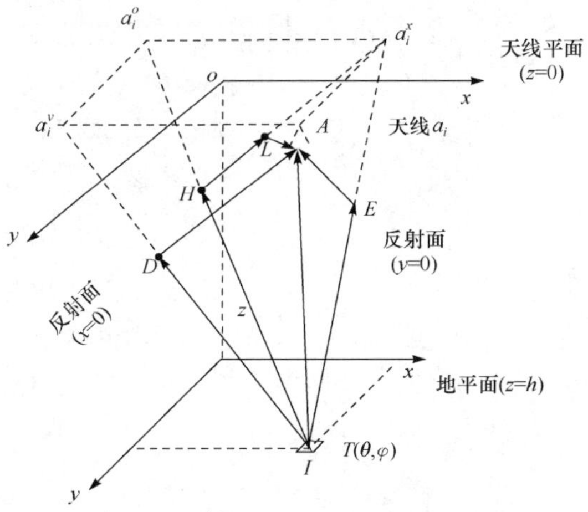

图 8-17 二维镜像综合孔径系统信号接收示意图

位于 $x=0$ 和 $y=0$ 平面第一象限内,被观测场景位于 $z=h$ 平面内。位于坐标$(x_i,y_i,0)$的天线 a_i 接收来自同一个微小面源辐射的四个信号,分别为直接入射信号 $b_i^d(t)$,两个分别由两反射面单次反射的信号 $b_i^x(t)$和 $b_i^y(t)$,以及由两反射面双反射的信号 $b_i^o(t)$。

天线接收的信号可以表示为

$$b_i(t)=b_i^d(t)+b_i^x(t)+b_i^y(t)+b_i^o(t) \tag{8-77}$$

类似于式(8-5),有

$$\begin{aligned}
b^d(\theta,\varphi;t) &= \int_0^{\frac{\pi}{2}}\int_0^{\frac{\pi}{2}}\beta(\theta,\varphi;t)\cdot\cos[2\pi f_c t - kr^d(\theta,\varphi)]\sin\theta\mathrm{d}\theta\mathrm{d}\varphi \\
b^x(\theta,\varphi;t) &= -\int_0^{\frac{\pi}{2}}\int_0^{\frac{\pi}{2}}\beta(\theta,\varphi;t)\cdot\cos[2\pi f_c t - kr^x(\theta,\varphi)]\sin\theta\mathrm{d}\theta\mathrm{d}\varphi \\
b^y(\theta,\varphi;t) &= -\int_0^{\frac{\pi}{2}}\int_0^{\frac{\pi}{2}}\beta(\theta,\varphi;t)\cdot\cos[2\pi f_c t - kr^y(\theta,\varphi)]\sin\theta\mathrm{d}\theta\mathrm{d}\varphi \\
b^o(\theta,\varphi;t) &= \int_0^{\frac{\pi}{2}}\int_0^{\frac{\pi}{2}}\beta(\theta,\varphi;t)\cdot\cos[2\pi f_c t - kr^o(\theta,\varphi)]\sin\theta\mathrm{d}\theta\mathrm{d}\varphi
\end{aligned} \tag{8-78}$$

其中,$r^{d,x,y,o}(\theta,\varphi)$为各信号的传播路径。

天线 a_i 相对于该双反射面会形成三个镜像天线,其坐标分别为$(-x_i,y_i)$、$(x_i,-y_i)$、$(-x_i,-y_i)$。根据光学反射原理,反射信号的传播路径等于从辐射源到各镜像天线之间的距离,即 $r^x(\theta,\varphi)$等于辐射源到镜像天线$(-x_i,y_i)$的距离,$r^y(\theta,\varphi)$等于辐射源到镜像天线$(x_i,-y_i)$的距离,$r^o(\theta,\varphi)$等于辐射源到镜像天线$(-x_i,-y_i)$的距离。

定义二维镜像综合孔径系统的双天线同相信号相关输出为

$$\begin{aligned}
R_{ij} &= \langle b_i(t)b_j(t)\rangle \\
&= \langle b_i^d(t)b_j^d(t)\rangle+\langle b_i^d(t)b_j^x(t)\rangle+\langle b_i^d(t)b_j^y(t)\rangle+\langle b_i^d(t)b_j^o(t)\rangle \\
&\quad +\langle b_i^x(t)b_j^d(t)\rangle+\langle b_i^x(t)b_j^x(t)\rangle+\langle b_i^x(t)b_j^y(t)\rangle+\langle b_i^x(t)b_j^o(t)\rangle \\
&\quad +\langle b_i^y(t)b_j^d(t)\rangle+\langle b_i^y(t)b_j^x(t)\rangle+\langle b_i^y(t)b_j^y(t)\rangle+\langle b_i^y(t)b_j^o(t)\rangle \\
&\quad +\langle b_i^o(t)b_j^d(t)\rangle+\langle b_i^o(t)b_j^x(t)\rangle+\langle b_i^o(t)b_j^y(t)\rangle+\langle b_i^o(t)b_j^o(t)\rangle
\end{aligned} \tag{8-79}$$

当 $r^{d,x,y,o}(\theta,\varphi)\gg x_i$,$r^{d,x,y,o}(\theta,\varphi)\gg y_i$ 时,下式近似成立,即

$$r_j^d-r_i^d\approx(x_i-x_j)\sin\theta\cos\varphi+(y_i-y_j)\sin\theta\sin\varphi \tag{8-80}$$

进一步有

$$\begin{aligned}
\langle b_i^d(t)b_j^d(t)\rangle = \int_0^{\frac{\pi}{2}}\int_0^{\frac{\pi}{2}} T_\Omega(\theta,\varphi)\cos[2\pi(x_j-x_i)\sin\theta\cos\varphi \\
+2\pi(y_j-y_i)\sin\theta\sin\varphi]\sin\theta\mathrm{d}\theta\mathrm{d}\varphi
\end{aligned} \tag{8-81}$$

式(8-80)与式(8-81)对于所有的 $r_i^{d,x,y,o}(\theta,\varphi)$与 $r_j^{d,x,y,o}(\theta,\varphi)$都成立,如

$$r_j^x-r_i^y\approx(x_i+x_j)\sin\theta\cos\varphi+(-y_i-y_j)\sin\theta\sin\varphi \tag{8-82}$$

$$\langle b_i^y(t)b_j^x(t)\rangle = \int_0^{\frac{\pi}{2}}\int_0^{\frac{\pi}{2}} T_\Omega(\theta,\varphi)\cos[2\pi(x_j+x_i)\sin\theta\cos\varphi$$

$$-2\pi(y_j+y_i)\sin\theta\sin\varphi]\sin\theta\mathrm{d}\theta\mathrm{d}\varphi \tag{8-83}$$

为了便于书写和描述，式(8-83)及后面提到的天线坐标均为波长归一化后的坐标，即用 $x_{i,j}$ 代替 $\frac{x_{i,j}}{\lambda}$。将式(8-81)、式(8-83)，以及其他组合的结果代入式(8-79)，R_{ij} 可以简化为

$$\begin{aligned}R_{ij}&=4\int_0^{\frac{\pi}{2}}\int_0^{\frac{\pi}{2}}T_\Omega(\theta,\varphi)\cos[2\pi(x_j-x_i)\sin\theta\cos\varphi]\cos[2\pi(y_j-y_i)\sin\theta\sin\varphi]\sin\theta\mathrm{d}\theta\mathrm{d}\varphi\\&\quad-4\int_0^{\frac{\pi}{2}}\int_0^{\frac{\pi}{2}}T_\Omega(\theta,\varphi)\cos[2\pi(x_j-x_i)\sin\theta\cos\varphi]\cos[2\pi(y_j+y_i)\sin\theta\sin\varphi]\sin\theta\mathrm{d}\theta\mathrm{d}\varphi\\&\quad-4\int_0^{\frac{\pi}{2}}\int_0^{\frac{\pi}{2}}T_\Omega(\theta,\varphi)\cos[2\pi(x_j+x_i)\sin\theta\cos\varphi]\cos[2\pi(y_j-y_i)\sin\theta\sin\varphi]\sin\theta\mathrm{d}\theta\mathrm{d}\varphi\\&\quad+4\int_0^{\frac{\pi}{2}}\int_0^{\frac{\pi}{2}}T_\Omega(\theta,\varphi)\cos[2\pi(x_j+x_i)\sin\theta\cos\varphi]\cos[2\pi(y_j+y_i)\sin\theta\sin\varphi]\sin\theta\mathrm{d}\theta\mathrm{d}\varphi\end{aligned} \tag{8-84}$$

类似地，可以推导出天线 a_i 接收信号的同相分量与天线 a_j 接收信号的正交相分量相关输出为

$$\left\langle b_i(t)b_j\left(t-\frac{1}{4f_c}\right)\right\rangle=0 \tag{8-85}$$

与一维镜像综合孔径系统一样，二维镜像综合孔径系统中也不需要 I/Q 解调。

定义二维余弦可见度函数为

$$\mathrm{CV}(u,v)=4\int_0^{\frac{\pi}{2}}\int_0^{\frac{\pi}{2}}T_\Omega(\theta,\varphi)\cos(u\sin\theta\cos\varphi)\cos(v\sin\theta\sin\varphi)\sin\theta\mathrm{d}\theta\mathrm{d}\varphi \tag{8-86}$$

其中，(u,v)为空间采样频率。

式(8-86)可以用另一种方式表示为

$$\mathrm{CV}(u,v)=4\int_0^1\int_0^1\frac{T_\Omega(\xi,\eta)}{\sqrt{1-\xi^2-\eta^2}}\cos(2\pi u\xi)\cos(2\pi v\eta)\mathrm{d}\xi\mathrm{d}\eta \tag{8-87}$$

其中，$(\xi=\sin\theta\cos\varphi,\sin\theta\sin\varphi)$为方向余弦；$\frac{T_\Omega(\xi,\eta)}{\sqrt{1-\xi^2-\eta^2}}$为修正单位立体角内接收亮温；$T_\Omega(\xi,\eta)$与原始场景亮温分布、天线立体角，以及天线方向图之间的关系为

$$T_\Omega(\xi,\eta)=\frac{T_B(\xi,\eta)F_n(\xi,\eta)}{\Omega_e} \tag{8-88}$$

从式(8-87)可以看出，修正单位立体角内接收亮温与余弦可见度之间为二维余弦变换对关系。

若令式(8-87)中 $v=0$，即阵列为一维阵列，则有

$$\mathrm{CV}(u,0)=4\int_0^1\int_0^1\frac{T_\Omega(\xi,\eta)}{\sqrt{1-\xi^2-\eta^2}}\cos(2\pi u\xi)\mathrm{d}\xi\mathrm{d}\eta$$

$$= 4\int_0^1 \frac{T_\Omega(\xi)}{\sqrt{1-\xi^2}}\cos(2\pi u\xi)\mathrm{d}\xi \tag{8-89}$$

则其对应于第8章中一维余弦可见度与亮温之间的反余弦变换。

二维镜像综合孔径系统中的双天线接收信号相关输出为

$$\begin{aligned} R_{ij} = &\mathrm{CV}(x_j - x_i, y_j - y_i) - \mathrm{CV}(x_j - x_i, y_j + y_i) \\ &- \mathrm{CV}(x_j + x_i, y_j - y_i) + \mathrm{CV}(x_j + x_i, y_j + y_i) \end{aligned} \tag{8-90}$$

由此可知,任意两个天线的相关输出包含4个采样频率。$(x_j - x_i, y_j - y_i)$对应于传统综合孔径双天线干涉仪形成的采样频率,$(x_j - x_i, y_j + y_i)$、$(x_j + x_i, y_j - y_i)$及$(x_j + x_i, y_j + y_i)$可以理解为天线a_j与天线a_i的镜像天线$(x_i, -y_i)$、$(-x_i, y_i)$及$(-x_i, -y_i)$形成的采样频率。

对于任意两个天线,均可以得到类似于式(8-90)的方程,这些方程可以组合成一个类似于式(8-16)的线性方程组,即

$$\begin{bmatrix} R_{12} \\ R_{13} \\ \vdots \\ R_{(L-1)L} \end{bmatrix} = \begin{bmatrix} 1 & -1 & \cdots & 0 \\ 0 & 1 & \cdots & 0 \\ \vdots & \vdots & & \vdots \\ 0 & 0 & \cdots & -1 \end{bmatrix} \begin{bmatrix} \mathrm{CV}(0,1) \\ \mathrm{CV}(0,2) \\ \vdots \\ \mathrm{CV}(M,N) \end{bmatrix} \tag{8-91}$$

其中,L为天线数目;M与N为两个方向的最大采样频率。

式(8-91)可以简写为

$$\boldsymbol{R} = \boldsymbol{P}\boldsymbol{\mathrm{CV}} \tag{8-92}$$

这样,二维余弦可见度函数可以通过求解线性方程组(8-92)获得,然后可以通过二维反余弦变换重建场景亮温图像。需要注意的是,二维余弦可见度也被写成向量的形式,而不是矩阵形式。

$$T(\xi,\eta) = 4\int_0^\infty \int_0^\infty \mathrm{CV}(u,v)\cos(2\pi u\xi)\cos(2\pi v\eta)\mathrm{d}u\mathrm{d}v \tag{8-93}$$

实际的测量系统只能获得有限的离散采样点(u_m, v_n),通过二维离散反余弦变换重建的亮温为

$$\hat{T}(\xi_p, \eta_q) = \Delta s \sum_{m=0}^{M}\sum_{n=0}^{N} \mathrm{CV}(u_m, v_n) f(u_m, v_n)\cos\left(2\pi \frac{pm}{2M+1}\right)\cos\left(2\pi \frac{qn}{2N+1}\right) \tag{8-94}$$

其中,$\Delta s = \Delta u \Delta v$;$f(u_m, v_n)$为

$$f(u_m, v_n) = \begin{cases} 1, & m=0, n=0 \\ 2, & m=0, n\neq 0; n=0, m\neq 0 \\ 4, & m\neq 0, n\neq 0 \end{cases} \tag{8-95}$$

8.3.3 二维镜像综合孔径成像系统的阵列因子及空间分辨率

1. 空间采样频率与基线完整性

在二维镜像综合孔径系统中，双天线形成四个采样频率，除采样频率(x_j-x_i, y_j-y_i)与传统综合孔径系统一样仅依赖于天线之间的距离和取向外，其他 3 个采样频率均与双天线到反射面的距离有关，即与双天线的绝对坐标相关。此外，根据式(8-86)，有

$$\mathrm{CV}(-u,-v)=\mathrm{CV}(-u,v)=\mathrm{CV}(u,-v)=\mathrm{CV}(u,v)=\mathrm{CV}(|u|,|v|) \tag{8-96}$$

这表明在余弦变换中，余弦可见度是关于 x 轴、y 轴及原点对称，因此只用知道(u,v)平面第一象限内(u、v 采样频率均为正)的采样频率分布及对应的可见度即可，式(8-93)和式(8-94)中 u、v 采样频率积分区间为$(0,\infty)$也是这个原因，这是余弦变换区别于傅氏变换的特征。

二维阵列的稀疏程度要比一维阵列高，因此二维镜像综合孔径系统的基线缺失问题和线性方程组欠定性问题将更加严重。在联合多次测量解决一维镜像综合孔径系统中的基线缺失方法同样可以应用于二维情况，只是相比于一维情况，需要联合测量的次数更多，且需在两个方向上调整阵列到反射面的距离。下面通过一个具体的二维天线阵列来说明通过联合多次测量结果来解决基线缺失和线性方程组欠定性。

考虑一个 U 形阵，每臂各 8 个单元天线，天线之间最小间距为λ，如图 8-18(a)所示，其对应的传统综合孔径 UV 采样平面如图 8-18(b)所示。从图 8-18(b)可知，传统综合孔径的 U、V 两方向的采样频率数均为 15，总共采样点数为 15×15=225 个。

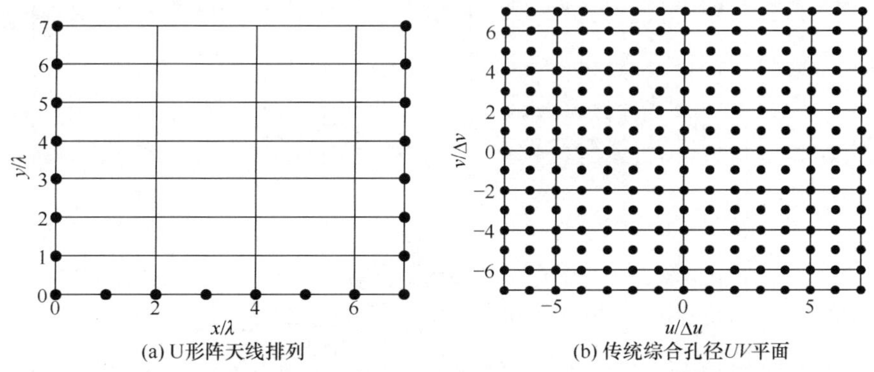

图 8-18　每臂 8 天线的 U 形阵天线排列示意图及对应的传统综合孔径 UV 平面

在二维镜像综合孔径中,双天线形成的采样频率与双天线的绝对坐标有关。若以 U 形阵两臂交叉处天线坐标为阵列坐标,记为(x_0, y_0),该坐标表示阵列到两块反射面的距离,阵列中其他天线的坐标均可以根据阵列坐标计算得出。如一维阵列中一样,调整阵列到反射面的距离大约为阵列长度的一半,此时各距离处二维镜像综合孔径的 UV 采样平面如图 8-19 所示,联合测量后的矩阵 $\boldsymbol{P}$ 的大小、$\boldsymbol{P}$ 的秩,以及联合后的采样点数如表 8-5 所示。

图 8-19 只绘出了二维镜像综合孔径 UV 平面第一象限内的采样频率,根据式(8-96)的对称关系,实际的 UV 平面内的采样点数约为第一象限内采样点数的 4 倍。此外,二维镜像综合孔径的 UV 平面不规整,存在基线缺失,但是可以选择一个连续的采样平面如图 8-19(c)中标识的可用采样频率进行图像重建。图 8-19(d)中的可用采样频率中依然包含少量缺失基线,可以采用补零或者更有效的插值方法补齐。

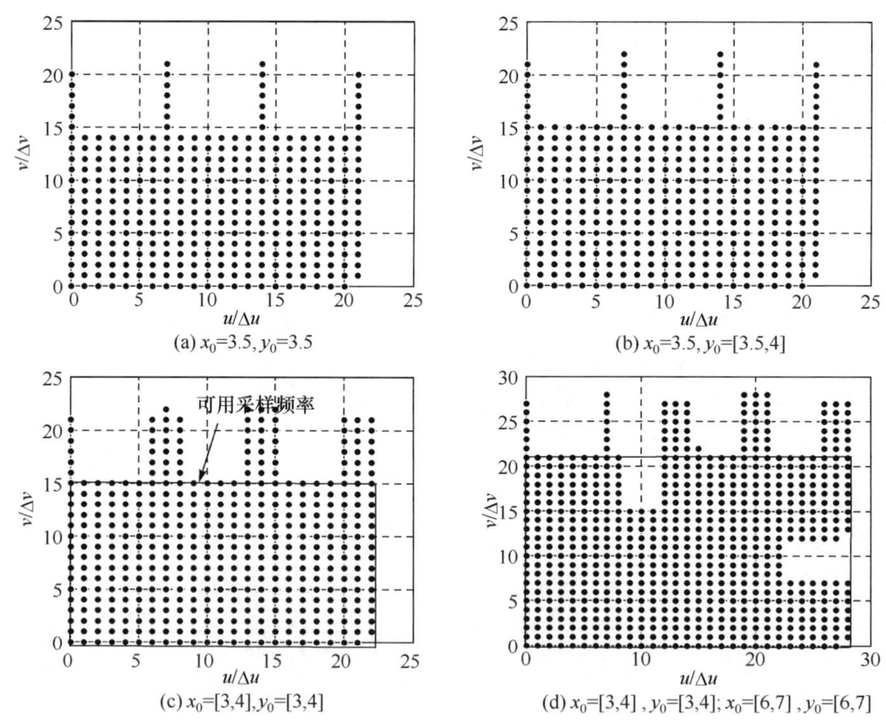

图 8-19 每臂 8 天线的 U 形阵天线排列对应的镜像综合孔径 UV 平面上第一象限内采样点分布

表 8-5 给出了联立不同阵列位置测量后的效果。表中第一列表示阵列坐标,如 $x_0=3.5$,$y_0=[3.5,4]$表示联合阵列坐标(3.5,3.5)和阵列坐标(3.5,4)的 2 次

测量结果；$x_0=[3,4]$，$y_0=[3,4]$分别表示横坐标和纵坐标的范围，步长均为 0.5，因此对应着 9 次测量结果联合。表中的前三个组合后的矩阵 $\boldsymbol{P}$ 秩亏严重，图像重建时将会对系统产生恶劣影响，第四种组合和第 5 种组合中，矩阵 $\boldsymbol{P}$ 秩亏现象略有改善，但与一维镜像综合孔径中(表 8-1)矩阵 $\boldsymbol{P}$ 接近满秩相比，依然较大，因此采用正则化方法抑制噪声在二维镜像综合孔径中将更为重要。相对于传统的综合孔径，二维镜像综合孔径的 UV 采样总数提高了约 5 至 6 倍，最后一种组合提高了约 10 倍。

表 8-5　不同阵列位置方程组组合后的结果

阵列坐标(x_0，y_0)	$\boldsymbol{P}$ 的大小	$\boldsymbol{P}$ 的秩	U 向可用最大基线	V 向可用最大基线	可用采样总数
$x_0=3.5$，$y_0=3.5$	231×354	158	21	14	1247
$x_0=3.5$，$y_0=[3.5,4]$	462×376	252	21	15	1333
$x_0=[3.5,4]$，$y_0=3.5$	462×409	244	22	15	1395
$x_0=[3,4]$，$y_0=[3,4]$	2079×430	385	22	15	1395
$x_0=[3,4]$，$y_0=[3,4]$ $x_0=[6,7]$，$y_0=[6,7]$	4158×664	602	28	21	2451

注：$x_0=[6,7]$表示横坐标范围，步长为 0.5，可用采样总数=(2×U 向+1)×(2×V 向+1)。

2. 阵列因子与分辨率

将式(8-89)代入式(8-94)中，有

$$\hat{T}(\xi,\eta;\xi',\eta')=\int_0^1\int_0^1 T_\Omega(\xi',\eta')\,\mathrm{AF}^{(1)}(\xi,\eta;\xi',\eta')\mathrm{d}\xi'\mathrm{d}\eta' \tag{8-97}$$

其中，$\mathrm{AF}^{(1)}(\xi,\eta;\xi',\eta')$为二维镜像综合孔径的阵列因子，即

$$\begin{aligned}\mathrm{AF}^{(1)}(\xi,\eta;\xi',\eta')=&\Delta s\sum_{m=0}^{M}\sum_{n=0}^{N}w(u_m,v_n)g(u_m,v_n)f(u_m,v_n)\cos(2\pi u_m\xi)\cos(2\pi v_n\eta)\\&\cdot\cos(2\pi u_m\xi')\cos(2\pi v_n\eta')\end{aligned} \tag{8-98}$$

其中，$\Delta s=\Delta u\Delta v$；$w(u_m,v_n)$为窗函数；$g(u_m,v_n)$为采样频率缺失函数。

几种常见的二维加窗函数及其表达式如表 8-6 所示。

式(8-98)较复杂，类似于一维镜像综合孔径系统，引入一种等效的二维镜像综合孔径阵列因子。首先结构具有如下对称关系的亮温分布，即

$$T^E(\xi,\eta)=\begin{cases}T_\Omega(\xi,\eta), & 0\leqslant\xi\leqslant1,0\leqslant\eta\leqslant1\\T_\Omega(\xi,-\eta), & 0\leqslant\xi\leqslant1,-1\leqslant\eta\leqslant0\\T_\Omega(-\xi,\eta), & -1\leqslant\xi\leqslant0,0\leqslant\eta\leqslant1\\T_\Omega(-\xi,-\eta), & -1\leqslant\xi\leqslant0,-1\leqslant\eta\leqslant0\end{cases} \tag{8-99}$$

则式(8-94)可以重写为

$$\hat{T}(\xi,\eta;\xi',\eta') = \int_{-1}^{1}\int_{1}^{1} T^E(\xi',\eta')\,\mathrm{AF}^{(2)}(\xi,\eta;\xi',\eta')\mathrm{d}\xi'\mathrm{d}\eta' \tag{8-100}$$

其中,$\mathrm{AF}^{(2)}(\xi,\eta;\xi',\eta')$为等效阵列因子,即

$$\mathrm{AF}^{(2)}(\xi,\eta;\xi',\eta') = \Delta s\sum_{m=-M}^{M}\sum_{n=-N}^{N} w(u_m,v_n)g(u_m,v_n)f(u_m,v_n) \cdot \mathrm{e}^{\mathrm{j}2\pi[u_m(\xi-\xi')+v_n(\eta-\eta')]} \tag{8-101}$$

对于矩形窗函数,且不存在基线缺失时(如采用图 8-19(c)中的可用采样区域),$\mathrm{AF}^{(2)}(\xi,\eta;\xi',\eta')$可以简写为

$$\begin{aligned}\mathrm{AF}^{(2)}(\xi,\eta;\xi',\eta') &= \mathrm{AF}^{(2)}(\xi-\xi',\eta-\eta')\\ &= \Delta s\sum_{m=-M}^{M}\mathrm{e}^{\mathrm{j}2\pi[u_m(\xi-\xi')]}\sum_{n=-N}^{N}\mathrm{e}^{\mathrm{j}2\pi[v_n(\eta-\eta')]}\\ &= \mathrm{AF}^{(2)}(\xi,\xi')\mathrm{AF}^{(2)}(\eta,\eta')\\ &= \mathrm{AF}^{(2)}(\xi-\xi')\mathrm{AF}^{(2)}(\eta-\eta')\\ &= \frac{\sin[(2M+1)\pi(\xi-\xi')\Delta u]}{\sin[\pi(\xi-\xi')\Delta u]}\,\frac{\sin[(2N+1)\pi(\eta-\eta')\Delta v]}{\sin[\pi(\eta-\eta')\Delta v]}\end{aligned} \tag{8-102}$$

式(8-102)表明,二维镜像综合孔径的阵列因子可以用两个方向上的一维阵列因子的乘积表示。

参照式(8-33),二维镜像综合孔径的分辨率为

$$\Delta\xi = \frac{2}{(2M+1)\Delta u}\mathrm{rad},\quad \Delta\eta = \frac{2}{(2N+1)\Delta v}\mathrm{rad} \tag{8-103}$$

表 8-6 常见的二维加窗函数

Rectangular	$w(u_m,v_n)=1$
Barlett (Triangular)	$w(u_m,v_n)=1-\frac{\rho_{mn}}{\rho_{\max}}$
Hamming	$w(u_m,v_n)=0.54+0.46\cos\left(\pi\frac{\rho_{mn}}{\rho_{\max}}\right)$
Hanning	$w(u_m,v_n)=0.5+0.5\cos\left(\pi\frac{\rho_{mn}}{\rho_{\max}}\right)$
Blackmann	$w(u_m,v_n)=0.42+0.5\cos\left(\pi\frac{\rho_{mn}}{\rho_{\max}}\right)+0.08\cos\left(2\pi\frac{\rho_{mn}}{\rho_{\max}}\right)$

注:$\rho_{mn}^2=u_{mn}^2+v_{mn}^2$,$\rho_{\max}$为$\rho_{mn}$可取到的最大值。

8.3.4 二维镜像综合孔径成像系统的灵敏度

二维镜像综合孔径成像系统灵敏度推导过程类似于一维情况,首先推导出双天线相关输出的噪声特性解析表达式,据此获得所有相关输出之间的协方差矩阵。

该推导过程类似于式(8-36)～式(8-54)的过程，结果表明双天线相关输出噪声特性具有与式(8-55)一样的解析表达式，即

$$\begin{aligned}\langle \Delta R_{ij}^2 \rangle &= \frac{1}{2B\tau}(R_{ii}R_{jj}+R_{ij}^2)\\ \langle \Delta R_{ij}\Delta R_{kl} \rangle &= \frac{1}{2B\tau}(R_{ik}R_{jl}+R_{il}R_{jk})\end{aligned} \tag{8-104}$$

该结论进一步表明了一维镜像综合孔径和二维镜像综合孔径的有机统一。

二维反余弦变换反演亮温的过程也可以描述为矩阵操作，式(8-20)用矩阵可以表示为

$$\begin{bmatrix} T(0,0)\\ T(0,1)\\ \vdots\\ T(M,N)\end{bmatrix}=\Delta s\begin{bmatrix} 1 & 2 & \cdots & 4\\ 1 & 2\cos\left(\frac{2\pi}{2N+1}\right) & & 4\cos\left(\frac{2N\pi}{2N+1}\right)\\ \vdots & \vdots & & \vdots\\ 1 & 2\cos\left(\frac{2N\pi}{2N+1}\right) & & 4\cos\left(\frac{2M^2\pi}{2M+1}\right)\cos\left(\frac{2N^2\pi}{2N+1}\right)\end{bmatrix}\cdot\begin{bmatrix} \mathrm{CV}(0,0)\\ \mathrm{CV}(0,1)\\ \vdots\\ \mathrm{CV}(M,N)\end{bmatrix} \tag{8-105}$$

用更紧凑的矩阵表示为

$$\boldsymbol{T}=\boldsymbol{B}\mathbf{CV}' \tag{8-106}$$

需要注意的是，在式(8-108)和式(8-109)中，二维亮温及二维余弦可见度均被写成向量形式，以便于利用向量的方差-协方差传递公式对灵敏度进行计算。按照类似于式(8-57)～式(8-63)的过程，即可获得反演后亮温图像各像素之间的协方差矩阵，即

$$\boldsymbol{\Gamma}_T=\boldsymbol{B}\boldsymbol{\Gamma}_{\mathrm{CV}'}\boldsymbol{B}^{\mathrm{T}}=\boldsymbol{BWA}\boldsymbol{\Gamma}_R\boldsymbol{A}^{\mathrm{T}}\boldsymbol{W}^{\mathrm{T}}\boldsymbol{B}^{\mathrm{T}}=(\boldsymbol{BWA})\boldsymbol{\Gamma}_R\,(\boldsymbol{BWA})^{\mathrm{T}} \tag{8-107}$$

其中，$\boldsymbol{B}$ 为二维反余弦变换；$\boldsymbol{\Gamma}_T$ 对角线上的元素为各像素灵敏度的平方。

与一维镜像综合孔径系统的灵敏度一样，二维镜像综合孔径系统的灵敏度也受观测场景、带宽 B、积分时间 τ、求解余弦可见度所应用的正则化方法，以及窗函数的影响，也难以获得灵敏度的解析表达式。现考虑一个极端的理想情况，接收机等效噪声温度远大于天线温度，即 $R_{ii}R_{jj}\gg R_{ij}^2$；假设余弦可见度与相关输出的线性方程组是适定良态的，即求解余弦可见度的算法不会放大噪声，且各余弦可见度之间是独立的。在该理想情况下，二维镜像综合孔径系统的余弦可见度的方差为

$$\langle \Delta \mathrm{CV}\,(u,v)^2 \rangle=\frac{1}{4}\langle \Delta R_{ij}^2 \rangle=\frac{T_{\mathrm{sys}}^2}{8B\tau} \tag{8-108}$$

可以看出，余弦可见度的方差为传统综合孔径系统中可见度方差的 1/8。由此可以推出，在分辨率相同的情况下，一维镜像综合孔径系统的灵敏度是传统综合孔径系统灵敏度的 $2\sqrt{2}$倍。

在点源情况下,二维镜像综合孔径系统灵敏度的近似解析表达式为

$$\Delta T_p^{\mathrm{MIAS}}=\frac{1}{2\sqrt{2}}\Delta T_p^{\mathrm{ASR}}=\frac{T_{\mathrm{sys}}}{2\sqrt{2}\sqrt{B\tau}}\cdot\frac{\Omega_e}{\sqrt{2M+1}\sqrt{2N+1}} \tag{8-109}$$

其中,Ω_e 为单元天线的立体角;N 为基线数目。

上述结果表明,在空间分辨率、系统带宽及积分时间相同的情况下,二维镜像综合孔径系统的最优灵敏度是传统综合孔径系统灵敏度的 $2\sqrt{2}$倍。这意味着在同样的灵敏度和分辨率情况下,一维镜像综合孔径系统的带宽将只需传统综合孔径系统带宽的 1/8,ADC 的采样频率将大大下降,数据量也大大下降。

需要注意的是,上述过程并没有考虑多个位置联合测量带来的影响。由于多个位置联合测量解决基线缺失的同时也对部分基线进行了重复测量,因此多个位置联合测量在牺牲时间分辨率的同时,原则上能够改进系统的灵敏度。与一维镜像综合孔径相同 ,该过程非常复杂,因此灵敏度的近似解析表达式难以描述实际的情况。

8.3.5 二维镜像综合孔径成像系统仿真

1. 点源和展源仿真

考虑一个二维镜像综合孔径系统,其阵列为图 8-18(a)所示的每臂 8 单元的 U 形阵列。采用表 8-5 中的第四个组合,即联合(3,3)、(3,3.5)、(3,4) 、(3.5,3)、(3.5,3.5)、(3.5,4)、(4,3)、(4,3.5)、(4,4)等 9 个位置的相关输出,此时联合后的线性方程组中 $\boldsymbol{P}$ 的大小为 2079×430,秩为 385,U 向和 V 向可用最大采样频率分别为 22 和 15。在仿真过程中,不考虑天线方向图的影响,假设单元天线为全向同性天线,即具有均匀的功率方向图,采用最小二乘最小范数正则化方法求解线性方程组。针对该系统,分别对双点源和展源场景进行仿真,验证二维镜像综合孔径的成像能力,以及系统的分辨率。

图 8-20 为两个点源成像仿真结果,用以对比二维传统综合孔径和二维镜像综合孔径在 η 上的分辨率。图 8-20(a)和图 8-20(b)对应于空间坐标分别为(ξ=0.2475,η=0.2398)和(ξ=0.2475,η=0.3891)的两个点源的仿真结果,两个点源之间的间距为 $\Delta\eta$=0.1453。结果表明,传统二维综合孔径系统刚刚可以分辨两个点源,而二维镜像综合孔径系统则非常明晰地分辨了两个点源。进一步缩短两点源之间的间距到 $\Delta\eta$=0.0727(图 8-20(c)和图 8-20(d)),可以发现传统二维综合孔径系统已经不能分辨两个点源,而二维镜像综合孔径系统依然能够分辨出该双点源。从该数据可以得出二维镜像综合孔径系统在 η 方向上的分辨率约为二维传统综合孔径分辨率的 2 倍,这与二维镜像综合孔径在 v 向上的最长基线($15\times2+1=31\lambda$)为传统综合孔径的最长基线($7\times2+1=15\lambda$)约为 2 倍是吻合的。

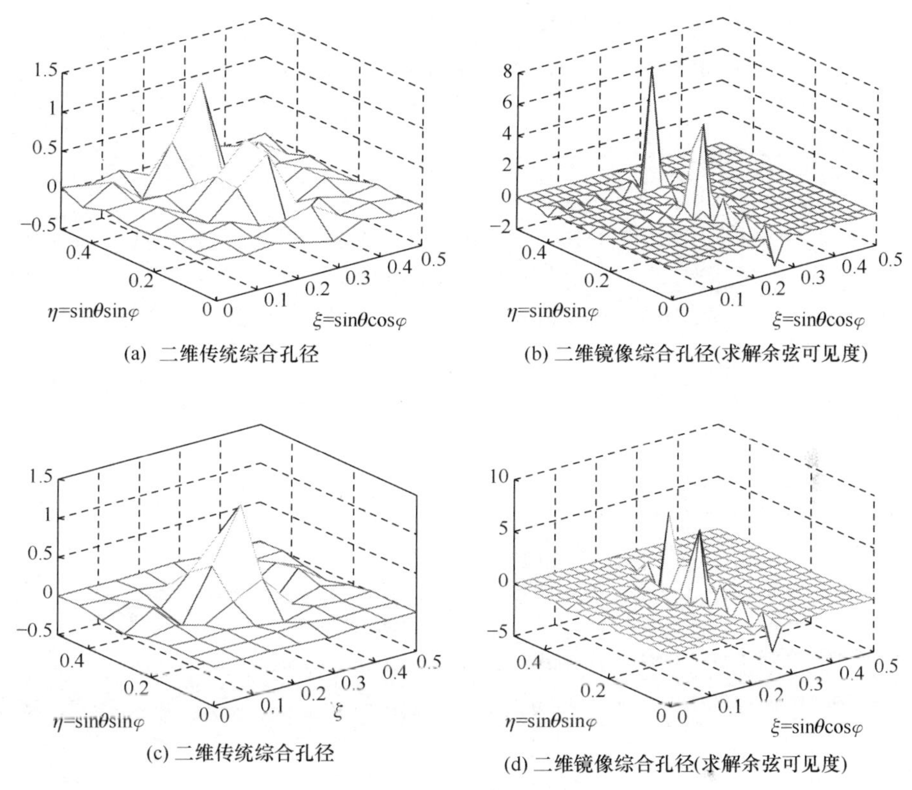

(a) 二维传统综合孔径　(b) 二维镜像综合孔径(求解余弦可见度)

(c) 二维传统综合孔径　(d) 二维镜像综合孔径(求解余弦可见度)

图 8-20　双点源成像仿真结果

图 8-21 为两个点源成像仿真结果，用以对比二维传统综合孔径和二维镜像综合孔径在 ξ 方向上的分辨率。图 8-21(a)和图 8-21(b)对应于空间坐标分别为(ξ=0.2475，η=0.2398)和(ξ=0.3875，η=0.2398)的两个点源的仿真结果，两个点源之间的间距为 $\Delta\xi$=0.14。结果表明，传统二维综合孔径系统刚刚可以分辨两个点源，而二维镜像综合孔径系统则非常明晰地分辨了两个点源。进一步缩短两点源之间的间距到 $\Delta\xi$=0.05（图 8-21(c)和图 8-21(d)），可以发现传统二维综合孔径系统已经不能分辨两个点源，而二维镜像综合孔径系统依然能够分辨出该双点源。从该数据可以得出二维镜像综合孔径系统在 ξ 方向上的分辨率约为二维传统综合孔径分辨率的 3 倍，这与二维镜像综合孔径在 u 向上的最长基线($22\times2+1=45\lambda$)为传统综合孔径的最长基线($7\times2+1=15\lambda$)约为 3 倍是吻合的。

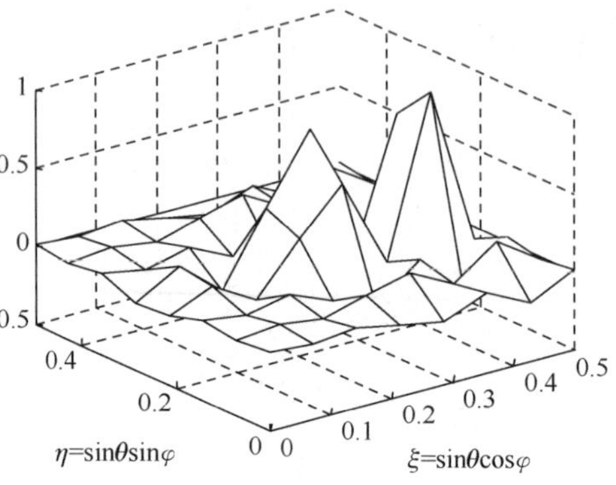

(a) 二维传统综合孔径

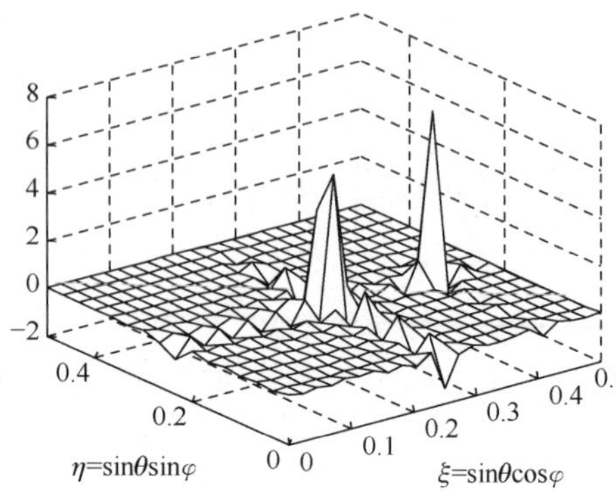

(b) 二维镜像综合孔径(求解余弦可见度)

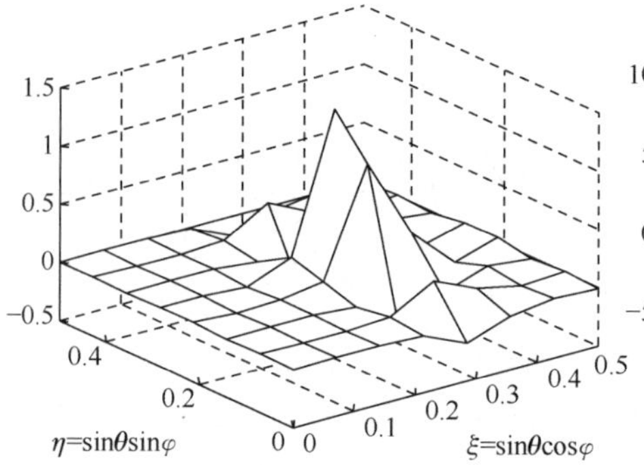

(c) 二维传统综合孔径

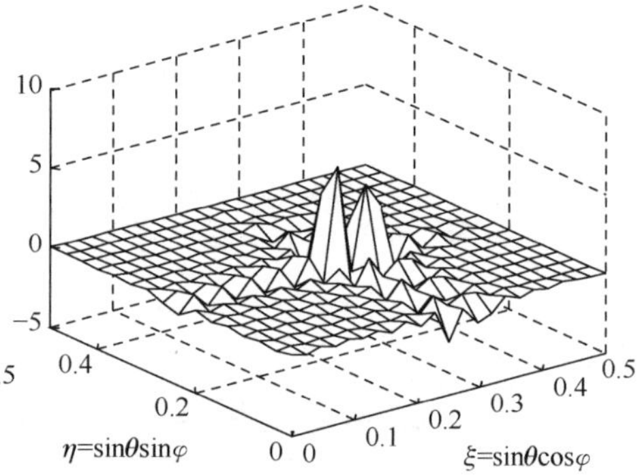

(d) 二维镜像综合孔径(求解余弦可见度)

图 8-21　双点源成像仿真结果(求解余弦可见度)

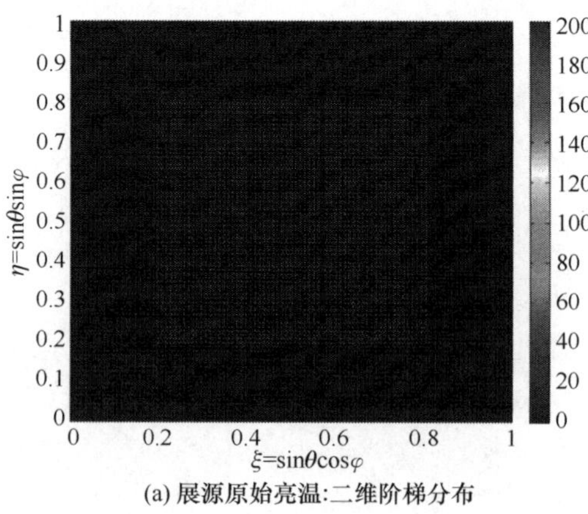

(a) 展源原始亮温:二维阶梯分布

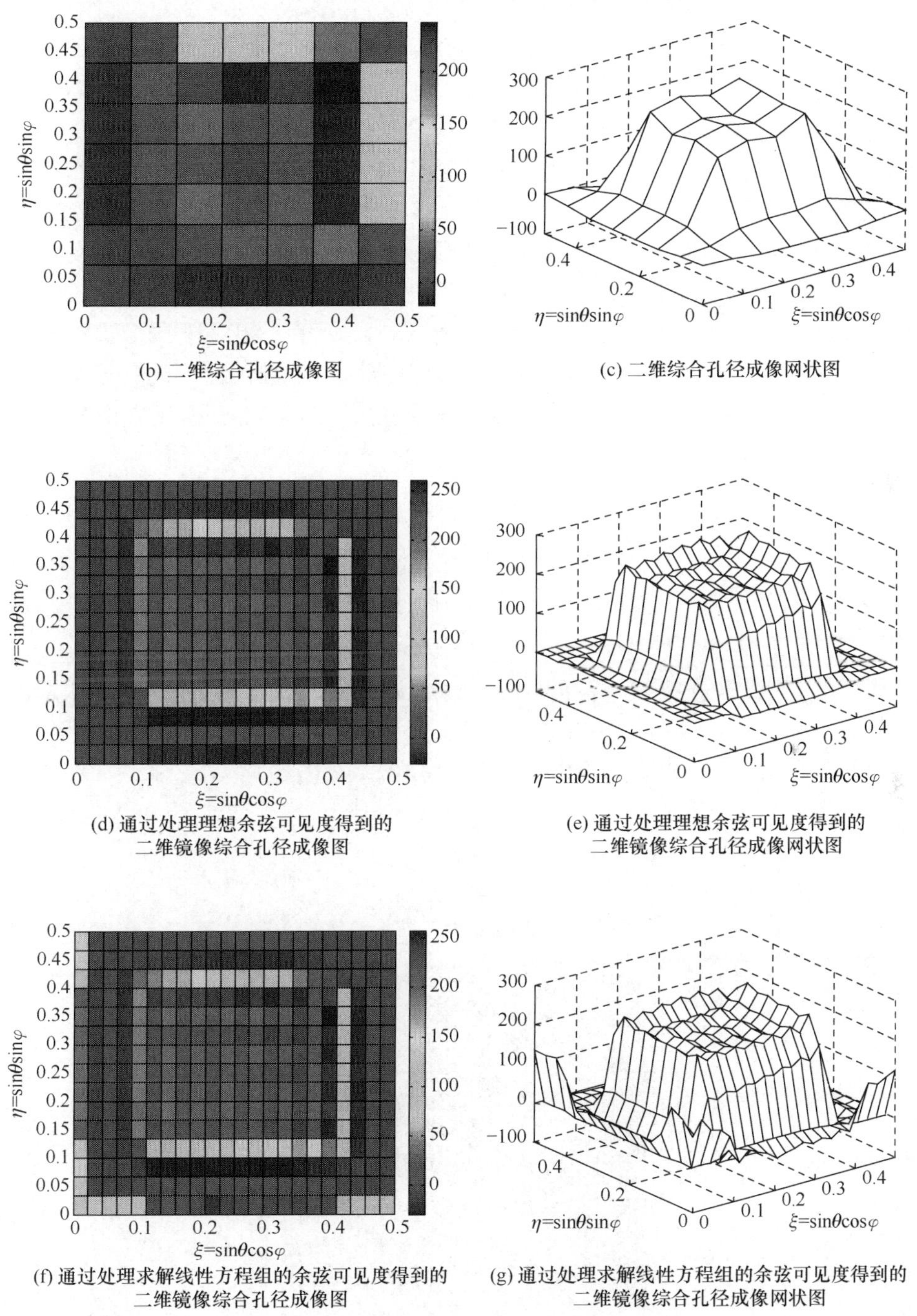

(b) 二维综合孔径成像图

(c) 二维综合孔径成像网状图

(d) 通过处理理想余弦可见度得到的二维镜像综合孔径成像图

(e) 通过处理理想余弦可见度得到的二维镜像综合孔径成像网状图

(f) 通过处理求解线性方程组的余弦可见度得到的二维镜像综合孔径成像图

(g) 通过处理求解线性方程组的余弦可见度得到的二维镜像综合孔径成像网状图

图 8-22　亮温分布为二维阶梯状的展源场景的成像仿真结果(见彩图)

图 8-22 对应于亮温为二维阶梯分布的展源仿真结果。图 8-22(b)和图 8-22(c)对应于二维传统综合孔径结果，分别用图和网状图显示。图 8-22(d) 和图 8-22(e)对应于二维镜像综合孔径对理想的余弦可见度进行处理的结果。图 8-22(f) 和图8-22(g)对应于二维镜像综合孔径对求解的余弦可见度进行处理的成像结果。结果表明，镜像综合孔径能够正确重建展源场景的亮温分布。与一维镜像综合孔径一样，二维镜像综合孔径系统的实际反演图像(图 8-22(f)和图 8-22(g))在 $T(0,0)$处存在一个较大的误差，此外在图像边沿处也存在较大误差，这是因为求解的余弦可见度与理想可见度之间存在差异，其差异如图 8-23(a)所示，由该差异导致反演亮温的差异如图 8-23(b)所示。相对于图像边沿的较大误差，在图像其他各位置处存在 3.36K 的小误差。与一维情况下的亮温常量误差 0.46K 相比，3.36K 的误差将不可忽略，需要引入更有效的正则化方法来求解线性方程组。

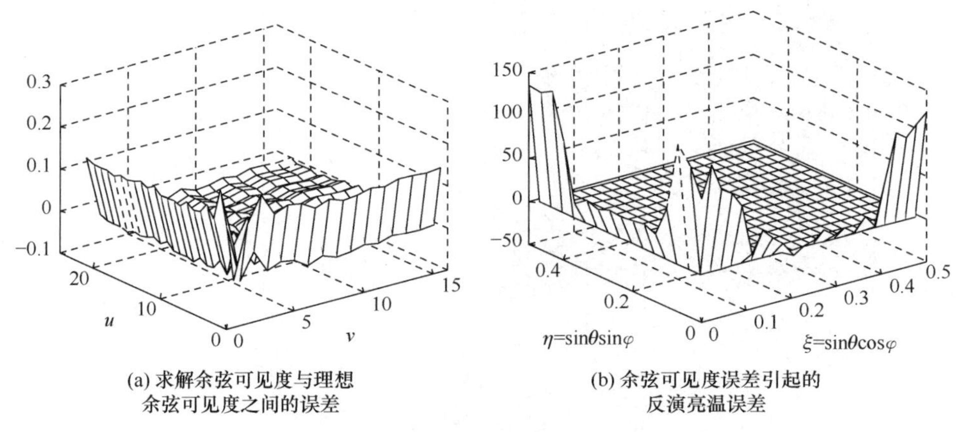

(a) 求解余弦可见度与理想余弦可见度之间的误差　　(b) 余弦可见度误差引起的反演亮温误差

图 8-23　亮温分布为二维阶梯状的误差

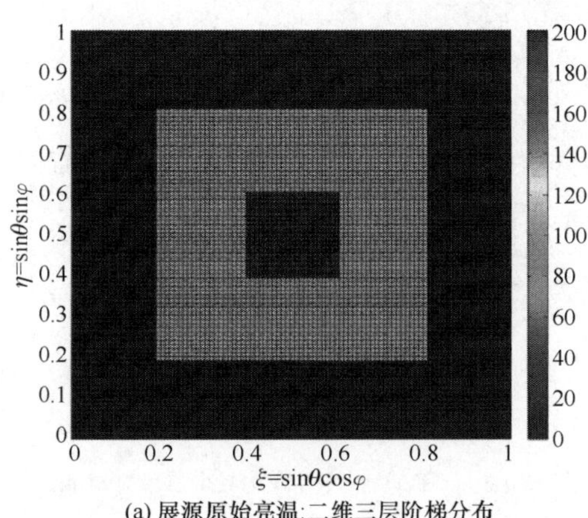

(a) 展源原始亮温:二维三层阶梯分布

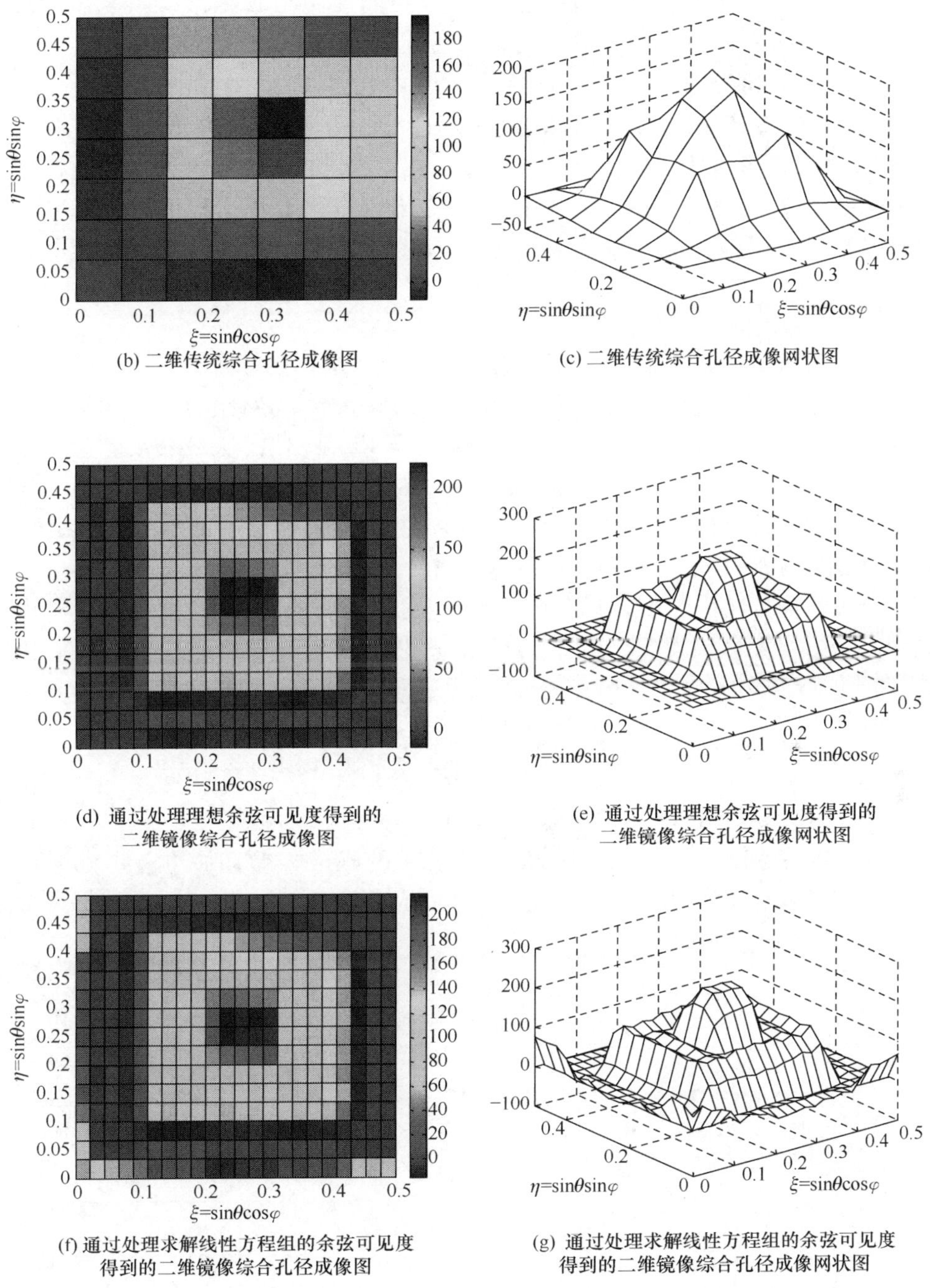

(b) 二维传统综合孔径成像图

(c) 二维传统综合孔径成像网状图

(d) 通过处理理想余弦可见度得到的二维镜像综合孔径成像图

(e) 通过处理理想余弦可见度得到的二维镜像综合孔径成像网状图

(f) 通过处理求解线性方程组的余弦可见度得到的二维镜像综合孔径成像图

(g) 通过处理求解线性方程组的余弦可见度得到的二维镜像综合孔径成像网状图

图 8-24　亮温分布为三层阶梯状的展源场景成像仿真结果(见彩图)

图 8-24 对应于亮温为二维三层阶梯分布的展源仿真结果。图 8-24(b)和图 8-24(c)对应于二维传统综合孔径结果，分别用图和网状图显示，由于二维传统综合孔径的分辨率较低，三层阶梯的上升沿已不是很明显。图 8-24(d)和图 8-24(e)对应于二维镜像综合孔径对理想的余弦可见度进行处理的结果。图 8-24(f)和图 8-24(g)对应于二维镜像综合孔径对求解的余弦可见度进行处理的成像结果。结果表明，镜像综合孔径能够正确重建展源场景的亮温分布，且由于分辨率较高，亮温高低边沿清晰。但是，其实际图像在边沿处也存在较大误差。

2. 灵敏度仿真

同一维情况下的仿真一样，首先指定阵列。二维镜像综合孔径系统采用上述仿真所用的每臂 8 单元的 U 形阵及 9 个位置的联合测量，对应的 U 向和 V 向可用最大采样频率分别为 22 和 15，最长基线分别为 45λ 和 31λ。二维传统综合孔径所用的阵列形式为沿 U 向的一臂阵列个数为 22 个，沿 V 向的另外两臂阵列个数为 15。这样它们具有相同的空间分辨率。系统带宽为 10MHz，积分时间为 1 秒，场景亮温分布为如图 8-22(a)所示的阶梯分布。

传统综合孔径均方意义下的灵敏度与可见度之间的相关性无关。当不考虑可见度之间的相关性时，对于展源，传统综合孔径系统的灵敏度可以根据下式计算，即

$$\Delta T_p^{\mathrm{ASR}} = \frac{T_{\mathrm{sys}}}{\sqrt{B\tau}} \cdot \sqrt{N_v} \tag{8-110}$$

其中，N_v 为二维空间采样点数，$N_v = 45 \times 31$。

在二维镜像综合孔径系统中，双天线相关的噪声方差和协方差可以通过式(8-104)得到，不同阵列位置得到的相关输出认为是不相关的。然后，根据灵敏度的计算过程，其结果如图 8-25 所示。

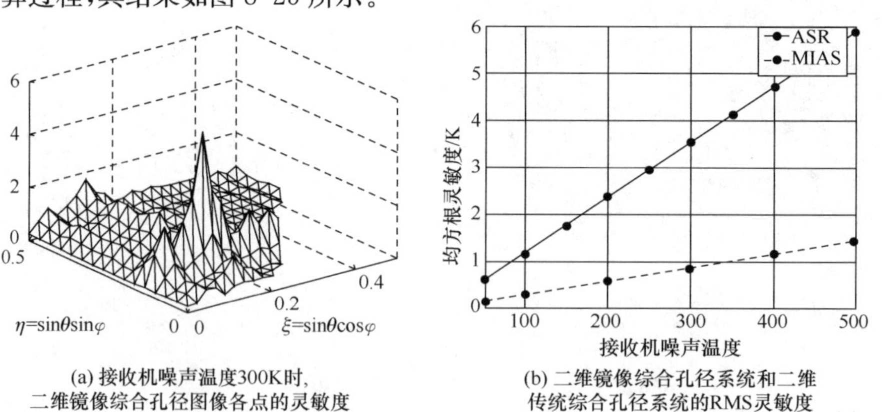

(a) 接收机噪声温度300K时，二维镜像综合孔径图像各点的灵敏度

(b) 二维镜像综合孔径系统和二维传统综合孔径系统的RMS灵敏度

图 8-25 灵敏度仿真结果

图 8-25(a)对应于接收机噪声温度为 300K 时的系统灵敏度,其图像中各点灵敏度的分布类似于一维镜像综合孔径系统灵敏度分布,即靠近零点处有一个较大的突起。图 8-22(b)为不同接收机噪声温度下传统综合孔径(ASR)和镜像综合孔径(MIAS)的灵敏度。可以发现,镜像综合孔径系统的灵敏度约为传统综合孔径系统灵敏度的 4 倍,这表明,多个位置联立测量带来的冗余提高了系统的灵敏度。

8.3.6　二维镜像综合孔径成像与二维传统综合孔径的比较

下面就分辨率相同的情况,对二维镜像综合孔径与二维传统综合孔径在各个方面进行比较,其中二维镜像综合孔径系统选用仿真中所用的每臂 8 单元的 U 形阵和 9 次联合测量,二维传统综合孔径所用的 U 形阵列为:沿 U 向的一臂阵列个数为 22 个,沿 V 向的另外两臂阵列个数为 15,此时两者之间的分辨率一样,其他各项参数如表 8-7 所示。

表 8-7　镜像综合孔径系统与传统综合孔径系统各项比较

	传统综合孔径	镜像综合孔径	比较
反射面	无	有,2 个	
I/Q 解调	有	无	
天线数目	22+15×2−2=50	3×8−2=22	节省约 50%
AD 数目	50×2=100	22	节省约 75%
相关器数目	50×49=2450	22×21/2=231	节省约 90%
灵敏度			提升约 300%
时间分辨率			降低 9 倍
数据量(灵敏度相等时比较)	与相关器数目成正比=2450	231×9/16≈130	减少 95%

注:镜像综合孔径数据量计算中各数值含义:132 为相关器数目,8 为联合测量次数,16 为灵敏度相等时,则镜像综合孔径的带宽为传统综合孔径带宽的 1/16。

相比于一维情况,最大的变化就是数据量继续下降,约占传统二维综合孔径数据量的 5%。

8.4　镜像综合孔径系统误差分析

8.4.1　引言

与传统综合孔径系统一样,镜像综合孔径系统也存在各种各样的系统误差,这些误差不可避免对系统性能造成影响。在传统综合孔径系统中,其误差按照在接收机链路中的位置及其来源可以分为天线误差、通道误差、基线误差。同样,在镜像综合孔径系统中,也可以按照该方法将误差划分为反射面误差、天线误差、通道误差等。与传统综合孔径系统相比,镜像综合孔径系统中没有正交相位误差,多了反射面误差,此外由于成像原理不同,误差的模型及其影响与传统综合孔径有较大区别。

在传统综合孔径系统中,误差对系统性能的影响均有文献对其进行详细的分析和讨论[9]。分析结果表明,系统误差对空间分辨率几乎没有影响,仅对重建亮温的准确度产生影响。与由信号噪声特性引起的随机误差不同,系统误差对系统性能的影响是确定的,因此与辐射测量中的准确度相对应。由于镜像综合孔径中的余弦变换是傅氏变换的特殊形式,因此可以认为镜像综合孔径系统中的误差也不会对系统分辨率产生影响,仅影响重建亮温的准确度。本章将首先建立图像误差评估准则,然后对一维镜像综合孔径系统中的各种误差进行建模,然后通过仿真分析误差对重建亮温准确度的影响。

8.4.2 误差传递和图像误差评估准则

误差的直接影响是造成双天线相关输出测量值与理论值之间存在差异,所有误差对相关输出值的影响可以表示为

$$R_{ij}^{\mathrm{raw}}=R_{ij}+\Delta R_{ij} \tag{8-111}$$

余弦可见度由求解方程组(8-16)获得,其解的一般形式为

$$\mathbf{CV}=\boldsymbol{AR} \tag{8-112}$$

则相关输出的误差根据上式对余弦可见度造成的误差为

$$\Delta\mathbf{CV}=\boldsymbol{A}\Delta\boldsymbol{R} \tag{8-113}$$

场景亮温为余弦可见度的反余弦变换,余弦可见度误差对反演亮温的影响为

$$\Delta\boldsymbol{T}=\boldsymbol{B}\Delta\mathbf{CV}=\boldsymbol{BA}\Delta\boldsymbol{R} \tag{8-114}$$

其中,$\boldsymbol{B}$ 为反余弦变换矩阵算子。

显然,误差对系统性能的影响与具体的场景、天线系统,以及反演算法相关联。上述三个因素只要一个发生了变化,则对系统的影响需要重新估计。为了评估某个误差的影响,需要建立一个准则。

对于理想情况,有

$$\hat{T}(k)=\mathrm{CV}(0)+2\sum_{n=1}^{N}\mathrm{CV}(n)\cos\left(2\pi\frac{nk}{2N+1}\right) \tag{8-115}$$

当有误差时,有

$$\hat{T}(k)=\mathrm{CV}(0)+2\sum_{n=1}^{N}\left[\mathrm{CV}(n)+\Delta\mathrm{CV}(n)\right]\cos\left(2\pi\frac{nk}{2N+1}\right) \tag{8-116}$$

进一步,有

$$\Delta T(k)=2\sum_{n=1}^{N}\Delta\mathrm{CV}(n)\cos\left(2\pi\frac{nk}{2N+1}\right) \tag{8-117}$$

余弦变换是傅氏变换的特殊情形,根据 Parseval 定理则有

$$\frac{1}{N}\sum |\Delta T(k)|^2 = \sum |\Delta \mathrm{CV}(n)|^2 \tag{8-118}$$

即亮温的均方根误差等于余弦可见度的均方和误差。

在采用式(8-118)这种评估准则下，应用矩阵扰动理论可给出亮温均方根误差的上限。根据矩阵范数的性质，两个矩阵乘积的范数小于或等于两个矩阵范数的乘积，则余弦可见度误差矩阵的范数与相关输出误差矩阵范数满足下式，即

$$\|\Delta \mathbf{CV}\| \leqslant \|\boldsymbol{A}\| \ \|\Delta \boldsymbol{R}\| \tag{8-119}$$

其中，$\|\cdot\|$ 为范数算子。

重建的亮温误差矩阵范数与余弦可见度误差矩阵的范数满足下式，即

$$\|\Delta \boldsymbol{T}\| \leqslant \|\boldsymbol{B}\| \ \|\Delta \mathbf{CV}\| \leqslant \|\boldsymbol{B}\| \ \|\boldsymbol{A}\| \ \|\Delta \boldsymbol{R}\| \tag{8-120}$$

式(8-118)中的均方和对应于矩阵 2 阶范数，因此有

$$\frac{1}{\sqrt{N}}\|\Delta \boldsymbol{T}\|_2 \leqslant \frac{1}{\sqrt{N}}\|\boldsymbol{B}\|_2 \ \|\boldsymbol{A}\|_2 \ \|\Delta \boldsymbol{R}\|_2 \tag{8-121}$$

由于矩阵 $\boldsymbol{A}$ 与应用求解线性方程组的正则化算法有关，因此误差对反演亮温精确度的影响不但与误差大小有关，还与场景亮温分布、正则化算法有关。若考虑加窗函数，其影响还与加窗函数有关。本节中将主要针对一维镜像综合孔径、余弦可见度的广义逆解，以及矩形窗函数的情形进行分析和讨论。

8.4.3 反射面非理想性以及误差对反演亮温准确度的影响

1. 误差建模

对电磁波而言，如果某一平面的起伏比电磁波的波长小得多，那么认为该平面是光滑的。这样的表面通常称为镜面。镜面边界的反射和透射服从斯涅尔反射定律(Snell's law of reflection)。在一维镜像综合孔径技术中所用到的反射面假设为理想导电面，该导电面可以是海面或者密实金属板或者一个导线编织的平面栅网来实现。理想导体中不存在电磁场，即透射系数必须为 0，反射系数为－1。前面推导过程都是以上述假设为前提的。

在实际情况中，这种理想条件是很难满足的。考虑较普遍的情况，假设反射面的反射系数为 $\rho(\theta)$，则反射信号为

$$b^r(t) = \int_0^{\frac{\pi}{2}} \rho(\theta)\beta(\theta;t)\cos[2\pi f_c t - kr^r(\theta)]\mathrm{d}\theta \tag{8-122}$$

此时，天线 a_i 与天线 a_j 接收信号的相关输出测量值为

$$\begin{aligned} R_{ij}^{\mathrm{raw}} &= E[b_i^{\mathrm{raw}}(t)b_j^{\mathrm{raw}}(t)] \\ &= \int_0^{\frac{\pi}{2}} T_\Omega(\theta)(1+\rho^2(\theta))\cos\left(2\pi\frac{h_i-h_j}{\lambda}\sin\theta\right)\mathrm{d}\theta \\ &\quad + 2\int_0^{\frac{\pi}{2}} T_\Omega(\theta)\rho(\theta)\cos\left(2\pi\frac{h_i+h_j}{\lambda}\sin\theta\right)\mathrm{d}\theta \end{aligned} \tag{8-123}$$

2. 误差影响仿真

针对镜像综合孔径系统,考虑反射面的非理想特性,对其进行仿真,分析反射面非理想特性对重建场景亮温准确度的影响。一维镜像综合孔径系统采用前面仿真所用的 12 单元阵列。

在仿真过程中,为简化分析过程,假设反射系数误差不随角度变化。图 8-26 和图 8-27 分别对应于阶梯场景和“凸”字形场景的仿真结果。图 8-26(b)和图 8-27(b)为理想反射面和反射系数误差为 0.05(反射系数为−0.95)的仿真结果,可以发现常量反射面反射系数误差造成重建亮温的整体下降。$T(0)$处反演亮温被舍弃。图 8-26(c)和图 8-27(c)为理想重建亮温和存在误差时的重建亮温之间的误差,可以发现误差分布与原始图像的亮温分布非常相似。图 8-26(d)和图 8-27(d)对应于根据式(8-118)计算的不同反射系数误差处的亮温均方根误差。根据仿真结果可以发现,对于阶梯场景,每 1%的反射系数误差将导致约 1.5K 的亮温均方根误差;对于“凸”字形场景,每 1%的反射系数误差将导致约 1K 的亮温均方根误差,因此反射面误差的影响与实际观测的场景亮温分布有关。

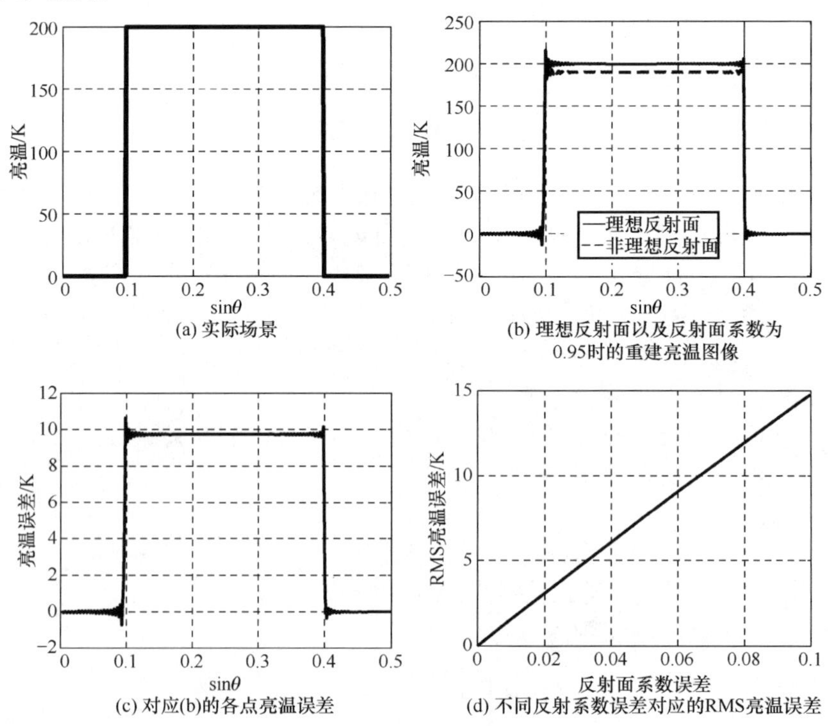

(a) 实际场景
(b) 理想反射面以及反射面系数为0.95时的重建亮温图像
(c) 对应(b)的各点亮温误差
(d) 不同反射系数误差对应的RMS亮温误差

图 8-26 反射面系数误差仿真

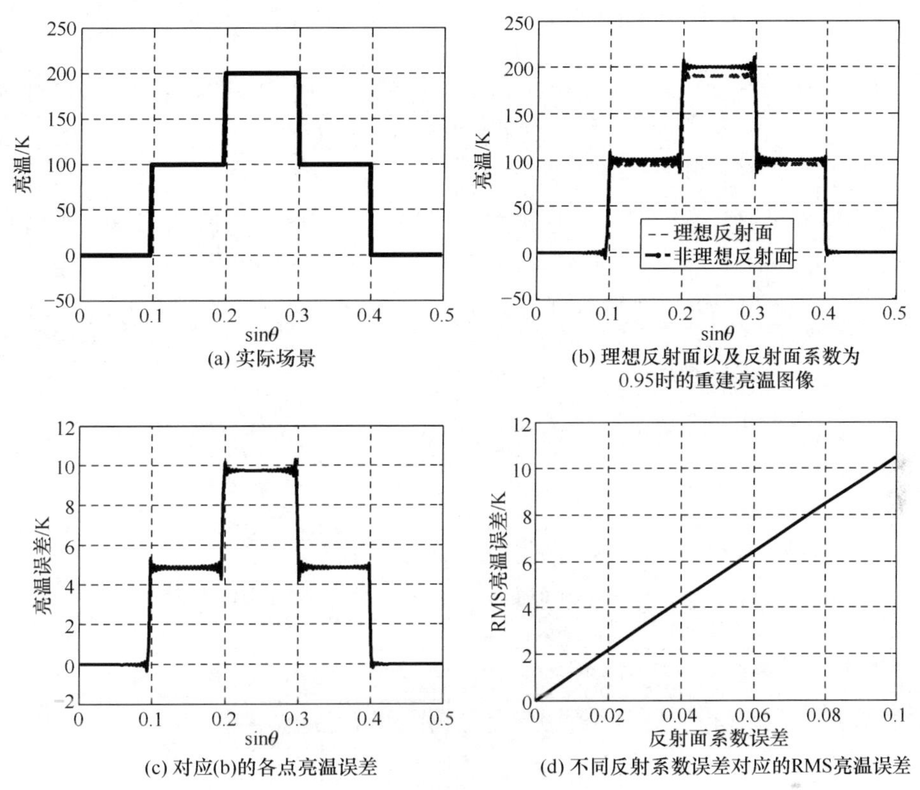

图 8-27　反射面系数误差仿真

8.4.4　天线误差以及误差对反演亮温准确度的影响

天线误差由天线的不理想性引起，包括天线方向图的误差、天线间的互耦、天线方向图的指向误差、天线位置误差等。下面就阵元位置误差和阵元互耦误差逐一进行分析。

1. 误差建模

1）阵元位置误差

在实际镜像综合孔径辐射计系统中，各天线单元的物理位置可能由于扰动等因素偏离理想位置，从而引其空间采样频率差异。一维镜像综合孔径的每对天线形成 2 个采样频率：一个为$\frac{h_i-h_j}{\lambda}$，与相对距离有关；另一个为$\frac{h_i+h_j}{\lambda}$，与绝对距离有关。因此，阵元位置扰动和反射面位置扰动均会导致采样频率误差，从而进一步影响双天线相关输出。从两个采样频率的表达式可知，阵元位置扰动将导致两个采样频率均偏离理想采样点,而反射面位置扰动仅影响第二个采样频率。

对于三维空间,位置扰动可以用一个三维矢量表示。为简化理论分析,只考虑这样的情形:对于一维阵列,只考虑阵元沿排列方向上的位置误差;对于二维阵列,只考虑阵元所在平面内的位置误差。

设双天线 a_i 和 a_j 的阵元位置扰动分别为 Δh_i 和 Δh_j,则测量的双天线相关输出为

$$R_{ij}^{\text{raw}}=\text{CV}\left(\frac{h_i-h_j+(\Delta h_i-\Delta h_j)}{\lambda}\right)-\text{CV}\left(\frac{h_i+h_j+(\Delta h_i+\Delta h_j)}{\lambda}\right) \quad (8\text{-}124)$$

2) 天线方向图误差

若所有天线方向图相同,即 $f_i(\theta)=f_j(\theta)=f(\theta)$, $\forall i,j$,则 $f_i(\theta)\cdot f_j^*(\theta)=|f(\theta)|^2$。设

$$f_i(\theta)=f(\theta)[1+\Delta f_i(\theta)] \quad (8\text{-}125)$$

其中,$\Delta f_i(\theta)$为方向图误差,因此

$$\begin{aligned} f_i(\theta)\cdot f_j^*(\theta)&=|f(\theta)|^2[1+\Delta f_i(\theta)][1+\Delta f_j(\theta)] \\ &\cong|f(\theta)|^2[1+\varepsilon_{ij}(\theta)] \end{aligned} \quad (8\text{-}126)$$

其中

$$\varepsilon_{ij}(\theta)=\Delta f_i(\theta)+\Delta f_j(\theta)+\Delta f_i(\theta)\Delta f_j(\theta) \quad (8\text{-}127)$$

测量的双天线相关输出为

$$\begin{aligned} R_{ij}^{\text{raw}}&=R_{ij}+2\int_0^{\frac{\pi}{2}}T_\Omega(\theta)\varepsilon_{ij}(\theta)\cos\left(2\pi\frac{h_i-h_j}{\lambda}\sin\theta\right)\text{d}\theta \\ &\quad -2\int_0^{\frac{\pi}{2}}T_\Omega(\theta)\varepsilon_{ij}(\theta)\cos\left(2\pi\frac{h_i+h_j}{\lambda}\sin\theta\right)\text{d}\theta \end{aligned} \quad (8\text{-}128)$$

3) 阵元互耦误差

阵元之间的互耦效应在实际工作中常常是不可避免的,特别是系统工作频率处于高频时,为了获取较大的视场,阵元之间的间距较小,阵元之间的互耦效应更加明显。阵元之间的互耦效应可以用互耦矩阵表示 $\boldsymbol{C}$。在通常情况下,互耦矩阵具有以下特性。

① 阵元间的互耦效应随阵元间距的增大其幅度急剧下降,最终趋近于 0,即

$$C_{ij}=0,\quad d_{ij}>p \quad (8\text{-}129)$$

② 根据互易原理,互耦矩阵通常情况下为一对称矩阵,即

$$C_{ij}=C_{ji} \quad (8\text{-}130)$$

③ 间距相同的阵元对应的互耦系数相同(具有 Toeplitz 特性)。

考虑互耦效应,天线 a_i 接收的信号可以表示为

$$b_i^{\text{raw}}(t) = \sum_k C_{ik} b_k(t) \tag{8-131}$$

则有

$$b^{\text{raw}}(t) = \mathbf{C} b(t) \tag{8-132}$$

其中,$b^{\text{raw}}(t) = [b_1^{\text{raw}} \quad b_2^{\text{raw}} \quad \cdots \quad b_M^{\text{raw}}]^{\text{T}}$;$b(t) = [b^1 \quad b^2 \quad \cdots \quad b_M]^{\text{T}}$。

天线相关输出矩阵为

$$\boldsymbol{R}^{\text{raw}} = \boldsymbol{C}\boldsymbol{R}\boldsymbol{C}^{\text{H}} \tag{8-133}$$

2. 误差影响仿真

主要仿真天线位置误差对反演亮温准确度的影响。首先仿真由反射面位置误差引起的阵元绝对坐标误差,然后仿真阵元位置扰动误差。

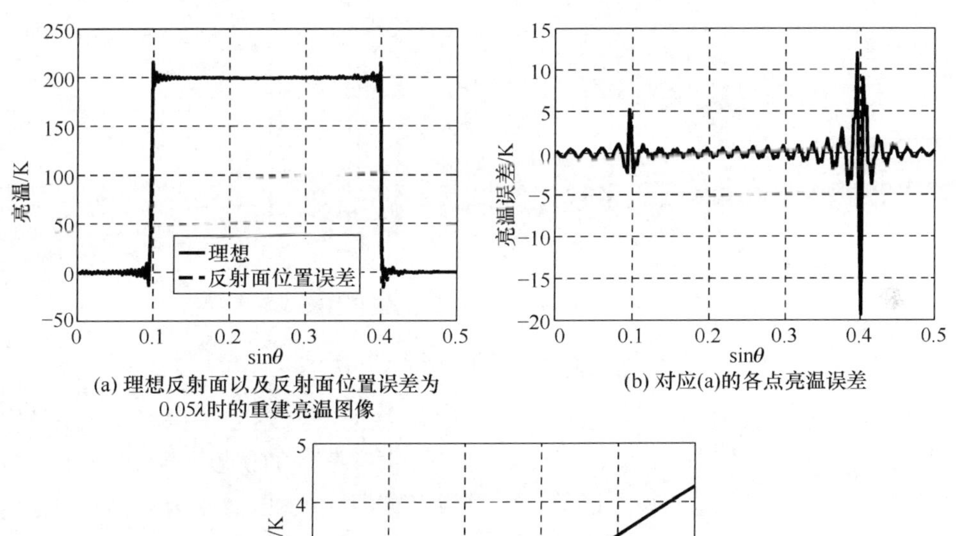

(a) 理想反射面以及反射面位置误差为0.05λ时的重建亮温图像

(b) 对应(a)的各点亮温误差

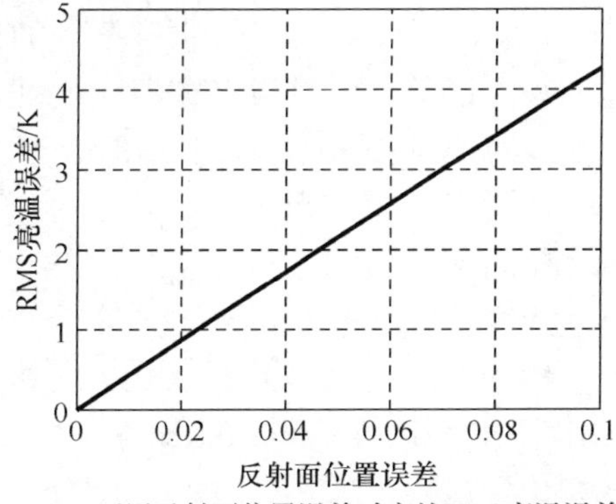

(c) 不同反射面位置误差对应的RMS亮温误差

图 8-28　反射面位置误差仿真

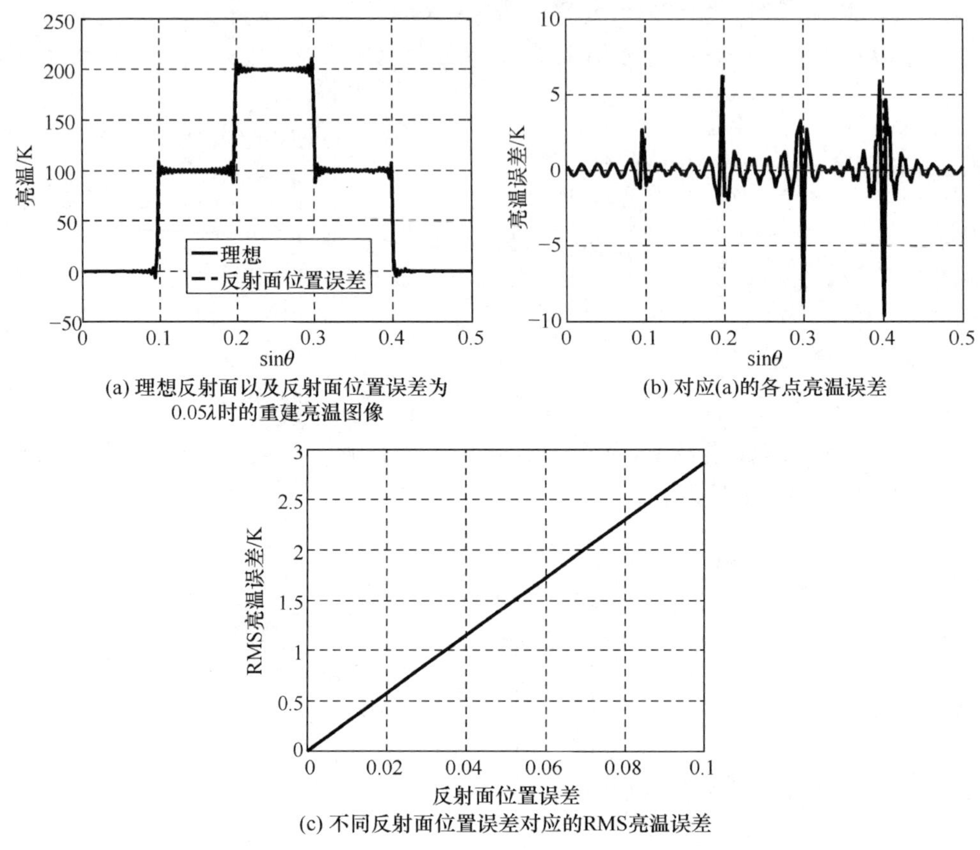

(a) 理想反射面以及反射面位置误差为0.05λ时的重建亮温图像

(b) 对应(a)的各点亮温误差

(c) 不同反射面位置误差对应的RMS亮温误差

图 8-29 反射面位置误差仿真

反射面位置误差引起阵元绝对坐标误差,从而引起第二个采样频率误差。图 8-28 和图8-29 分别对应于阶梯场景和“凸”字形场景的仿真结果。由此可知,由反射面位置误差引起的亮温误差主要发生在亮温突变处,且上升沿产生正值误差,下降沿产生负值误差。对于阶梯场景,每 1%的反射面位置误差将导致约 0.4K 的亮温均方根误差,而对于“凸”字形场景,每 1%的反射面位置误差将导致约 0.3K 的亮温均方根误差。

天线位置扰动误差造成两个采样频率误差。图 8-30 对应于天线位置扰动误差仿真结果。各天线位置扰动误差由标准差为 0.01λ 高斯分布函数随机生成,对于阶梯场景,该位置扰动误差造成的亮温均方误差为 4.8K;对于“凸”字形场景,该位置扰动误差造成的亮温均方误差为 3.4K。还可以发现,在图像零点附近,以及亮温突变处均有较大误差。

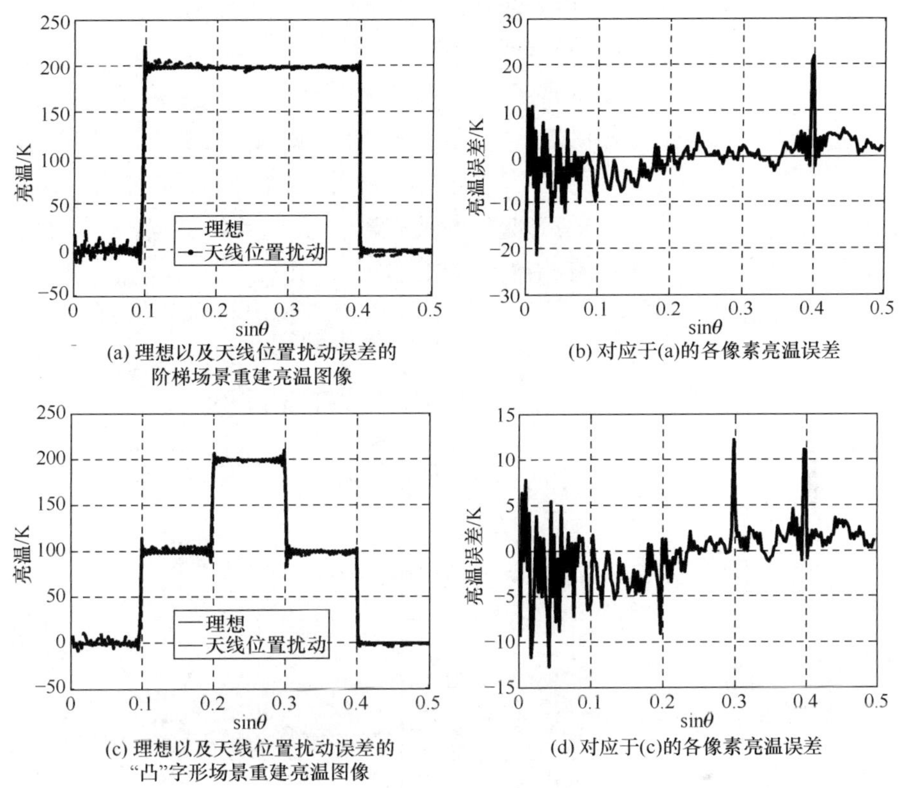

图 8-30　天线位置扰动误差仿真

8.4.5　通道误差以及误差对反演亮温准确度的影响

通道误差的主要表现形式为幅度和相位误差，主要是由于各通道之间的参数差异造成的，如增益误差、各接收机噪声温度差异、滤波器相位误差等。

通道的频率传递函数可以唯一刻画通道特性。对于窄带系统，其频率传递函数可视为矩形函数，各通道频率传递函数之间的差异性可以用常量差异刻画，在各频率处具有同样的差异。

1. 误差建模

1）通道幅度误差

接收通道的幅度误差分两种情况：当为模拟相关或者多比特相关时，其幅度误差来源为各接收机通道的增益不一致性；当为 1 比特相关时，其误差来源主要为接收机的本底噪声的不一致性[9]。

考虑两个通道,由于存在通道噪声,其实际输出可以表述为

$$\begin{aligned} b_i^{\text{raw}}(t) &= b_i(t) + n_i(t) \\ b_j^{\text{raw}}(t) &= b_j(t) + n_j(t) \end{aligned} \tag{8-134}$$

其中,$n_i(t)$和 $n_j(t)$为通道 i 和通道 j 的噪声,它们是 0 均值的高斯窄带噪声,功率为

$$N_i(t) = k_B T_i^{\text{rec}} B \tag{8-135}$$

式中,k_B 为玻尔兹曼常数;T_i^{rec} 为通道 i 的噪声温度;B 为系统带宽。

各接收机噪声之间、噪声与测量信号之间均为不相关。

若采用 1 比特相关测量,含通道误差的双通道相关输出与理想值之间的关系为

$$\begin{aligned} R_{ij}^{\text{raw}} &= \frac{E[b_i^{\text{raw}}(t) b_j^{\text{raw}}(t)]}{\sqrt{E[b_i^{\text{raw}}(t) b_i^{\text{raw}}(t)] E[b_j^{\text{raw}}(t) b_j^{\text{raw}}(t)]}} \\ &= \frac{E[b_i(t) b_j(t)]}{\sqrt{(E[b_i(t) b_i(t)] + E[n_i^2(t)])(E[b_j(t) b_j(t)] + E[n_j^2(t)])}} \\ &= \frac{E[b_i(t) b_j(t)]}{\sqrt{(k_B T_i^{\text{ant}} B + k_B T_i^{\text{rec}} B)(k_B T_j^{\text{ant}} B + k_B T_j^{\text{rec}} B)}} \\ &= \frac{E[b_i(t) b_j(t)]}{k_B T_A B \sqrt{\left(1 + \frac{T_i^{\text{rec}}}{T_i^{\text{ant}}}\right)\left(1 + \frac{T_j^{\text{rec}}}{T_j^{\text{ant}}}\right)}} \\ &= \frac{1}{\sqrt{\left(1 + \frac{T_i^{\text{rec}}}{T_i^{\text{ant}}}\right)}} \frac{1}{\sqrt{\left(1 + \frac{T_j^{\text{rec}}}{T_j^{\text{ant}}}\right)}} R_{ij} \\ &= g_i g_j R_{ij} \end{aligned} \tag{8-136}$$

其中,$T_A = \sqrt{T_i^{\text{ant}} T_j^{\text{ant}}}$。

对于多比特相关,考虑两通道的电压增益分别为 G_1 和 G_2,标准电压增益为 G_0,则含通道误差的双通道相关输出与理想值之间的关系为

$$R_{ij}^{\text{raw}} = E[b_i^{\text{raw}}(t) b_j^{\text{raw}}(t)] = E[G_i b_i(t) G_j b_j(t)] = \frac{G_i G_j}{G_0 G_0} R_{ij} = g_i g_j R_{ij} \tag{8-137}$$

2) 通道相位误差

在理想情况下,天线输出的信号为

$$\begin{aligned} b^d(t) &= \int_0^{\frac{\pi}{2}} \beta(\theta; t) \cos[2\pi f_c t - k r^d(\theta)] \mathrm{d}\theta \\ b^r(t) &= -\int_0^{\frac{\pi}{2}} \beta(\theta; t) \cos[2\pi f_c t - k r^r(\theta)] \mathrm{d}\theta \\ b(t) &= b^d(t) + b^r(t) \end{aligned} \tag{8-138}$$

假设通道的相位 φ,则含有相位误差的信号为

$$b^{\mathrm{raw}}(t)=\int_0^{\frac{\pi}{2}}\beta(\theta;t)\cos[2\pi f_c t-kr^d(\theta)-\varphi]\mathrm{d}\theta-\int_0^{\frac{\pi}{2}}\beta(\theta;t)\cos[2\pi f_c t-kr^r(\theta)-\varphi]\mathrm{d}\theta \tag{8-139}$$

则含通道相位误差的双通道相关输出与理想值之间的关系为

$$R_{ij}^{\mathrm{raw}}=E[b_i^{\mathrm{raw}}(t)b_j^{\mathrm{raw}}(t)]=\cos(\varphi_j-\varphi_i)R_{ij} \tag{8-140}$$

通道幅相误差的影响可以表示为

$$R_{ij}^{\mathrm{raw}}=g_i g_j\cos(\varphi_j-\varphi_i)R_{ij} \tag{8-141}$$

由于镜像综合孔径系统中不存在 I/Q 解调，因此不存在正交相位误差。

2. 误差影响仿真

考虑高斯分布标准为 10％的通道幅度误差，随机生成一组幅度误差值，其仿真结果如图 8-31 所示。可以发现，10％的通道幅度误差将会对重建亮温的准确度造成严重影响。考虑高斯分布的通道相位误差，标准为 1°，随机生成的一组相位误差值，其仿真结果如图 8-32 所示。仿真结果表明，该相位误差对阶梯场景造成约 10K 的亮温均方误差，对“凸”字形场景造成约 8.5K 的亮温均方误差。

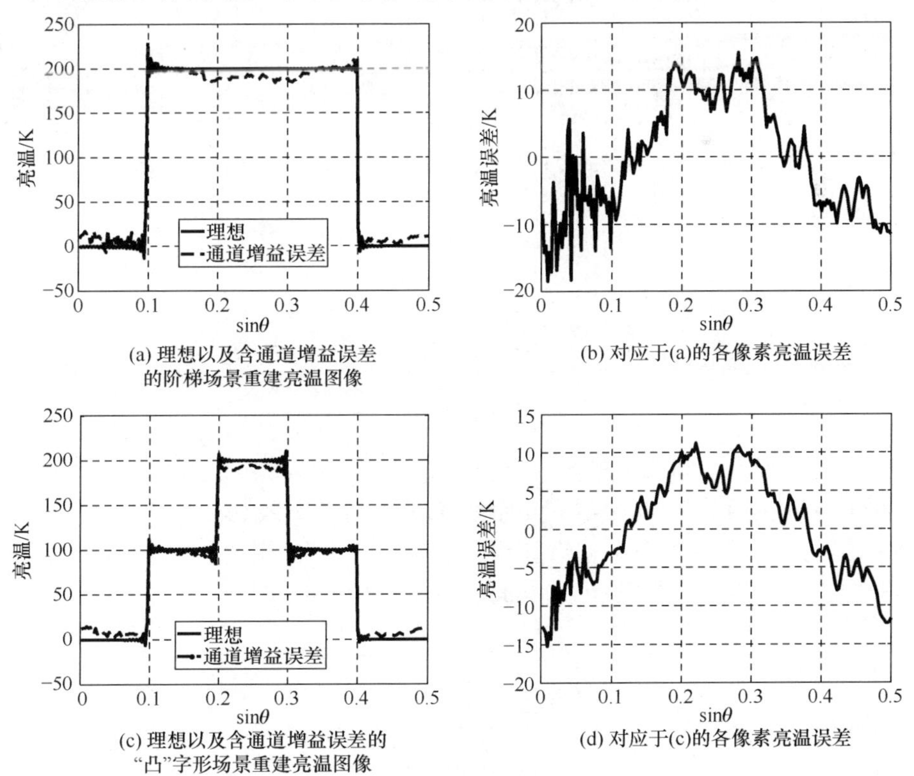

(a) 理想以及含通道增益误差的阶梯场景重建亮温图像

(b) 对应于(a)的各像素亮温误差

(c) 理想以及含通道增益误差的“凸”字形场景重建亮温图像

(d) 对应于(c)的各像素亮温误差

图 8-31　通道增益误差仿真结果

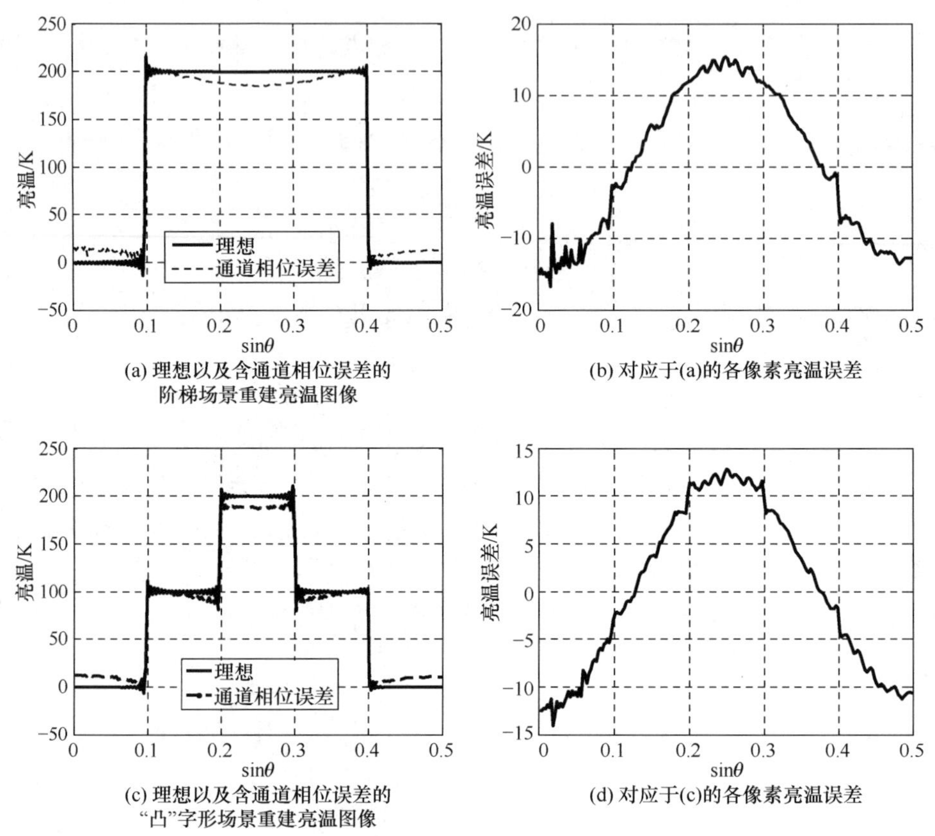

(a) 理想以及含通道相位误差的阶梯场景重建亮温图像

(b) 对应于(a)的各像素亮温误差

(c) 理想以及含通道相位误差的"凸"字形场景重建亮温图像

(d) 对应于(c)的各像素亮温误差

图 8-32 通道相位误差仿真结果

8.5 镜像综合孔径图像重建方法

8.5.1 引言

前面介绍了一维和二维镜像综合孔径的基本成像原理，该过程可以分为三步。首先测量双天线相关输出，然后列出余弦可见度与双天线相关输出之间的线性方程组并求解余弦可见度，最后对余弦可见度进行反余弦变换重建场景的亮温图像。一维和二维余弦可见度与场景之间的亮温关系分别为

$$\mathrm{CV}(u)=2\int_0^{\frac{\pi}{2}}\frac{T_\Omega(\xi)}{\sqrt{1-\xi^2}}\cos(2\pi u\xi)\mathrm{d}\xi \tag{8-142}$$

$$\mathrm{CV}(u,v)=4\int_0^1\int_0^1\frac{T_\Omega(\xi,\eta)}{\sqrt{1-\xi^2-\eta^2}}\cos(2\pi u\xi)\cos(2\pi v\eta)\mathrm{d}\xi\mathrm{d}\eta \tag{8-143}$$

其中，$T_\Omega(\xi,\eta)$称为天线单位立体角内接收亮温，即

$$T_{\Omega}(\xi,\eta)=\frac{T_B(\xi,\eta)F_n(\xi,\eta)}{\Omega_e} \tag{8-144}$$

根据式(8-142)及式(8-143)重建的图像是包含单元天线方向图及倾斜因子的亮温分布，而不是场景的原始亮温分布。为便于分析和比较，前面的仿真都忽略了天线方向图的影响，即假设天线方向图在视场内为 1，视场外为 0。在实际测量中，要想获得原始亮温分布，必须采用额外的手段来去除天线方向图的影响。

前面分析了基于反余弦变换重建图像的情况下各项系统误差对反演亮温准确度的影响，结果表明误差影响较大，因此与传统综合孔径中的傅氏变换一样，镜像综合孔径中应用反余弦变换重建图像质量依赖于良好的校正数据。当测量的双天线相关输出包含各种误差时，反余弦变换重建图像的图像质量下降。为了抑制系统误差的影响，本章将引入基于系统冲激响应矩阵——$\boldsymbol{G}$ 矩阵的反演方法以获得更高的图像质量。

8.5.2　镜像综合孔径中的冲激响应矩阵——G 矩阵

一维镜像综合孔径和二维镜像综合孔径的双天线相关输出分别为

$$R_{ij}=2\int_0^{\frac{\pi}{2}}T_{\Omega}(\theta)\cos[2\pi(h_i-h_j)\sin\theta]\mathrm{d}\theta-2\int_0^{\frac{\pi}{2}}T_{\Omega}(\theta)\cos[2\pi(h_i+h_j)]\sin\theta\mathrm{d}\theta \tag{8-145}$$

$$\begin{aligned}R_{ij}=&\,4\int_0^{\frac{\pi}{2}}\int_0^{\frac{\pi}{2}}T_{\Omega}(\theta,\varphi)\cos[2\pi(x_j-x_i)\sin\theta\cos\varphi]\cos[2\pi(y_j-y_i)\sin\theta\sin\varphi]\sin\theta\mathrm{d}\theta\mathrm{d}\varphi\\&-4\int_0^{\frac{\pi}{2}}\int_0^{\frac{\pi}{2}}T_{\Omega}(\theta,\varphi)\cos[2\pi(x_j-x_i)\sin\theta\cos\varphi]\cos[2\pi(y_j+y_i)\sin\theta\sin\varphi]\sin\theta\mathrm{d}\theta\mathrm{d}\varphi\\&-4\int_0^{\frac{\pi}{2}}\int_0^{\frac{\pi}{2}}T_{\Omega}(\theta,\varphi)\cos[2\pi(x_j+x_i)\sin\theta\cos\varphi]\cos[2\pi(y_j-y_i)\sin\theta\sin\varphi]\sin\theta\mathrm{d}\theta\mathrm{d}\varphi\\&+4\int_0^{\frac{\pi}{2}}\int_0^{\frac{\pi}{2}}T_{\Omega}(\theta,\varphi)\cos[2\pi(x_j+x_i)\sin\theta\cos\varphi]\cos[2\pi(y_j+y_i)\sin\theta\sin\varphi]\sin\theta\mathrm{d}\theta\mathrm{d}\varphi\end{aligned} \tag{8-146}$$

为了便于描述，假设所有的坐标均为波长归一化后的坐标，利用三角和差化积，式(8-145)可以重写为

$$\begin{aligned}R_{ij}&=4\int_0^{\frac{\pi}{2}}T_{\Omega}(\theta)\sin(2\pi h_i\sin\theta)\sin(2\pi h_j\sin\theta)\mathrm{d}\theta\\&=\frac{4}{\Omega_e}\int_0^1\frac{T_B(\xi)F_n(\xi)}{\sqrt{1-\xi^2}}\sin(2\pi h_i\xi)\sin(2\pi h_j\xi)\mathrm{d}\xi\\&=\int_0^1T_B(\xi)g_{ij}(\xi)\mathrm{d}\xi\end{aligned} \tag{8-147}$$

其中

$$g_{ij}(\xi)=\frac{4}{\Omega_e}\frac{F_n(\xi)}{\sqrt{1-\xi^2}}\sin(2\pi h_i\xi)\sin(2\pi h_j\xi) \tag{8-148}$$

同理,式(8-145)可以重写为

$$\begin{aligned}R_{ij} &= 16\int_0^{\frac{\pi}{2}}\int_0^{\frac{\pi}{2}}T_\Omega(\theta,\varphi)\sin(2\pi x_i\sin\theta\cos\varphi)\sin(2\pi x_j\sin\theta\cos\varphi)\\&\quad\cdot\sin(2\pi y_i\sin\theta\sin\varphi)\sin(2\pi y_j\sin\theta\sin\varphi)\sin\theta\mathrm{d}\theta\mathrm{d}\varphi\\&=\frac{16}{\Omega_e}\int_0^1\int_0^1\frac{T_B(\xi,\eta)F_n(\xi,\eta)}{\sqrt{1-\xi^2-\eta^2}}\sin(2\pi x_i\xi)\sin(2\pi x_j\xi)\sin(2\pi y_i\eta)\sin(2\pi y_j\eta)\mathrm{d}\xi\mathrm{d}\eta\\&=\int_0^1\int_0^1 T_B(\xi,\eta)g_{ij}(\xi,\eta)\mathrm{d}\xi\mathrm{d}\eta\end{aligned} \tag{8-149}$$

其中

$$g_{ij}(\xi,\eta)=\frac{16}{\Omega_e}\frac{F_n(\xi,\eta)}{\sqrt{1-\xi^2-\eta^2}}\sin(2\pi x_i\xi)\sin(2\pi x_j\xi)\sin(2\pi y_i\eta)\sin(2\pi y_j\eta) \tag{8-150}$$

可以发现,式(8-147)和式(8-149)是 Fredholm 第一类线性积分方程。与传统综合孔径系统中一样,为了获取目标空间亮温的数值解,需将式(8-147)和式(8-149)中的连续函数问题转化为有限维的离散问题来处理,其离散形式为

$$R_{ij}=\boldsymbol{G}_{ij}\boldsymbol{T} \tag{8-151}$$

对于一维镜像综合孔径有

$$\boldsymbol{G}_{ij}=[g_{ij}(\xi_1)\quad g_{ij}(\xi_2)\quad\cdots\quad g_{ij}(\xi_N)],\quad \boldsymbol{T}=\begin{bmatrix}t_1\\t_2\\\vdots\\t_N\end{bmatrix},\quad t_n=\int_0^1 s(\xi-\xi_n)T_B(\xi)\mathrm{d}\xi \tag{8-152}$$

其中,$s(\xi-\xi_n)$是亮温分布函数 $T_B(\xi)$的内插脉冲。

将所有双天相关输出组合,则有

$$\underset{(K\times 1)}{\boldsymbol{R}}=\underset{(K\times N)}{\boldsymbol{G}}\underset{(N\times 1)}{\boldsymbol{T}} \tag{8-153}$$

其中

$$\boldsymbol{R}=\begin{bmatrix}R_{ii}\\R_{12}\\\vdots\\R_{(M-1)M}\end{bmatrix},\quad \boldsymbol{G}=\begin{bmatrix}g_{ii}(\xi_1)&g_{ii}(\xi_2)&\cdots&g_{ii}(\xi_N)\\g_{12}(\xi_1)&g_{12}(\xi_2)&\cdots&g_{12}(\xi_N)\\\vdots&\vdots&&\vdots\\g_{(M-1)M}(\xi_1)&g_{(M-1)M}(\xi_2)&\cdots&g_{(M-1)M}(\xi_N)\end{bmatrix},\quad \boldsymbol{T}=\begin{bmatrix}t_1\\t_2\\\vdots\\t_N\end{bmatrix} \tag{8-154}$$

式(8-154)中的相关输出向量中的第一个元素 R_{ii} 为某个通道的自相关，根据式(8-18)可知，该自相关含有零基线分量。相关输出向量 $\boldsymbol{R}$ 的其他元素均为通道之间的互相关。此外多次联立测量情况下，对每一个阵列与天线之间的距离，均可以获得式(8-154)中的向量 $\boldsymbol{R}$ 和矩阵 $\boldsymbol{G}$，然后将多次测量得到的向量 $\boldsymbol{R}$ 和矩阵 $\boldsymbol{G}$ 组合成更大的向量 $\boldsymbol{R}$ 和矩阵 $\boldsymbol{G}$，然后再利用该 $\boldsymbol{G}$ 进行反演成像。为了保证数据处理的准确，一般要求矩阵 $\boldsymbol{G}$ 的列数大于行数，即 $N>K$。对于二维情形，也可以根据上述步骤定义矩阵 $\boldsymbol{G}$，需要注意的是，二维空间的亮温分布 $\boldsymbol{T}$ 要写成向量的形式。

8.5.3　基于广义逆的 G 矩阵图像重建

式(8-153)描述了相关输出 $\boldsymbol{R}$、冲激响应矩阵 $\boldsymbol{G}$，以及空间亮温分布 $\boldsymbol{T}$ 之间的关系，由于矩阵 $\boldsymbol{G}$ 的列数大于行数，方程数目小于求解的变量数目，即方程组是欠定的，此外，受噪声和误差影响，方程组将是不一致的，即不存在严格满足方程的解。换言之，非一致方程只能够有近似解，因此很自然地希望寻找一个使得方程两边的误差平方和为最小的解。这样一种解称为非一致方程的最小二乘解。具体的说，若用 $\hat{\boldsymbol{T}}$ 代表最小二乘解，则它应该满足下式，即

$$\| \boldsymbol{G}\hat{\boldsymbol{T}}-\boldsymbol{R} \| = \inf_{T} \| \boldsymbol{G}\boldsymbol{T}-\boldsymbol{R} \| \tag{8-155}$$

其中，inf 表示函数的下确界。

非一致方程的最小二乘解有可能不是唯一的，假设 $\boldsymbol{G}^{b}$ 是某个矩阵，$\hat{\boldsymbol{T}}=\boldsymbol{G}^{b}\boldsymbol{R}$ 是非一致方程 $\boldsymbol{R}=\boldsymbol{G}\boldsymbol{T}$ 的最小二乘解，则其最小二乘解的通解形式为

$$\hat{\boldsymbol{T}}=\boldsymbol{G}^{b}\boldsymbol{R}+(\boldsymbol{I}-\boldsymbol{G}^{b}\boldsymbol{G})z, \quad z \text{ 为任意值} \tag{8-156}$$

这种情况下，需要进一步增加约束条件，获得某种意义下的唯一解。其中一种约束条件是解的范数最小，这样一种解称为非一致方程 $\boldsymbol{R}=\boldsymbol{G}\boldsymbol{T}$ 的最小范数最小二乘解(minimum norm least squares solution)，也称半范数(seninorm)最小二乘解。矩阵理论表明，$\boldsymbol{R}=\boldsymbol{G}\boldsymbol{T}$ 的最小范数最小二乘解由矩阵 $\boldsymbol{G}$ 的 Moore-Penrose 广义逆矩阵 $\boldsymbol{G}^{+}$ 给出，即

$$\hat{\boldsymbol{T}}=\boldsymbol{G}^{+}\boldsymbol{R} \tag{8-157}$$

下面针对仿真所用的一维镜像综合孔径阵列，分析基于 Moore-Penrose 广义逆的图像重建的效果。对于 12 单元阵列及 8 个位置的联合测量，其最长基线为 202λ，$\boldsymbol{G}$ 矩阵的列数取为最长基线的 3 倍，即 606，$\boldsymbol{G}$ 矩阵的行数为 8＊66＋1＝529。

首先考虑 $\boldsymbol{G}$ 矩阵和相关输出均为理想的情况，即无系统噪声和系统误差。图 8-33 对应于亮温为均匀阶梯分布的展源成像结果。可以发现，利用反余弦变换对求解的余弦可见度得到的图像在零点处有一个较大的冲激，而利用 $\boldsymbol{G}$ 矩阵广义逆重建的图像则没有该冲激，因此在无系统噪声和系统误差的理想情况下，$\boldsymbol{G}$ 矩阵广义逆重建的图像质量要高于利用反余弦变换重建图像的质量。

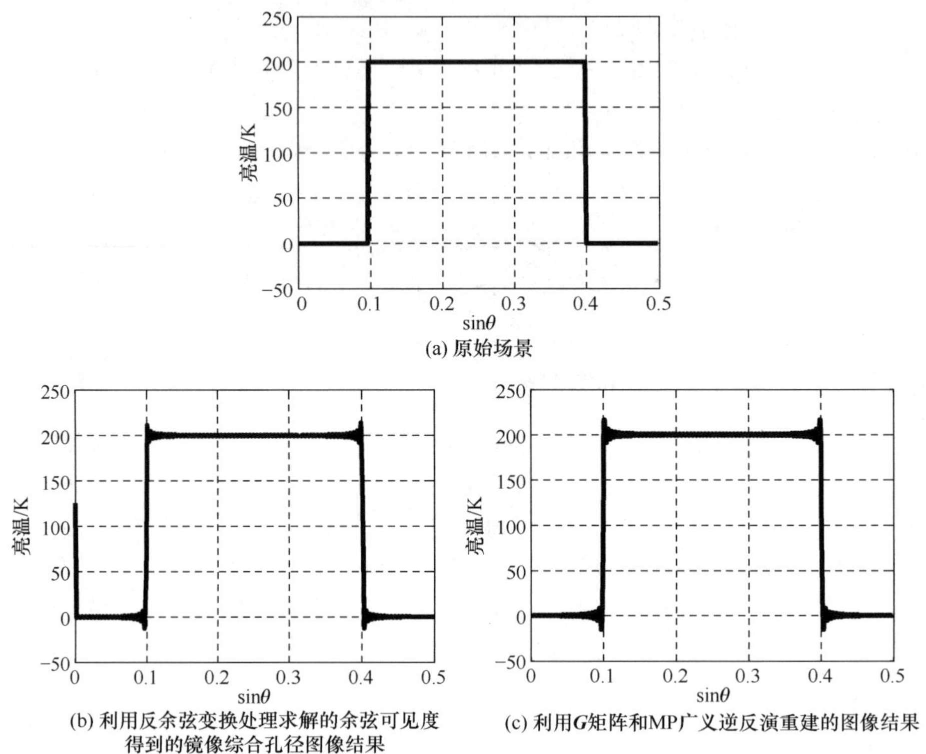

(a) 原始场景

(b) 利用反余弦变换处理求解的余弦可见度得到的镜像综合孔径图像结果

(c) 利用G矩阵和MP广义逆反演重建的图像结果

图 8-33　亮温为均匀阶梯分布的展源仿真结果

考虑存在系统误差而不存在系统噪声的情况。图 8-34 对应于含有通道幅相误差的仿真结果,图 8-35 对应于含有天线位置误差的仿真结果。结果表明,利用 ***G*** 矩阵广义逆重建图像能够有效消除系统误差对图像质量的影响,而反余弦变换不能消除系统误差的影响。

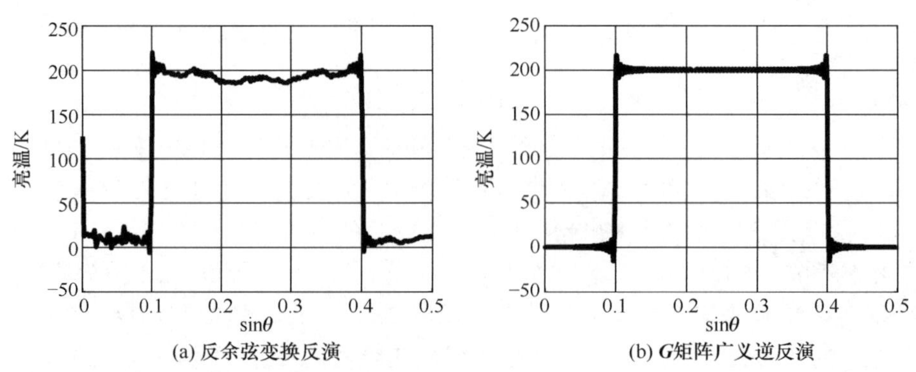

(a) 反余弦变换反演

(b) ***G***矩阵广义逆反演

图 8-34　通道幅相误差情况下,亮温为均匀阶梯分布的展源仿真

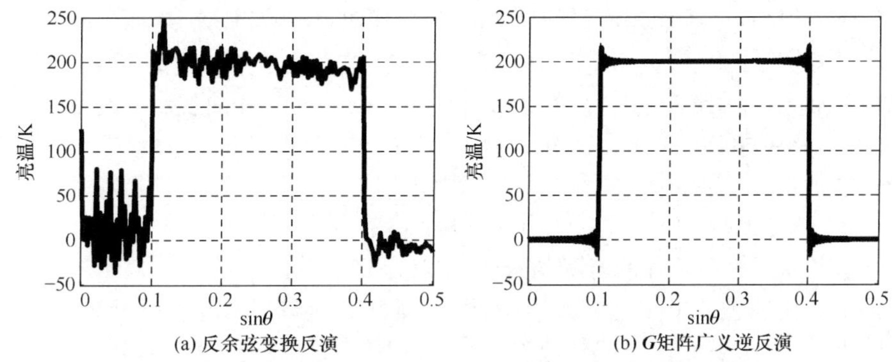

(a) 反余弦变换反演　(b) G矩阵广义逆反演

图 8-35　天线位置误差情况下，亮温为均匀阶梯分布的展源仿真

考虑仅有系统噪声。假设系统带宽为 10MHz，积分时间为 32ms，某次噪声样本仿真的结果如图 8-36 所示。结果表明，无系统误差时，利用 **G** 矩阵广义逆反演和反余弦变换反演图像的质量比较接近。

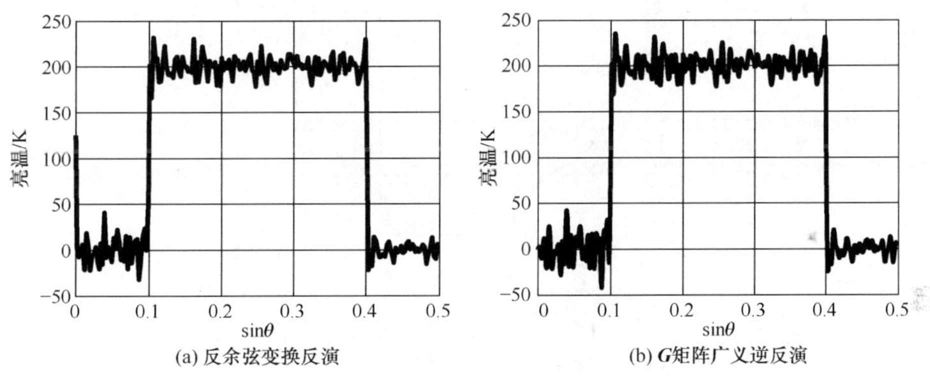

(a) 反余弦变换反演　(b) G矩阵广义逆反演

图 8-36　系统噪声情况下，亮温为均匀阶梯分布的展源仿真

考虑实际系统，即既有系统误差又有系统噪声的情况，其仿真结果如图 8-37

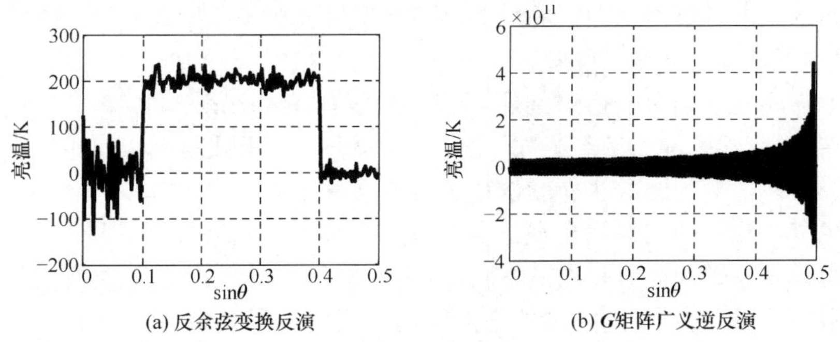

(a) 反余弦变换反演　(b) G矩阵广义逆反演

图 8-37　系统噪声和天线误差情况下，亮温为均匀阶梯分布的展源仿真

所示。结果表明,系统误差和系统噪声同时存在时,**G** 矩阵广义逆重建的图像已经远远偏离了实际的亮温分布,不具备物理意义。这是由于受误差的影响,**G** 矩阵的条件数非常大,算法的数值稳定性急剧下降,可以根据矩阵的扰动理论进行分析。用 $\boldsymbol{\delta R}$ 表示相关矩阵的噪声,由 $\boldsymbol{\delta R}$ 产生的解向量 $\boldsymbol{T}$ 的误差记为 $\boldsymbol{\delta T}$,有

$$\frac{\|\boldsymbol{\delta T}\|}{\|\boldsymbol{T}\|}\leqslant \mathrm{cond}(\boldsymbol{G})\frac{\|\boldsymbol{\delta R}\|}{\|\boldsymbol{R}\|},\quad \mathrm{cond}(\boldsymbol{G})=\frac{\sigma_{\max}}{\sigma_{\min}} \tag{8-158}$$

其中,$\sigma_{\max}$ 和 $\sigma_{\min}$ 为 **G** 矩阵的奇异值;cond(**G**)为 **G** 矩阵的条件数。

条件数刻画了求解线性方程组时,误差经过 **G** 矩阵的传播扩大为解向量时的误差的程度,是衡量线性方程数值稳定性的一个重要指标。由于 **G** 矩阵是奇异矩阵,因此其最小奇异值为 0,即 **G** 矩阵的条件数为无穷大。图 8-38 为 **G** 矩阵的奇异值,最小奇异值为 0。

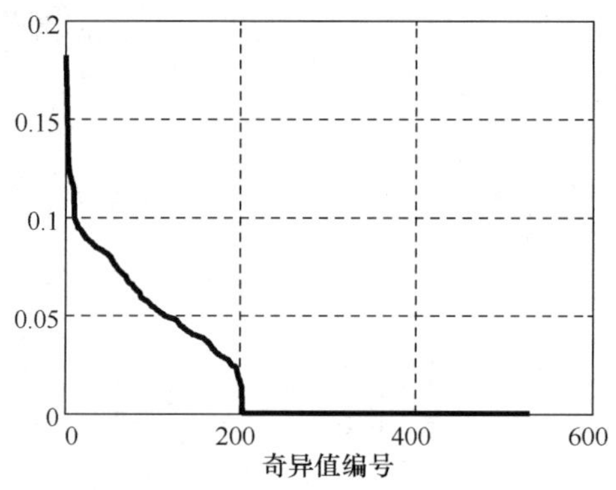

图 8-38 **G** 矩阵的奇异值

8.5.4 应用正则化的 G 矩阵图像重建

镜像综合孔径图像反演是根据测量的相关输出反求场景亮温分布的过程,是一个反问题。求解反问题面临的主要困难是其不适定性,若不采用特殊的方法求解,将得不到具有物理意义的解。

不适定问题是相对于适定问题而言的。根据 Hadamard 在 1923 年提出的定义,一个数学反问题同时满足下面 3 个条件,则该反问题是适定的,即问题的解存在;问题的解唯一;问题的解连续依赖于定解条件。

镜像综合孔径的相关输出属于第一类 Fredholm 积分方程,具有全连续算子的第一类积分方程即使有解也是不稳定的。此外,实际获取的测量数据不可避免地含有系统误差和噪声,这将导致近似解对于真解的严重偏离。由于 **G** 矩阵的欠定性,基于广义逆的 **G** 矩阵反演就是非常不适定的,8.5.3 节的仿真结果也证实了这一点。

为了获取不适定问题的稳定近似解，需要用到正则化方法。正则化方法[10]的基本思想就是利用具体问题某些附加信息对不适定问题解的概念重新定义，进而引进镇定泛函来给出一个逼近原问题解的稳定的方法，即找出一个合适的逆算子 $\boldsymbol{G}_r$，使得稳定近似解可以表示为

$$\boldsymbol{T}_r=\boldsymbol{G}_r\boldsymbol{R} \tag{8-159}$$

下面引入两种正则化方法来获取镜像综合孔径亮温的稳定近似解：截断奇异值分解及 Tikhonov 正则化。

1. 截断奇异值分解

镜像综合孔径的 $\boldsymbol{G}$ 矩阵是欠定和秩亏缺的，其最小奇异值为 0，导致 $\boldsymbol{G}$ 矩阵具有严重的病态性。截断奇异值分解就是通过对病态 $\boldsymbol{G}$ 矩阵进行奇异值分解，剔出掉较小的奇异值，保留较大的奇异值，重构一个秩亏缺的良态矩阵来代替病态 $\boldsymbol{G}$ 矩阵。

假设 $\boldsymbol{G}$ 矩阵的奇异值分解形式为

$$\boldsymbol{G}=\sum_{i=1}^{K}\boldsymbol{u}_i\sigma_i\boldsymbol{v}_i^{\mathrm{T}} \tag{8-160}$$

其中，K 为 $\boldsymbol{G}$ 矩阵的行数；σ_i 为其奇异值；$\boldsymbol{u}_i$ 和 $\boldsymbol{v}_i$ 分别为奇异值 σ_i 的左奇异向量和右奇异向量。

剔除较小的奇异值，重构一个良态矩阵 $\boldsymbol{G}_r$ 来代替 $\boldsymbol{G}$ 矩阵，即

$$\boldsymbol{G}_r=\sum_{i=1}^{k}\boldsymbol{u}_i\sigma_i\boldsymbol{v}_i^{\mathrm{T}} \tag{8-161}$$

当采用 $\boldsymbol{G}_r$ 代替 $\boldsymbol{G}$ 之后，截断奇异值分解正则化相当于求解问题，即

$$\begin{cases}\min\limits_{T}\|\boldsymbol{T}\|\\ \min\limits_{T}\|\boldsymbol{R}-\boldsymbol{G}_r\boldsymbol{T}\|\end{cases} \tag{8-162}$$

这也是求一个最小二乘问题的最小范数解，其解具有如下形式，即

$$\boldsymbol{T}_r=\sum_{i=1}^{k}\frac{1}{\sigma_i}\boldsymbol{v}_i\boldsymbol{u}_i^{\mathrm{T}}\boldsymbol{R} \tag{8-163}$$

回顾 8.5.3 节，从图 8-38 可以看出 $\boldsymbol{G}$ 矩阵的奇异值逐渐趋近于 0，且在编号约 202 处陡降为 0，因此可以剔除编号大于 202 的奇异值，利用剩下的奇异值重构良态矩阵。其仿真结果如图 8-39 所示，逼近于无系统误差有噪声时的结果。

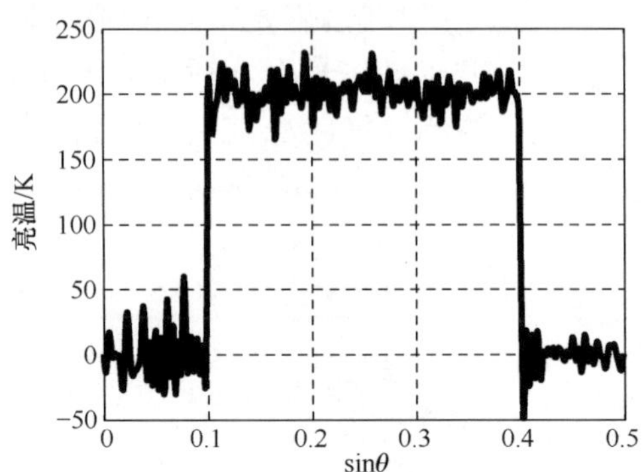

图 8-39 截断奇异值分解正则化反演

2. Tikhonov 正则化

在所有的正则化方法中,Tikhonov 正则化是应用最普通的方法。与截断奇异值分解正则化不同,Tikhonov 正则化通过引入一个满秩的良态矩阵来回避 $\boldsymbol{G}$ 矩阵的病态问题。将其应用到镜像综合孔径反演成像中,即为求一个亮温分布 $\boldsymbol{T}_r$,使其具有最小化 Tikhonov 泛函,即

$$\min_{T} \| \boldsymbol{R}-\boldsymbol{G}\boldsymbol{T} \| +\lambda \| \boldsymbol{T} \| \tag{8-164}$$

其中,λ 称为正则化参数。式(8-164)相当于求解欧拉方程,即

$$(\boldsymbol{G}^{*}\boldsymbol{G}+\lambda^{2}\boldsymbol{I})\boldsymbol{T}=\boldsymbol{G}^{*}\boldsymbol{R} \tag{8-165}$$

其中,$\boldsymbol{G}^{*}$ 为 $\boldsymbol{G}$ 的伴随矩阵,等效于下式,即

$$\min_{T,\lambda} \| \boldsymbol{R}-\begin{pmatrix}\boldsymbol{G}\\ \lambda^{2}\boldsymbol{I}\end{pmatrix}\boldsymbol{T} \| \tag{8-166}$$

由于方阵$(\boldsymbol{G}^{*}\boldsymbol{G}+\lambda^{2}\boldsymbol{I})$是非奇异的,因此解 $\boldsymbol{T}_r$ 可以表示为

$$\boldsymbol{T}_r=(\boldsymbol{G}^{*}\boldsymbol{G}+\lambda^{2}\boldsymbol{I})^{-1}\boldsymbol{G}^{*}\boldsymbol{R} \tag{8-167}$$

在 Tikhonov 正则化中,采用何种策略来选择最优的正则化参数 λ 是其核心问题。其中 Hansen 针对不适定问题提出的 L 曲线法提供了一种参考,其正则化参数定位于 L 曲线上曲率最大的点。所谓 L 曲线是指以正则化解范数 $\eta(\lambda)=\| \boldsymbol{T}_r \|$ 为纵坐标,以剩余范数 $\rho(\lambda)=\| \boldsymbol{R}-\boldsymbol{G}\boldsymbol{T} \|$ 为横坐标,在直角坐标系中所构成的曲线图。由于这一曲线在 log-log 尺度时非常像字母 L,所以称为 L 曲线法。解范数和剩余范数可以表达为

$$\eta(\lambda)=\| \boldsymbol{T}_r \| = \| \sum_{i}^{m} \frac{\boldsymbol{u}_i^{\mathrm{T}}\boldsymbol{R}\sigma_i}{\sigma_i^2+\lambda^2}\boldsymbol{v}_i \| \tag{8-168}$$

$$\rho(\lambda)=\| \boldsymbol{R}-\boldsymbol{G}\boldsymbol{T} \| =\lambda^2 \| \left(\frac{\boldsymbol{u}_i^{\mathrm{T}}\boldsymbol{R}}{\sigma_i^2+\lambda^2}\right) \| \tag{8-169}$$

当正则化参数 λ 较大时，相当于给予解的范数较大的权，此时求得的解的范数 $\eta(\lambda)$ 变小，相应的剩余范数 $\rho(\lambda)$ 较大，就对应 L 曲线的水平部分；反之，当参数 λ 较小时，$\eta(\lambda)$ 变大，相应的剩余范数 $\rho(\lambda)$ 变小，对应 L 曲线的垂直部分。从直观上看，就很自然地认为这条曲线的"拐点"处，两个范数达到最佳平衡，那么这一点所对应的 λ 值也就是正则化参数的一个较好选择。需要注意的是，"拐点"处对应正则化参数只是一种参考，并不是最优的正则化参数。

图 8-40(a)对应于该仿真条件下的 L 曲线，其拐点处对应的正则化参数 $\lambda=0.063$。图(b)对应于拐点处正则化参数的仿真结果，结果表明虽然 Tikhonov 正则化反演后的图像质量比图 8-37(b)好，但与实际的亮温值差距仍然很大，这表明拐点处的正则化参数并不是最优的正则化参数。图 8-40(c)和图 8-40(d)分别对应于 $\lambda=0.01$ 和 $\lambda=0.001$ 的反演结果，结果表明 $\lambda=0.001$ 是最优的正则化参数，其反演的图像质量逼近无误差和无噪声时的结果。

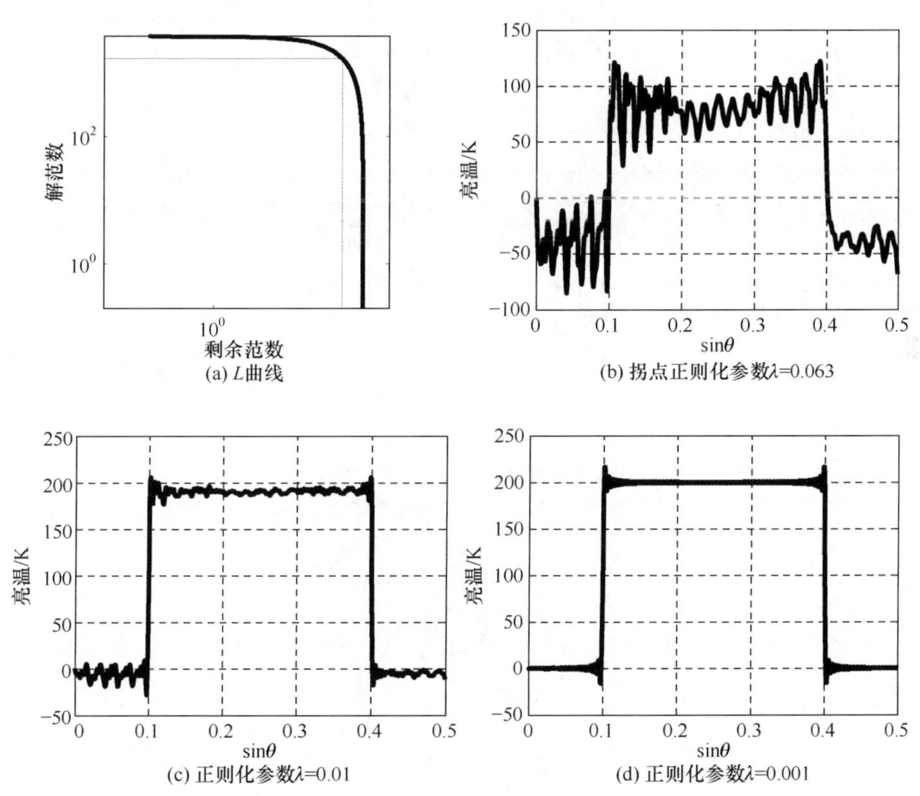

图 8-40　Thikhonov 正则化反演结果

参考文献

[1] Waldteufel P, Boutin J, Kerr Y. Selecting an optimal configuration for the soil moisture and ocean salinity mission[J]. Radio Science, 2003, 38(3): 8051.

[2] Chen L, Li Q, Guo W, et al. One-dimensional mirrored interferometric aperture synthesis[J]. IEEE Geoscience and Remote Sensing Letters, 2010, 7(2): 357-361.

[3] Chen L, Li Q, Yi G, et al. One-dimensional mirrored interferometric aperture synthesis: Performances, simulation, and experiments[J]. IEEE Transactions on Geoscience and Remote Sensing, 2013, 51(5): 2960-2968.

[4] McMullan K D, Brown M A, Martin-Neira M, et al. SMOS: the payload[J]. IEEE Transactions on Geoscience and Remote Sensing, 2008, 46(3): 594-605.

[5] Tanner A B, Wilson W J, Lambrigsten B H, et al. Initial results of the geostationary synthetic thinned array radiometer (GeoSTAR) demonstrator instrument[J]. IEEE Transactions on Geoscience and Remote Sensing, 2007, 45(7): 1947-1957.

[6] Ruf C S, Swift C T, Tanner A B, et al. Interferometric synthetic aperture microwave radiometry for the remote sensing of the earth[J]. IEEE Transactions on Geoscience and Remote Sensing, 1988, 26(5): 597-611.

[7] Bara J, Camps A, Torres F, et al. The correlation of visibility noise and its impact on the radiometric resolution of an aperture synthesis radiometer[J]. IEEE Transactions on Geoscience and Remote Sensing, 2000, 38(5): 2423-2426.

[8] Butora R, Camps A. Noise maps in aperture synthesis radiometric images due to cross-correlation of visibility noise[J]. Radio Science, 2003, 38(4): 1067.

[9] Torres F, Camps A, Bará J, et al. Impact of receiver errors on the radiometric resolution of large two-dimensional aperture synthesis radiometers[J]. Radio Science, 1997, 32(2): 629-641.

[10] 刘继军. 不适定问题的正则化方法及应用[M]. 北京:科学出版社, 2008.

第 9 章　数字波束形成微波辐射成像

9.1　引　　言

数字波束形成微波辐射计是在数字域对辐射计输出信号进行加权以形成波束进行扫描。这种辐射计既可以通过设置特定权值来实现对特定角度的亮温观测，以非成像的模式工作；也可以通过设置多套权值来实现对多个角度的场景亮温同时测量，得到场景的辐射图像，是一种工作方式灵活的微波辐射计。数字波束形成微波辐射计在成像的工作方式下不需要机械扫描辐射计所使用的驱动设备和相控阵电扫描辐射计所使用的相控阵，而是通过在数字域设置不同的权值来形成扫描波束，简化了系统的硬件结构。在非成像的工作方式下，波束的形状和方向都可以控制，还可以对特定位置的场景进行跟踪定位，重复扫描，与综合孔径相比后端处理简单、波束方向灵活可控，因此在海水盐度测量、射电天文观测、军事目标跟踪等方面具有广阔的应用前景。目前，比较典型的采用数字波束形成技术的辐射计系统有：2000 年启动的由美国、欧盟、中国、澳大利亚、新西兰等参加研究的 SKA 系统和 2003 年由 Camps 主持开始研究的 PAU 系统。SKA 系统是由全球选址的 6、7 个观测点组成，每个观测点在数平方公里的地面上布置上千个接收天线，组成一个巨大的阵列来观测外太空。由于每个观测点的接收天线数量非常多，项目在一开始就计划采用数字波束形成技术来简化后端处理的工作量，同时还准备采用波束赋形技术来减少由旁瓣进入的噪声和干扰的影响[1,2]。PAU 系统主要由采用数字波束形成技术的微波辐射计阵列、微波反射计和两个红外测量仪组成，被开发用来测量海水盐度。由于海水盐度测量中被测量区域海水温度是一个重要信息，因此采用数字波束形成技术的辐射计阵列能够控制测量角度，与红外测量仪一起测量观测区域，取得更多信息来得到更精确的反演结果[3-8]。

微波辐射计将天线部分接收到的低电平微波辐射信号放大输出，从而得到场景辐射亮温。但是，在辐射计系统中不可避免地存在各种误差，如天线误差、接收机误差和采样量化误差。各种误差都会带来信号的幅度和相位偏差，从而影响微波辐射计的输出。目前提出的辐射计校正方法主要分为内部源校正和外部源校正两种。内部源校正的方法应用广泛。例如，MIRAS 系统的对于辐射计接收机的校正就采用将相关噪声和非相关噪声两路参考信号输入辐射计接收机[9-12]；PAU 系统采用伪相关技术[7]，将参考负载和天线端口的两路信号通过微波网络同时输入接收机，在后端通过数字信号处理的方法区分开，这样既能够消除系统的增益波动,也不会减少系统的积分时间。

虽然内部源校正能够校正辐射计接收机因增益波动导致的误差,但是由于没有对天线导致的幅相误差进行校正,因此对系统的整体误差校正能力有限。对于微波辐射计阵列来说,通常需要采用能够校正系统整体误差的外部源校正技术。辐射计的外部源校正方法主要有天线点源馈入法和冲击响应矩阵法。天线点源馈入法最早被用于甚长基线干涉仪(VLBI)阵列的校正[13,14],它在阵列远场区放置一个参考源,参考源辐射到各接收机单元天线的信号幅度和相位近似相等。这时各通道之间的幅相误差是由天线、接收机和后端处理设备造成的,测量各通道的输出就能够得到各通道之间的幅相误差。但是,它需要参考源的幅度足够强,能够在相干时间内给出足够高的信噪比。由于天线输出的信号是整个 360°方向上的场景亮温和天线辐射方向图的积分,冲击响应矩阵法通过解积分的方法得到 360°方向上的场景亮温。主要采用的方法是将强的参考源放置在微波辐射计阵列的不同角度,测量微波辐射计阵列的一系列输出结果,得到辐射计的冲击响应矩阵($\boldsymbol{G}$ 矩阵),然后利用 $\boldsymbol{G}$ 矩阵,从场景亮温的测量结果解得场景亮温的估计值。这种校正方法最早由 Tanner 提出并用于 ESTAR 系统,后来得到进一步的发展并用于其他系统的校正[15-18]。冲击响应矩阵法能够根据测量结果直接反演辐射图像,但是测量 $\boldsymbol{G}$ 矩阵的工作量很大。

9.2 数字波束形成辐射计的工作原理

随着数字信号处理技术的发展,近年来数字波束形成技术也应用在阵列辐射计中。这种技术是将各通道接收到的信号在数字信号处理部分通过加权,形成指向一个或多个方向的阵列波束,从而接收某个或多个方向的特定区域的亮温。采用这种技术的微波辐射计具有许多优点,首先由于数字波束形成技术可以灵活控制波束方向,因此可以测量特定区域的亮温,对观测场景实现局部成像。例如,Camps 等于 2003 年提出的 PAU 模块[4,5],信号处理部分在不增加硬件设备的情况下,利用数字波束形成技术指向所关心的角度,可以和其他遥感设备方便地结合在一起测量海洋表面盐度。其次,这种辐射计可以同时设置多套权值对比较小的区域成像,简化辐射计系统的数字信号处理部分。近年来的一些大型阵列辐射计,如 THEa 项目中的 SKA 系统[1,2],就利用数字波束形成技术对辐射计采集的信号进行处理,形成局部图像,减少运算量。华中科技大学也对数字波束形成技术如何应用在微波辐射计上进行过理论分析和仿真,并在 16 通道毫米波辐射计上进行了一系列的实验[19-21]。

数字波束形成辐射计的原理如图 9-1 所示。k 个通道的天线部分分别接收视场内的辐射亮温,经过天线后端的接收机部分放大、滤波,并经过下变频得到中频信号。然后 AD 将中频模拟信号转换为数字信号,进入数字信号处理单元。在数字信号处理单元中,转换后的数字信号首先经过希尔伯特变换,变为相对应的解析信号,然后 k 个通道的解析信号经过加权求和,再经过共轭相乘和低通滤波处理,就可以输出对应方位角的亮温测量值。

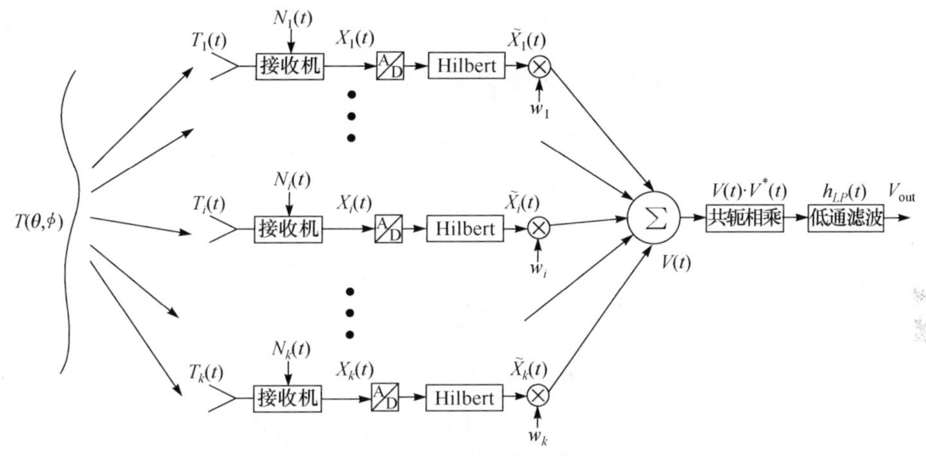

图 9-1　数字波束形成辐射计原理框图

第 i 个通道的天线部分接收场景辐射的亮温,将其转化为电信号 $T_i(t)$。$T_i(t)$对应的功率 P_i 可以表示为

$$P_i = \frac{1}{2}A_r\iint_{4\pi}\frac{2k}{\lambda^2}T_{AP}(\theta,\varphi)\cdot B\cdot F_i^2(\theta,\varphi)\mathrm{d}\Omega \tag{9-1}$$

其中,$T_{Ap}(\theta,\varphi)$是第 i 个接收天线视场范围内的亮温分布;$F_i^2(\theta,\varphi)$是第 i 个接收天线归一化功率方向图;B 是系统带宽;A_r 是第 i 个接收天线的有效面积;λ 是系统波长;k 是玻尔兹曼常数。

$T_i(t)$经过接收机部分放大并引入由系统各部件产生的噪声 $N_i(t)$,得到输出信号 $X_i(t)$,假设通道增益为 G,$X_i(t)$可以表示为 $X_i(t)=G(T_i(t)+N_i(t))$。$X_i(t)$经过 AD 转换和希尔伯特变换,得到对应的复信号 $\tilde{X}_i(t)$,即 $\tilde{X}_i(t)=X_i(t)+\mathrm{j}\hat{X}_i(t)$,其中 $\hat{X}_i(t)=\dfrac{1}{\pi}\int_{-\infty}^{\infty}\dfrac{X_i(\tau)}{t-\tau}\mathrm{d}\tau$ 表示 $X_i(t)$的希尔伯特变换。

对希尔伯特变换后得到的复信号 $\tilde{X}_i(t)$进行加权求和,得到数字波束形成辐射计随时间变化的输出量 $V(t)$,即 $V(t)=\sum_{i=1}^{k}\tilde{X}_i(t)\cdot w_i$,其中 w_i 表示第 i 个通道的加权系数,测量某个角度的场景亮温时是一个常数。

假设 k 个天线的方向图是一致的,均为 $F^2(\theta,\varphi)$。根据阵列方向图的乘法原理,可以得到阵列总的功率方向图 $F_{\mathrm{total}}^2(\theta,\varphi)$是阵列因子的功率方向图 $F_{\mathrm{array}}^2(\theta,\varphi)$

乘上单元天线的功率方向图,即

$$F_{\text{total}}^2(\theta,\varphi)=F_{\text{array}}^2(\theta,\varphi)F^2(\theta,\varphi) \tag{9-2}$$

对于单元天线排布固定的天线阵列,阵列因子的功率方向图只和各通道的加权系数 w_i 有关,即

$$F_{\text{array}}^2(\theta,\varphi)=\Big(\sum_{i=1}^{k}w_i\Big)^2 \tag{9-3}$$

因此,经过加权求和后的信号 $V(t)$对应的功率 P_V 可以写为

$$P_V=\alpha^2\left(\frac{1}{2}A_r\iint_{4\pi}\frac{2k}{\lambda^2}T_{\text{AP}}(\theta,\varphi)\cdot B\cdot F_{\text{total}}^2(\theta,\varphi)\mathrm{d}\Omega+kT_{\text{noise}}B\right) \tag{9-4}$$

其中,$T_{\text{noise}}=\sum_{i=1}^{k}|w_i|^2T_{\text{rec}\_i}$ 是数字波束形成辐射计单个接收机的系统噪声 T_{REC} 的加权和;α 是各个通道接收机部分的增益(假设各接收机的增益是一致的)。

假设经过阵列因子方向图加权后得到阵列方向图波束比较窄,在波束范围内的视场亮温分布是一个常数,式(9-4)可以写为

$$\begin{aligned}P_V&=\alpha^2\left(\frac{1}{2}A_r\iint_{4\pi}\frac{2k}{\lambda^2}T_{AP}\cdot B\cdot F_{\text{total}}^2(\theta,\varphi)\mathrm{d}\Omega+kT_{\text{noise}}B\right)\\&=\alpha^2k(T_A+T_{\text{noise}})B\end{aligned} \tag{9-5}$$

9.3 数字波束形成辐射计空间分辨率的分析

对于一个微波辐射计来说,系统的性能指标是多方面的,它们综合决定了微波辐射计的性能和对所需测量结果的满足程度。文献[22]列举了工作波长、中心频率、频带宽度等 11 个方面的性能指标,其中工作波长、中心频率、频带宽度、积分时间是由系统应用的要求决定的。天线馈源系统的传输系数、接收机等效噪声温度是由微波辐射计的制造工艺水平决定的。对于遥感应用来说,一个辐射计工作的如何,主要是从系统的灵敏度、空间分辨率、绝对精确度及系统工作的长期稳定度等方面来分析的。这里主要分析数字波束形成辐射计的空间分辨率。

辐射计的空间分辨率定义为天线辐射方向图的第一零点之间的主波束宽度。对于微波辐射计而言,辐射方向图是一个关于球坐标 θ 和 φ 的二维量。如果阵列在某个方向上具有相同的场分布,那么辐射方向图可以分解为两个直线阵列因子的乘积。这里假定数字波束形成微波辐射计天线阵列的各个阵元是理想的点阵元,无方向性,对于天线辐射方向图的分析就简化为均匀分布线阵的第一零点之间的主波束宽度的分析。下面推导天线阵的方向图函数及波束主瓣宽度。

均匀分布线阵可以表示为图 9-2 所示的形式。

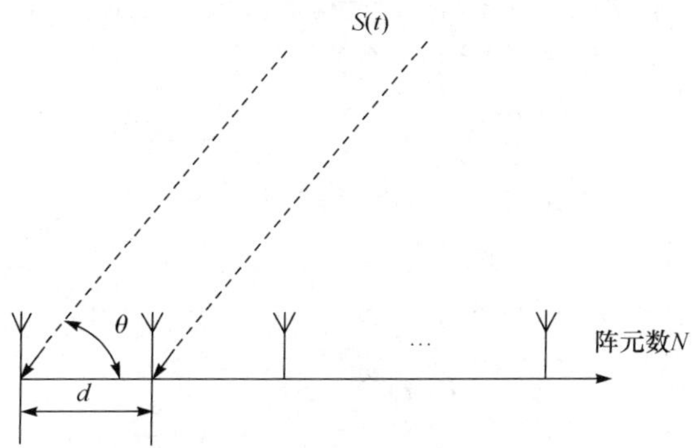

图 9-2　均匀直线天线阵列示意图

信号 $S(t)$ 的入射方向角（与天线阵轴线的夹角）为 θ，设最左边的天线为参考天线，则到达相邻两天线单元的时间差为

$$\Delta\tau=\frac{d\cos\theta}{c} \tag{9-6}$$

其中，c 为光速。

到达第 n 根天线的信号为

$$x_n(t)=A_nS(t+n\Delta\tau) \tag{9-7}$$

其中，A_n 为第 n 根天线对信号的幅度增益因子，当天线单元一致性很好，且其幅频特性与频率无关时，有 $A_n=1$。

$S(t)$ 用解析式可以表示为

$$S(t)=a(t)\cdot \mathrm{e}^{\mathrm{j}[\omega t+\varphi(t)]} \tag{9-8}$$

其中，$a(t)$ 为信号的幅度；ω 为信号的角频率；$\varphi(t)$ 为信号的相位。

如果信号带宽 B 比信号角频率 ω 小得多，延时 $n\Delta\tau\ll\frac{1}{B}$，则有 $a(t)\approx a(t+n\Delta\tau)$，$\varphi(t)\approx\varphi(t+n\Delta\tau)$。这就表明，当 $a(t)$ 和 $\varphi(t)$ 相对于载波为缓慢变化的信号时，则第 n 根天线上接收的信号可表示为

$$\begin{aligned}x_n(t)&=a(t)\mathrm{e}^{\mathrm{j}[\omega t+\omega n\Delta\tau+\varphi(t)]}\\&=\mathrm{e}^{\mathrm{j}\omega n\Delta\tau}a(t)\mathrm{e}^{\mathrm{j}[\omega t+\varphi(t)]}\\&=a_nS(t)\end{aligned} \tag{9-9}$$

其中，$a_n=\mathrm{e}^{\mathrm{j}\omega n\Delta\tau}$。

把 $\Delta\tau=\frac{d\cos\theta}{c}$ 代入 a_n 的表达式中，可得下式，即

$$a_n(\theta)=\mathrm{e}^{\mathrm{j}n2\pi f\frac{d\cos\theta}{c}}=\mathrm{e}^{\mathrm{j}\frac{n2\pi d\cos\theta}{\lambda}} \tag{9-10}$$

其中，$\lambda=\frac{c}{f}$ 为信号的波长。

为了表达方便,常用向量形式表示天线阵。定义方向向量 $\boldsymbol{a}(\theta)$ 为

$$\begin{aligned}\boldsymbol{a}(\theta)&=[1,a_1(\theta),a_2(\theta),\cdots,a_{N-1}(\theta)]^{\mathrm{T}}\\&=[1,\mathrm{e}^{\mathrm{j}2\pi\frac{d}{\lambda}\cos\theta},\mathrm{e}^{\mathrm{j}2\pi\frac{d}{\lambda}2\cos\theta},\cdots,\mathrm{e}^{\mathrm{j}2\pi\frac{d}{\lambda}(N-1)\cos\theta}]^{\mathrm{T}}\end{aligned}\tag{9-11}$$

设一个辐射信号 $S_m(t)$ 以 θ_m 角入射到直线阵,则 $a_n(\theta)=\mathrm{e}^{\mathrm{j}n\frac{2\pi}{\lambda}d\cos\theta_m}$。为了将天线阵方向图的最大主波束对准此信号,可令权因子 $w_n=[a_n(\theta)]^{-1}=\mathrm{e}^{-\mathrm{j}n\frac{2\pi}{\lambda}d\cos\theta_m}$,为了便于讨论,将天线阵元的权值幅度设置为 1,天线阵输出为

$$\begin{aligned}y(t)&=S_m(t)\sum_{n=0}^{N-1}w_n a_n(\theta)\\&=S_m(t)\sum_{n=0}^{N-1}\mathrm{e}^{-\mathrm{j}n\frac{2\pi}{\lambda}d\cos\theta_m}\,\mathrm{e}^{\mathrm{j}n\frac{2\pi}{\lambda}d\cos\theta}\\&=S_m(t)\sum_{n=0}^{N-1}\mathrm{e}^{\mathrm{j}n\frac{2\pi}{\lambda}d(\cos\theta-\cos\theta_m)}\end{aligned}\tag{9-12}$$

令 $\psi=\dfrac{2\pi}{\lambda}d(\cos\theta-\cos\theta_m)$,上式变为

$$\begin{aligned}y(t)&=S_m(t)\sum_{n=0}^{N-1}\mathrm{e}^{\mathrm{j}n\psi}\\&=S_m(t)\,\frac{1-\mathrm{e}^{\mathrm{j}N\psi}}{1-\mathrm{e}^{\mathrm{j}\psi}}\\&=S_m(t)\,\frac{(\mathrm{e}^{-\mathrm{j}\frac{N\psi}{2}}-\mathrm{e}^{\mathrm{j}\frac{N\psi}{2}})\mathrm{e}^{\mathrm{j}\frac{N\psi}{2}}}{(\mathrm{e}^{-\mathrm{j}\frac{\psi}{2}}-\mathrm{e}^{\mathrm{j}\frac{\psi}{2}})\mathrm{e}^{\mathrm{j}\frac{\psi}{2}}}\\&=S_m(t)\,\frac{\sin\left(\frac{N\psi}{2}\right)}{\sin\left(\frac{\psi}{2}\right)}\mathrm{e}^{\mathrm{j}\frac{(N-1)\psi}{2}}\end{aligned}\tag{9-13}$$

阵列的阵列因子为

$$F(\theta)=\frac{\sin\left(\frac{N\psi}{2}\right)}{\sin\left(\frac{\psi}{2}\right)}\mathrm{e}^{\mathrm{j}\frac{(N-1)\psi}{2}}=\frac{\sin\left[\frac{N\pi d}{\lambda}(\cos\theta-\cos\theta_m)\right]}{\sin\left[\frac{\pi d}{\lambda}(\cos\theta-\cos\theta_m)\right]}\mathrm{e}^{\mathrm{j}\frac{(N-1)\psi}{2}}\tag{9-14}$$

其中,$\mathrm{e}^{\mathrm{j}\frac{(N-1)\psi}{2}}$ 是总场强的相位因子的一部分,相位角 $\mathrm{j}\,\dfrac{(N-1)\psi}{2}$ 是由于选阵元“1”为相位参考点的缘故。

若选天线阵的中点的阵元为相位参考点,则此相位角为零。因此,在分析方向性时,可舍去此因子,并且 $|F(\theta)|_{\max}=N$,于是天线阵功率归一化方向图函数可以表示为

$$F^2(\theta)=\left|\frac{1}{N}\sum_{n=0}^{N-1}w_n\cdot\exp\left(\mathrm{j}n\frac{2\pi}{\lambda}d\cos\theta\right)\right|^2=\left|\frac{\sin\left[\frac{N\pi d}{\lambda}(\cos\theta-\cos\theta_m)\right]}{N\sin\left[\frac{\pi d}{\lambda}(\cos\theta-\cos\theta_m)\right]}\right|^2 \tag{9-15}$$

由上式可见，当波束指向偏离线阵法向方向时，波束宽度将加宽。另外，阵元数每增加一倍，波束宽度对应减小一半；阵元间距越小，波束宽度越宽。

归一化方向图函数可以用 $\mathrm{Sa}(x)=\frac{\sin x}{x}$ 函数表示为

$$F^2(\theta)=\mathrm{Sa}^2(u)\cdot\left[\mathrm{Sa}^2\left(\frac{u}{N}\right)\right]^{-1} \tag{9-16}$$

其中，$u=\frac{N\pi d}{\lambda}(\cos\theta-\cos\theta_m)$。

因此，天线阵的主波瓣宽度主要由上式相乘项中的第一项 $\mathrm{Sa}^2(u)$ 决定。

根据辐射计空间分辨率的定义，令

$$F^2(\theta)=\mathrm{Sa}^2(u)\cdot\left[\mathrm{Sa}^2\left(\frac{u}{N}\right)\right]^{-1}=0 \tag{9-17}$$

得到的 θ 之间的波束宽度即为数字波束形成辐射计的空间分辨率。

当 θ_m 为 90°左右时，$\cos\theta-\cos\theta_m$ 可以表示为

$$\begin{aligned}&\cos\theta-\cos\theta_m\\&=\cos(\theta-\theta_m+\theta_m)-\cos\theta_m\\&=\cos(\theta-\theta_m)\cos\theta_m-\sin(\theta-\theta_m)\sin\theta_m-\cos\theta_m\\&=[\cos(\theta-\theta_m)-1]\cos\theta_m-\sin(\theta-\theta_m)\sin\theta_m\\&\approx-\sin(\theta-\theta_m)\sin\theta_m\end{aligned} \tag{9-18}$$

因此，与第一零点相对应的两个 θ 角度为

$$\theta_+=\arcsin\left(\sin\theta_m+\frac{\lambda}{Nd}\right) \tag{9-19}$$

$$\theta_-=\arcsin\left(\sin\theta_m-\frac{\lambda}{Nd}\right) \tag{9-20}$$

将式(9-19)和式(9-20)得到的角度相减，可以得到数字波束形成微波辐射计的第一零点之间的波束宽度 $\mathrm{BW}_{\mathrm{null}}$ 为

$$\mathrm{BW}_{\mathrm{null}}\approx2\frac{\lambda}{Nd}\mathrm{rad} \tag{9-21}$$

其中，N 是天线阵元数；d 是等距直线阵的阵元间隔；θ_m 是入射方向与线阵法线的夹角；λ 是入射信号的波长。

由于式(9-18)做了$[\cos(\theta-\theta_m)-1]\cos\theta_m\approx 0$的近似，因此式(9-21)只有在$\theta_m\approx 90°$时才成立。由天线阵方向图表达式可见，当$F^2(\theta)$分母为零时，即当$\frac{\pi d}{\lambda}(\cos\theta-\cos\theta_m)=\pm n\pi$时，方向图将出现栅瓣，这时除了在$\theta=\theta_m$处出现最大值之外，在其对称位置也将出现幅度相等的最大峰值。

当$\frac{\pi d}{\lambda}|\cos\theta-\cos\theta_m|<\pi$时，即$d<\frac{\lambda}{|\cos\theta-\cos\theta_m|}$时，就不会出现栅瓣。由于$|\cos\theta-\cos\theta_m|$之最大值为2，所以不出现栅瓣的最大阵元间隔为

$$d_{\max}<\frac{\lambda}{2} \tag{9-22}$$

即要求最大阵元间隔小于半波长。如果波束指向(扫描)范围可以减小，则阵元间隔可以加大，例如当波束指向限定在45°～135°，则其阵元间隔可取小于0.707λ。

9.4 数字波束形成辐射计的误差校正方法

上节对于数字波束形成辐射计的性能分析是在理想想的情况下得到的，但是实际应用的数字波束形成辐射计不可避免地存在各种非理想因素，如单元天线之间的互耦、天线的位置误差、接收通道的不一致性等，这些都可能导致数字波束形成辐射计系统性能的下降，因此需要对这些非理想因素进行校正。数字波束形成辐射计是一种采用阵列技术的辐射计，目前国内外对于阵列的校正问题已经进行了很长时间的研究[23-28]。这些文献根据各自应用中存在的实际误差来源，从不同侧面对阵列误差进行了校正。由于数字波束形成辐射计有其自身存在的特点，为了校正各种误差，减少误差对辐射测量结果的影响，必须分析目前阵列辐射计主要的校正方法，研究适合数字波束形成辐射计的校正方法。

在本章的引言中，对辐射计系统主要的校正方法(内部源校正和外部源校正)已经进行了介绍。考虑到数字波束形成辐射计采用阵列结构，而且阵列因子方向图的各种误差对于测量结果的影响比较大，因此采用冲击响应矩阵法更适合数字波束形成辐射计的校正工作。

冲击响应矩阵法(**G**矩阵法)最早用于综合孔径辐射计[29-32]，目前尚未发现应用于数字波束形成辐射计，因此有必要从基本原理出发，推导并将其应用于数字波束形成辐射计。要研究数字波束形成辐射计的校正，必须首先建立受误差影响的数字波束形成辐射计系统响应模型。

1. 含误差的系统响应模型

假设数字波束形成辐射计采用一维天线阵列，阵列经过第i组权值加权后总

的归一化辐射方向图为$|F_n(\theta,\varphi)|^2$，场景的亮温分布为$T_{AP}(\theta,\varphi)$，天线波束的接收功率可以表示为

$$P=\frac{1}{2}A_r\int_f^{f+\Delta f}\iint_{4\pi}\frac{2k}{\lambda^2}T_{AP}(\theta,\varphi)\cdot|F_n(\theta,\varphi)|^2\mathrm{d}\Omega\mathrm{d}f \tag{9-23}$$

其中，A_r是天线的有效面积；k是玻尔兹曼常数；λ是波长；频率$f\sim f+\Delta f$是系统频率范围。

假设接收机的传输函数为$H(f)$，P为天线接收的功率，它的功率谱为$S_x(f)$，接收机输出的功率谱为$S_Y(f)=|H(f)|^2S_x(f)$，由于随机信号的功率谱密度和自相关函数是一对傅氏变换对，因此接收机输出的功率$P_M(\theta_i)$为

$$P_M(\theta_i)=\frac{k}{\lambda^2}A_r\iint_{4\pi}T_{AP}(\theta,\varphi)\cdot B\cdot|F_n(\theta,\varphi)|^2\cdot F^{-1}[|H(f)|^2]\mathrm{d}\Omega \tag{9-24}$$

其中，B表示系统带宽；$F^{-1}[\cdot]$表示反傅氏变换。

由于$\mathrm{d}\Omega=\sin\theta\mathrm{d}\theta\mathrm{d}\varphi$，同时假设在$\varphi$方向的波束非常窄，只考虑在$\theta$方向波束的影响，上式可以写为

$$P_M(\theta_i)=\frac{k}{\lambda^2}A_r\int_{\theta=0}^{2\pi}T_{AP}(\theta)\cdot B\cdot|F_n(\theta)|^2\cdot F^{-1}[|H(f)|^2]\sin\theta\mathrm{d}\theta \tag{9-25}$$

考虑到系统的非理想特性，存在天线、接收机、采样量化等的各种误差，阵列的辐射方向图、接收机的传输函数都会受到影响，那么θ_i方向测量的亮温$P'_M(\theta_i)$为

$$P'_M(\theta_i)=\frac{k}{\lambda^2}A_r\int_{\theta=0}^{2\pi}T_{AP}(\theta)\cdot B\cdot|F'_n(\theta)|^2\cdot F^{-1}[|H'(f)|^2]\sin\theta\mathrm{d}\theta \tag{9-26}$$

其中，$P'_M(\theta_i)$是在考虑各种误差影响情况下，数字波束形成辐射计经过第i组权值加权后系统的测量输出结果；$F'_n(\theta)$是考虑辐射计天线部分误差的天线归一化辐射方向图；$H'(f)$是考虑辐射计接收机部分及后端处理部分误差的传输函数。

由于视场范围内的视在亮温$T_{AP}(\theta)$不会受系统误差的影响，因此保持原来的形式，同时A_r、k、λ、B等系统指标也保持不变。由于积分可以用求和公式代替，因此式(9-26)可以写为

$$P'_M(\theta_i)=\frac{kB}{\lambda^2}A_r\sum_{\theta=0}^{2\pi}T_{AP}(\theta)\cdot|F'_n(\theta)|^2\cdot F^{-1}[|H'(f)|^2]\sin\theta \tag{9-27}$$

由此可知，各方向的视场亮温T_{AP}都对系统输出有贡献。虽然阵列因子方向图对单元天线的波束宽度进行了压缩，但是旁瓣对系统的影响仍然存在。由于辐射计检测的信号强度比较弱，各方向的视场亮温T_{AP}差别不明显，旁瓣对系统的测量结果影响很大。因此，在这种情况下如果想将数字波束形成辐射计应用到成像方面，很难直接从测量结果重建亮温图像。

2. 基于数字波束形成的冲击响应矩阵校正方法

假设系统误差在短期内是不变的,将噪声源置于 θ_s 方向上,并使噪声源方向上的功率能量远大于其他方向上的功率能量($T_{AP}(\theta_s) \gg T_{AP}(\theta_i)$,$s \neq i$),其中 θ_s 为噪声源的入射方向,θ_i 为视场范围内其他方向。由于 $T_{AP}(\theta_s) \gg T_{AP}(\theta_i)$,因此其余方向上进入天线的辐射功率非常小,式(9-27)可以近似写为

$$P'_M(\theta_s,\theta_i) \approx \frac{kB}{\lambda^2} A_r T_{AP}(\theta_s) \cdot |F'_{ni}(\theta_s)|^2 \cdot F^{-1}[|H'_i(f)|^2]\sin\theta_s \tag{9-28}$$

其中,$P'_M(\theta_s,\theta_i)$ 表示噪声源位于 θ_s 方位,阵列方向图经过加权主波束方向指向 θ_i 时考虑各种误差情况下系统的测量输出结果。

同时,由于 $T_{AP}(\theta_s) \gg T_{AP}(\theta_i)$,其余方向上的视场亮温和方向图的影响忽略不计,因此只考虑 θ_s 方向上的 $T_{AP}(\theta_s)$ 和 $F'_{ni}(\theta_s)$。

通过设置权值的方法改变阵列方向图的主波束方向,设置 m 组不同的权值,使阵列方向图指向 m 个不同的方向,代入式(9-28),可以得到 m 个带有各种误差的系统输出,即

$$\begin{bmatrix} P'_M(\theta_s,\theta_0) \\ P'_M(\theta_s,\theta_1) \\ P'_M(\theta_s,\theta_2) \\ \vdots \\ P'_M(\theta_s,\theta_{m-1}) \end{bmatrix} = \frac{kB}{\lambda^2} A_r T_{AP}(\theta_s)\sin\theta_s \cdot \begin{bmatrix} |F'_{n0}(\theta_s)|^2 \cdot F^{-1}[|H'_0(f)|^2] \\ |F'_{n1}(\theta_s)|^2 \cdot F^{-1}[|H'_1(f)|^2] \\ |F_{n2}{}'(\theta_s)|^2 \cdot F^{-1}[|H'_2(f)|^2] \\ \vdots \\ |F'_{n(m-1)}(\theta_s)|^2 \cdot F^{-1}[|H'_{m-1}(f)|^2] \end{bmatrix} \tag{9-29}$$

从上式可以得到,当强噪声源位于方位 θ_s 时,系统不同的权值可以得到不同输出结果。

改变强噪声源的方位,使噪声源位于 n 个方位角 $\vec{\boldsymbol{\theta}}$,$\vec{\boldsymbol{\theta}}=[\theta_0,\theta_1,\cdots,\theta_{n-1}]$,按照上述的方法同样进行,可以得到噪声源位于 n 个不同方位角时,m 组不同权值的方向图测量得到的系统输出。这就是在不同角度输出冲激信号时系统进行电扫描后的空间冲击响应,这种响应就组成考虑幅度、相位和通道位置等误差后的测量结果输出矩阵 $\boldsymbol{M}_{m\times n}$,即

$$\boldsymbol{M}_{m\times n} = \begin{bmatrix} M_{00} & M_{01} & M_{02} & \cdots & M_{0(n-1)} \\ M_{10} & M_{11} & M_{12} & \cdots & M_{1(n-1)} \\ M_{20} & M_{21} & M_{22} & \cdots & M_{2(n-1)} \\ \vdots & \vdots & \vdots & & \vdots \\ M_{(m-1)0} & M_{(m-1)1} & M_{(m-1)2} & \cdots & M_{(m-1)(n-1)} \end{bmatrix} \tag{9-30}$$

其中，$M_{ij}=\frac{kB}{\lambda^2}A_r T_{\mathrm{AP}}(\theta_i)\cdot|F'_{nj}(\theta_i)|^2\cdot F^{-1}[|H'_j(f)|^2]\sin\theta_i$ 表示噪声源位于第 i 个方位角，系统在第 j 组权值的阵列方向图情况下的输出结果。

当权值形成的主波束方向 θ_j 和噪声源方向 θ_i 相等时（即 $\theta_i=\theta_j$），系统输出会存在一个峰值，同时由于旁瓣电压的影响，当权值形成的主波束方向 θ_j 和噪声源方向 θ_i 不等时（即 $\theta_i\neq\theta_j$），系统的输出能量要小于系统输出的峰值，但是这些输出量对于系统校正来说都是必须要考虑的。

在进行自然场景实际测量的时候，由于不同方位角度的场景亮温并不相关，实际场景亮温分布 $\boldsymbol{T}_s$ 可以看做是不同方位角度噪声源的线性组合。对于数字波束形成辐射计，通过各组权值加权形成不同角度的波束，对于相同的场景亮温分布 $\boldsymbol{T}_s$ 可以测量得到不同输出功率。假设这一组系统的测量结果表示为 $\boldsymbol{V}_M$，$\boldsymbol{V}_M$ 和 $\boldsymbol{T}_s$ 满足如下关系，即

$$\boldsymbol{V}_M=\boldsymbol{M}\times\boldsymbol{T}_s \tag{9-31}$$

其中，$\boldsymbol{T}_s$ 为实际自然场景的亮温分布；$\boldsymbol{V}_M$ 为对同样的自然场景，通过 m 组权值测量得到的不同波束下的系统输出。

如果冲击响应矩阵 $\boldsymbol{M}_{m\times n}$ 是一个满秩矩阵，可以利用最小二乘法对式(9-31)进行估计，得到场景亮温分布的估计值 $\hat{\boldsymbol{T}}_s$ 为

$$\hat{\boldsymbol{T}}_s=\boldsymbol{M}^*(\boldsymbol{M}\cdot\boldsymbol{M}^*)^{-1}\boldsymbol{V}_M \tag{9-32}$$

其中，$\hat{\boldsymbol{T}}_s$ 是真实场景亮温分布的估计值；$\boldsymbol{M}$ 和 $\boldsymbol{V}_M$ 都可以通过测量得到，因此很容易通过上式得到真实场景亮温分布。

参考文献

[1] Lambrigtsen B, Wilson W, Tanner A. The square kilometer array[C]//Ground-based Telescopes, Ireland, 2004.

[2] Ekers R D, Schilizzi R T, Schilizzi R T. An international project to build a square kilometre array[C]//The 9th Asian-Pacific Regional IAU Meeting, 2006.

[3] Camps A, Font J, Vall-Llossera M, et al. The WISE 2000 and 2001 field experiments in support of the SMOS mission: sea surface L-band brightness temperature observations and their application to sea surface salinity retrieval[J]. Geoscience & Remote Sensing IEEE Transactions on, 2004, 42(4): 804-823.

[4] Bosch-Lluis X, Camps A, Marchan-Hernandez J F, et al. FPGA-based implementation of a polarimetric radiometer with digital beamforming[C]//Geoscience and Remote Sensing Symposium. IEEE International Conference on, 2006.

[5] Marchan-Hernandez J F, Ramos-Perez I, Bosch-Lluis X, et al. PAU-GNSS/R, a real-time GPS-reflectometer for earth observation applications: architecture insights and preliminary results[C]//Geoscience and Remote Sensing Symposium. IEEE International, 2007.

[6] Camps A, Bosch-Lluis X, Ramos-Perez I, et al. New instrument concepts for ocean sensing: analysis of the PAU-radiometer[J]. IEEE Transactions on Geoscience & Remote Sensing, 2007, 45(10): 3180-3192.

[7] Ramos-Perez I, Bosch-Lluis X, Camps A, et al. Design of a compact dual-polarization receiver for pseudo-correlation radiometers at L-band[C]//Geoscience and Remote Sensing Symposium. IEEE International Conference on, 2006.

[8] Marchan-Hernandez J F, Vall-Llossera M, Camps A, et al. Ground-based GNSS-R measurements with the PAU instrument and their application to the sea surface salinity retrieval: first results[C]//Geoscience and Remote Sensing Symposium. IEEE International, 2008.

[9] Corbella I, Torres F, Camps A, et al. MIRAS end-to-end calibration: application to SMOS L1 processor[J]. IEEE Transactions on Geoscience & Remote Sensing, 2005, 43(5): 1126-1134.

[10] Colliander A, Ruokokoski L, Suomela J, et al. Development and calibration of SMOS reference radiometer[J]. IEEE Transactions on Geoscience & Remote Sensing, 2007, 45(7): 1967-1977.

[11] Lemmetyinen J, Uusitalo J, Kainulainen J, et al. SMOS calibration subsystem[J]. Geoscience & Remote Sensing IEEE Transactions on, 2007, 45(11): 3691-3700.

[12] Brown M A, Torres F, Corbella I, et al. SMOS calibration[J]. Geoscience & Remote Sensing IEEE Transactions on, 2008, 46(3): 646-658.

[13] Readhead A C S, Wilkinson P N. The mapping of compact radio sources from VLBI data [J]. Astrophysical Journal, 1978, 223: 25-36.

[14] Readhead A C S, Walker R C, Pearson Amp T J, et al. Mapping radio sources with uncalibrated visibility data[J]. Nature, 1980, 285(5761): 137-140.

[15] Picard B, Anterrieu E. Comparison of regularized inversion methods in synthetic aperture imaging radiometry[J]. IEEE Transactions on Geoscience & Remote Sensing, 2005, 43(2): 218-224.

[16] Vine D M L, Swift C T, Haken M. Development of the synthetic aperture microwave radiometer, ESTAR[J]. IEEE Transactions on Geoscience & Remote Sensing, 2001, 39(1): 199-202.

[17] Borges A. SMOS mission & miras instrument synthetic apperture radiometer in space [C]//34th Microwave Conference, European, 2004.

[18] Lambrigtsen B, Wilson W, Tanner A, et al. GeoSTAR - a synthetic aperture approach for a geostationary microwave sounder[C]//IEEE Aerospace Conference Proceedings, 2004.

[19] 张力. 数字多波束微波辐射计[D]. 武汉:华中科技大学博士学位论文,2006.

[20] 黄佩. 数字多波束微波辐射计用于目标检测的研究[D]. 武汉:华中科技大学博士学位论文,2007.

[21] Zhang J, Li Q X, Guo W, et al. Digital multi-beam microwave radiometer: system configuration and experimental result[C]//Microwave and Millimeter Wave Technology. Interna-

tional Conference on,2008.

[22] 周秀骥. 大气微波辐射及遥感原理[M]. 北京:科学出版社,1982.

[23] 程春悦,吕英华. 基于子空间的阵列天线幅相误差校正算法[J]. 无线电工程,2005,35(6):40-41.

[24] See C M S. Method for array calibration in high-resolution sensor array processing[J]. IEE Proceedings-Radar,Sonar and Navigation,1995,142(3):90-96.

[25] See C M S. Sensor array calibration in the presence of mutual coupling and unknown sensor gains and phases[J]. Electronics Letters,1994,30(5):373-374.

[26] Ng B C,See C M S. Sensor-array calibration using a maximum-likelihood approach[J]. IEE Transactions on Antennas & Propagation,1996,44(6):827-835.

[27] 陶海红,廖桂生. 基于 GA 的阵列幅相误差校正新方法[J]. 系统工程与电子技术,2006,5(5):654-657.

[28] 于斌,黄赪东. 遗传算法在阵列天线误差校正及优化中的应用[J]. 现代防御技术,2007,2(2):101-104.

[29] Tanner A B,Swift C T. Calibration of a synthetic aperture radiometer[J]. Geoscience and Remote Sensing,IEEE Transactions on,1993,31(1):257-267.

[30] Le Vine D M,Swift C T,Haken M. Development of the synthetic aperture microwave radio meter,ESTAR[J]. Geoscience and Remote Sensing,IEEE Transactions on,2001,39(1):199-202.

[31] Borges A. SMOS mission & miras instrument synthetic apperture radiometer in space [C]//34th Microwave Conference,European,2004.

[32] Lambrigtsen B,Wilson W,Tanner A,et al. GeoSTAR-a synthetic aperture approach for a geostationary microwave sounder[C]//IEEE Aerospace Conference Proceedings,2004.

第 10 章　综合孔径微波辐射成像仿真

本章介绍传统综合孔径微波辐射成像仿真 MATLAB 程序及使用方法，镜像综合孔径微波辐射成像仿真 MATLAB 程序及使用方法。MATLAB 仿真程序代码可以在华中科技大学电子信息与通信学院的网站（http://eic. hust. edu. cn）进入电子工程系（或微波研究中心）网页的研究成果栏目下载。

10.1　传统综合孔径微波辐射成像仿真

10.1.1　信号级仿真与功率级仿真

为了使仿真尽量接近真实情况，可以仿真微波辐射信号从场景的产生，经过大气传输，到综合孔径微波辐射计天线阵列接收，再经过处理输出。在这样的仿真中，仿真天线阵列输出的信号及接收通道对信号的处理称为信号级仿真。信号级仿真的运算量非常大、仿真时间长。

为了降低仿真运算量、缩短仿真时间，可以根据场景的亮温及天线阵列的排列，利用公式直接算出可见度函数输出。这样的仿真没有涉及信号仿真，而是直接计算可见度函数值。可见度是两信号的相关，类似于信号的平方，因此称这样的仿真为功率级仿真。由于不仿真信号的接收及信号的采样过程，而直接由公式求出接收数据的自相关矩阵，因此可大大降低仿真的运算量和缩短仿真时间。

1. *信号级仿真*

在信号级仿真中，仿真天线阵列输出的信号及接收通道对信号的处理，仿真程序分为场景模块、天线阵列模块、通道阵列模块、信号处理模块及校正模块。

仿真程序的结构框图如图 10-1 所示。

场景模块仿真场景产生的微波辐射亮温分布。

天线阵列模块仿真按照特定空间排列方式组成的天线阵列，并仿真天线的热辐射接收功能，输出射频窄带信号。

通道阵列模块仿真多路接收机通道，将天线输出的射频窄带随机信号转化成中频数字随机信号。每一路接收机通道包括射频滤波与放大、混频、中频滤波与放大、A/D 转换等模块。

信号处理模块将通道阵列输出的多路中频数字信号进行两两复相关处理，得到可见度函数采样、经过加窗预处理，然后将其反演成场景亮温图像。

校正模块根据已知的内部校正源或外部校正源采用校正算法校正系统误差。

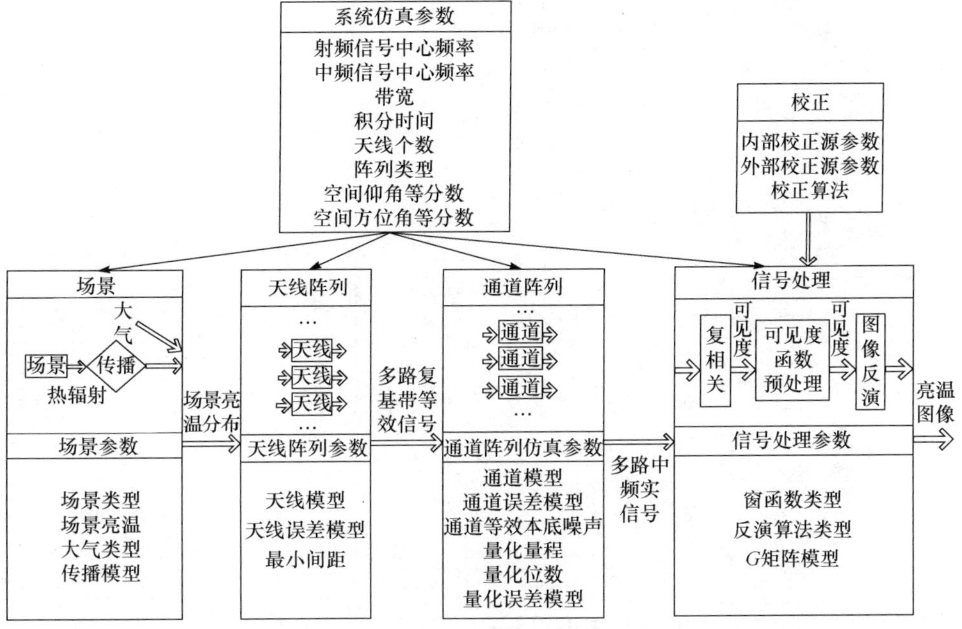

图 10-1　信号级仿真程序的结构框图

2. 功率级仿真

功率级仿真根据场景的亮温及天线阵列的排列，利用公式直接计算出可见度函数输出，没有仿真信号的具体接收过程，因此可大大降低仿真的运算量和缩短仿真时间。

功率级仿真程序是将信号级仿真程序中的天线阵列模块和通道阵列模块合并为信号接收模块，并将反演模块的计算复相关矩阵移到该模块。中频信号中心频率这个参数不再需要，射频信号中心频率简化为系统中心频率这个参数。其他接口没有变化。功率级系统仿真建模的结构如图 10-2 所示。

10.1.2　仿真程序介绍

鉴于综合孔径微波辐射计功率级仿真的高效率，这里介绍功率级仿真 MATLAB 程序。仿真程序的结构如图 10-3 所示。

仿真模块，包括场景模块、信号接收模块、反演算法模块及校正模块，并且每个模块都提供唯一的对外接口。

场景模块，包括仿真点源、矩形展源和图片导入，输出亮温分布。

信号接收模块，输入为场景亮温分布、系统参数及接收参数，输出可见度函数值。

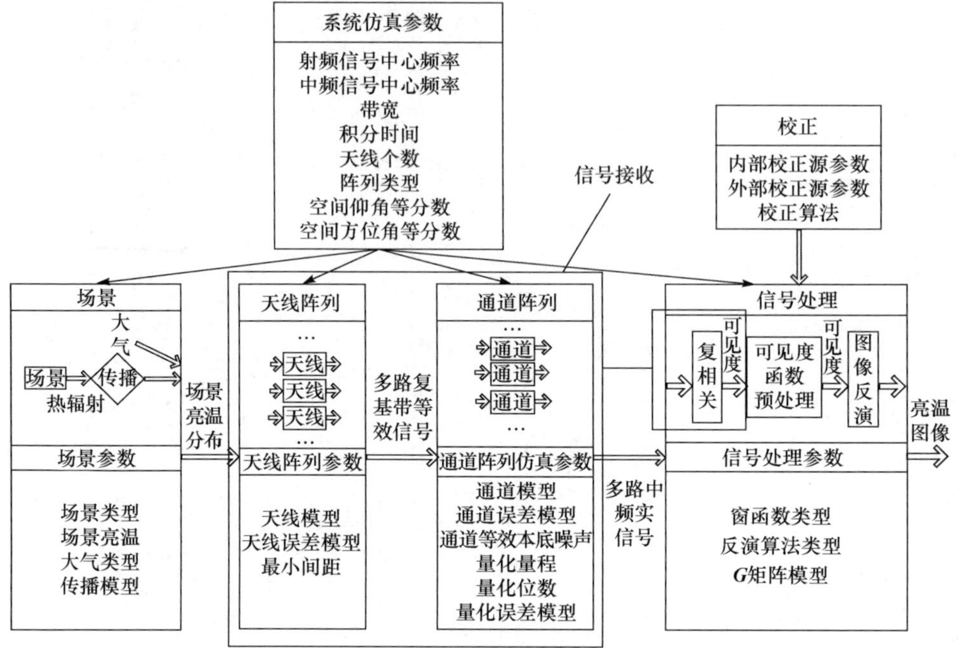

图 10-2　功率级系统仿真建模的结构框图

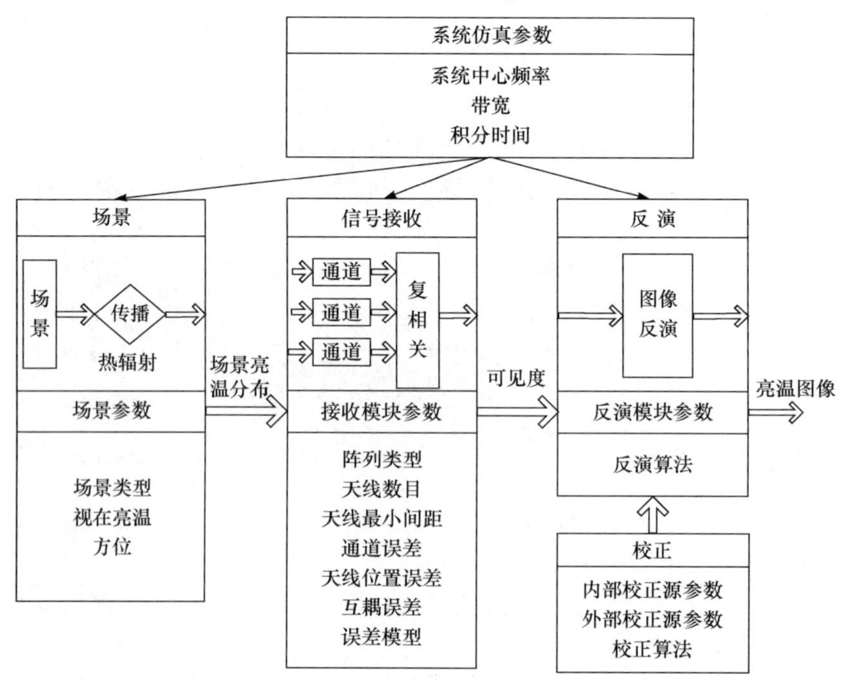

图 10-3　功率级仿真程序的结构框图

反演模块，输入可见度函数，输出反演出的亮温分布图。

校正模块，根据已知的内部校正源或外部校正源采用校正算法校正系统误差。

1. 命名规约

为了增强代码的可读性、维护性，方便各模块引用各种参数，对一些常用的参数和模块命名使用统一的规则。

1）模块命名前缀

由于各模块的名字很长，在编码中使用不方便。由于模块前缀是必需的，可以标记一类函数，如 Simulate，每一个模块都有，因此需要对这些模块前缀简化（表 10-1）。

表 10-1　模块名缩写

模块全名	缩写
场景模块(scene and target module)	STM
反演算法模块(inverse algorithm module)	IAM
信号接收模块(signal receive module)	SRM
校正模块(calibration System Module)	CAS

2）公用参数命名及前缀

为了使所有公用参数在所有引用中具有同样的名称，统一这些公用参数和前缀命名，以免混淆（表 10-2）。

表 10-2　公用参数名称

中文含义	命名
系统参数	sys_param
带宽	band
积分时间	integral_time
天线个数	ant_num
基线	baseline

3）函数和变量命名规范

为了有效区分函数和变量，增强代码的可读性，函数和变量命名使用以下方式。

① 函数命名方式。函数名每个单词的首字母大写，通过首字母大写分割多个单词，如 Simulate、SRMAntPosGenerate。

② 变量命名方式。变量命名首字母小写，通过下划线‘_’分割多个单词，如 min_spacing。

此外,还有例外情况,对一些传统的或者约定的缩写保留大写,如 error_Iphase_type。

4) 文件命名规则

由于所有的模型(误差模型、天线模型、通道模型)均是从文件读取,各个模块均有输出需要保存,因此文件名需要按规则命名,以避免文件混乱和覆盖等问题。

所有的模型文件名都加上模型所属的模块简写前缀,所有的误差模型文件名均加上模型所属的前缀名外还加上'error'前缀。例如,通道阵列相位误差的文件名可以描述为 SRM_error_phase。

所有输出的结果文件名都加上模块前缀名。

5) 帮助函数介绍

所有的参数变量都配以帮助函数。帮助函数均以 * HELP()命名。帮助函数没有实际的函数功能,其作用是说明该参数的修改方法,修改选择范围和参数的意义。

在主函数中可以通过右键 open selection 打开查看,如图 10-4 所示。

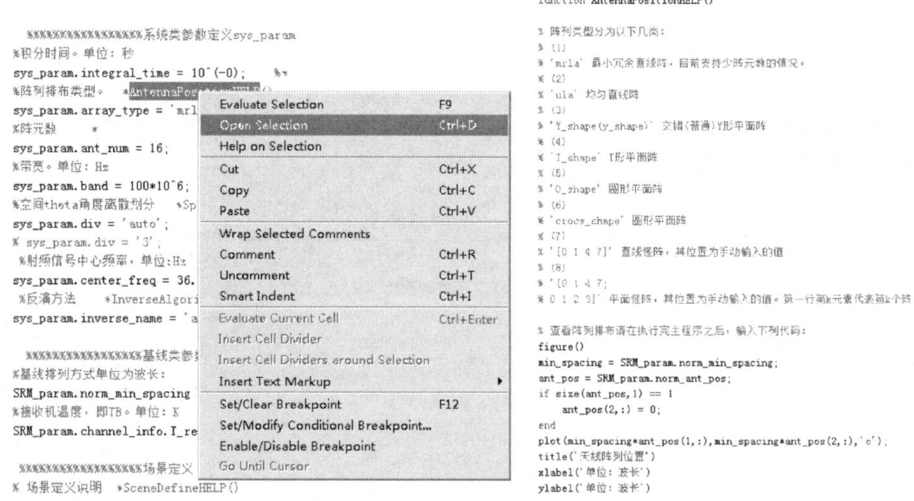

图 10-4 帮助函数查看方法示意图

2. 数据结构

由于整个仿真中既有系统级参数,又有各级模块参数,为方便使用和保持引用的正确性,可以将关联的数据结构组织起来,尽量不使用独立的参量。MATLAB 中提供的高级数据类型可以起到数据封装的作用,主要有 struct 和 cell 两种数据类型。

1）系统参数数据结构(表 10-3)

表 10-3　系统参数数据结构名称及成员变量

数据结构	struct
结构体名	sys_param
成员变量:	
带宽	band
系统中心频率	center_freq
积分时间	integral_time
天线个数	ant_num
空间离散划分	div
反演方法名称	inverse_name
阵列排布类型	array_type

2）场景模块数据结构

场景模块的参数均保存在结构体 STM_param 中,结构如表 10-4 所示。

表 10-4　场景模块数据结构名称及成员变量

数据结构	struct
结构名	STM_param
成员变量:	
仿真点源	idealpoint_simu
仿真展源	extentpoint_simu
图片导入	picinsert_simu

3）信号接收模块数据结构

信号接收模块的参数均保存在结构体 SRM_param 中,结构如表 10-5 所示。

表 10-5　信号接收模块数据结构名称及成员变量

数据结构	struct
结构名	SRM_param
成员变量:	
天线位置	norm_ant_pos
通道误差信息	channel_info
天线位置误差	ant_pos_info
互耦误差	mutual_info
天线方向图误差	antenna_pattern_info
归一化最小基线间隔	norm_min_spacing

4) 反演模块数据结构(表 10-6)

表 10-6　仅演模块数据结构名称及成员变量

数据结构	struct
结构名	IAM_param
成员变量:	
反演算法名称	inverse_name

5) 校正模块数据结构

相关噪声产生及分布网络所需的参数均保存在结构体 CAS_param 中,以单辅助源外部校正方法为例,CAS_param 结构体的详细变量如表 10-7 所示。

表 10-7　校正模块数据结构名称及成员变量(单外部校正源)

数据结构	struct
结构名	CAS_param
成员变量:	
校正源的真实位置	idealpoint_place
校正源的标称位置	nomipoint_place
校正源的能量	idealpoint_power

6) Cell 高级数据类型

对于天线阵列和通道阵列,由于可以将其划分为更小的块,因此天线阵列参数既有单个阵列参数变量,又有系列天线单元变量。这个时候就可以利用 Cell 高级数据类型将不同的数据类型组合起来。

3. 接口定义

各接口为该模块的缩写+Simulate。

1) 场景模块接口

① 接口函数:function T_dist=STMSimulate(Fov,delta,STM_param,div)。

② 输入参数:Fov,视场范围;delta,一个分辨率下的视场最小间隔;STM_param,场景参数;div,仿真视场划分规则。

③ 输出参数:T_dist,场景亮温分布。

2) 信号接收模块接口

① 接口函数:function self_correlation_matrix=SRMSimulate(T_dist,sys_param,SRM_param)。

② 输入参数:T_dist,亮温分布;sys_param,系统参数;SRM_param,信号接收模块参数。

③ 输出参数:self_correlation_matrix,自相关矩阵。

3）反演模块接口

① 接口函数:function T＝IAMSimulate(self_correlation_matrix,SRM_param,IAM_param)。

② 输入参数:self_correlation_matrix,自相关矩阵;SRM_param,信号接收模块参数;IAM_param,反演模块参数。

③ 输出参数:T,亮温图像。

4）校正模块接口

① 接口函数:function Calibrated_self_correlation_matrix＝CASCalibration(self_correlation_matrix,Calculated_error)。

② 输入参数:self_correlation_matrix,自相关矩阵;Calculated_error,通过计算求解的增益相位误差。

③ 输出参数:Calibrated_self_correlation_matrix,校正后的自相关矩阵。

4. 输出结果

根据需要显示仿真结果,如反演图像等。

5. 接受的文件类型

所有模型数据均根据模型名称从文件载入,所有的模型数据均应当为 MATLAB 内置数据文件类型 *.mat,所有代码只对该文件类型作处理。如果要将其他软件生成的文件,如 HFSS 仿真的天线模型,ADS 仿真的通道模型数据导入到仿真程序中使用,需另外编写相应的转换代码。

所有要保存的数据结果如各模块的输出,如果是数据,则保存为 *.mat 格式;如果是图像,则保存为 *.fig 格式。

6. 运行环境

本仿真程序在 MATLAB 7.4.0(R2007a)版本下编写,为了防止不必要的意外问题,建议在该版本下运行。

10.1.3　综合孔径微波辐射成像功率级仿真程序使用说明

仿真程序包括主程序和工具箱。工具箱包含仿真所需要的子函数,这些子函数隶属于 4 个模块,分别是场景模块、信号接收模块、反演模块,以及校正模块,并且每个模块都提供了一个唯一的对外接口。

主程序包括参数设定部分和模块函数调用部分。

① 参数定义包括参数详细意义、定义域、单位。

② 模块函数调用部分:调用顺序,(场景模块)⟶信号接收模块⟶(校正模块)⟶反演模块。

其中,当需要计算复杂场景时,可调用场景模块;当需要误差校正时,可调用校正模块。

该部分接口固定,不需修改,格式如下。

```
T_dist=STMSimulate(Fov,delta,STM_param,sys_param.div);
self_correlation_matrix=SRMSimulate(T_dist,sys_param,SRM_param);
Calibrated_self_correlation_matrix=CASCalibration(self_correlation_matrix,Calculated_error);
inv_T=IAMSimulate(Calibrated_self_correlation_matrix,SRM_param,IAM_param);
```

1. 参数设置

1) 系统参数设置

系统参数结构体 sys_param 成员、变量意义及使用限制如表 10-8 所示。

表 10-8 系统参数结构成员变量使用限制

数据结构体	struct	
结构体名	sys_param	
成员变量:		
中文意义	变量名	限制
系统中心频率	center_freq	单位 Hz
系统带宽	band	单位 Hz
天线个数	ant_num	Y 形阵时,天线个数必须为 3 的整数倍
积分时间	integral_time	单位秒
仿真空间划分	div	划分的份数越多,仿真越精确,但是时间会越长
阵列类型	array_type	

实例:见 Main_ASR1D_power.m。

2) 场景模块参数设置

场景模块参数结构体 STM_param 成员、变量意义及使用限制如表 10-9 所示。

表 10-9　场景模块参数设置限制

数据结构体	struct	
结构体名	STM_param	
成员变量：		
中文意义	变量名	限制
场景是否包含理想点源	idealpoint_simu	0 表示不仿真，1 表示仿真
来波方向	idealpoint_place	度
源的能量	idealpoint_power	K
场景是否包含均匀展源	extentpoint_simu	0 表示不仿真，1 表示仿真
展源的形状	extentpoint_model	
源的能量	extentpoint_rec_power	K
来波方向中心位置	extentpoint_rec_place_center	度
半边长	extentpoint_rec_place_hs	度
场景是否包含图片导入	picinsert_simu	0 表示不仿真，1 表示仿真
导入的图片位置	filename	
导入图形矩阵	matfile	
导入图片的上下和左右范围	pic_scope	

场景赋值实例详见帮助函数 SceneDefineHELP(). m.

3) 信号接收模块参数设置(表 10-10)和天线相关参数设置(表 10-11～表 10-14)

表 10-10　信号接收模块参数设置限制

数据结构体	Struct	
结构体名	SRM_param	
成员变量：		
中文意义	变量名	限制
归一化最小基线间隔	norm_min_spacing	单位为波长
天线位置	norm_ant_pos	一维阵列：该参数为一维向量，大小＝1 * ant_num； 二维阵列：该参数为矩阵，大小＝2 * ant_num
天线位置误差结构体	ant_pos_info	
天线互耦信息结构体	mutual_info	
天线方向图结构体	antenna_pattern_info	
通道信息结构体	channel_info	

表 10-11 天线位置误差参数设置限制

数据结构体	Struct	
结构体名	ant_pos_info	
成员变量:		
中文意义	变量名	限制
天线位置误差的分布	ant_pos_error_type	正态分布:'normal' 均匀分布:'uniform' 常数分布:'constant'
天线位置误差的大小	ant_pos_error_ quantity	以波长为单位,将其设为 0 表示没有误差

表 10-12 天线互耦参数设置限制

数据结构体	Struct	
结构体名	mutual_info	
成员变量:		
中文意义	变量名	限制
天线互耦误差的分布	mutual_error_type	正态分布:'normal' 均匀分布:'uniform' 常数分布:'constant'
天线互耦误差的大小	mutual_error_ quantity	以通道信号强度为单位,其值必须小于 1, 与天线间的距离成反比,将其设为 0 表示没有误差

表 10-13 天线方向图参数设置限制

数据结构体	Struct	
结构体名	antenna_pattern_info	
成员变量:		
中文意义	变量名	限制
天线类型	antenna_type	理想天线:'isotropic' 矩形口面天线:'rectangle' 圆形口面天线:'circle'
天线工作波长	wavelength	单位:米
天线尺寸	antenna_size	理想天线:无需 矩形口面天线:[长,宽] 圆形口面天线:半径
单元天线方向图误差类型	pattern_error_type	正态分布:'normal' 均匀分布:'uniform' 常数分布:'constant'
单元天线方向图误差大小	pattern_error_ quantity	以归一化方向图增益为单位, 将其设为 0 表示没有误差

表 10-14　通道参数设置限制

数据结构体	Struct	
结构体名	channel_info	
成员变量：		
中文意义	变量名	限制
通道噪声温度	T_rec	单位：K
通道幅度误差类型	error_amp_type	正态分布：'normal' 均匀分布：'uniform' 常数分布：'constant'
通道幅度误差大小	error_amp_quantity	以归一化增益为单位
通道同相相位误差类型	error_Iphase_type	正态分布：'normal' 均匀分布：'uniform' 常数分布：'constant'
通道同相相位误差大小	error_Iphase_ quantity	以弧度为单位， 将其设为 0 表示没有误差
通道正交相位误差类型	error_Qphase_type	正态分布：'normal' 均匀分布：'uniform' 常数分布：'constant'
通道正交相位误差大小	error_Qphase_ quantity	以弧度为单位， 将其设为 0 表示没有误差

4）校正模块参数设置

该模块采用单辅助源误差校正法，校正通道幅度，相位误差，需设置以下参数（表 10-15）。

表 10-15　校正模块参数设置限制

数据结构体	Struct	
结构体名	CAS_param	
成员变量：		
中文意义	变量名	限制
外部点源校正仿真标识	idealpoint_simu	0 表示不仿真，1 表示仿真
外部源实际位置	idealpoint_place	单位：度
外部源标称位置	nomipoint_place	单位：度
外部源强度	idealpoint_power	单位：K

5) 反演模块参数设置(表 10-16)。

表 10-16 反演模块参数设置限制

数据结构体	Struct	
结构体名	IAM_param	
成员变量:		
中文意义	变量名	限制
反演算法名称	inverse_name	字符串,取值范围(不区分大小写): 'fft1d','fft2d','hfft','auto' 对应'一维傅氏反演方法','二维傅氏反演方法','六边形傅氏反演方法'和'程序自动选择合适的反演算法'

2. 主程序中模块函数调用顺序

参考主程序

Main_ASR1D_power. m 一维阵列综合孔径图像反演

Main_ASR2D_power. m 二维阵列综合孔径图像反演

Main_ASR1D_power_with_calibration. m 一维阵列综合孔径误差校正图像反演

Main_ASR2D_power_with_calibration. m 二维阵列综合孔径误差校正图像反演

主程序中各级模块调用顺序如下。

① 产生天线排列。

[SRM_param. norm_ant_pos, sys_param. ant_num]=SRMAntPosGenerate(sys_param. array_type, sys_param. ant_num);

② 调用场景模块计算场景亮温分布。

T_dist=STMsimulate(Fov, delta, STM_param, sys_param. div);

③ 调用信号接收模块得到自相关矩阵。

self_correlation_matrix=SRMSimulate(T_dist, sys_param, SRM_param);

④ 调用校正模块得到校正后的自相关矩阵。

Calibrated_self_correlation_matrix=CASCalibration(self_correlation_matrix, Calculated_error);

⑤ 调用图像反演模块得到反演亮温。

inv_T=IAMSimulate(Calibrated_self_correlation_matrix, SRM_param, IAM_param);

10.1.4　仿真结果举例

仿真可针对某一个或几个模块进行，也可对整个接收链路进行。这里给出一些模块仿真和链路仿真的例子。

1. 一维最小冗余线阵

一维最小冗余线阵，阵元数 16，最小间距 0.5 倍波长；阵元位置为[0　1　2　5　10　15　26　37　48　59　70　76　82　88　89　90]；接收通道等效噪声温度 300K；系统频率 36.4GHz。场景放置 4 个理想点源，位置为[0 1 8 9]度，源的强度均为 200K 反演算法 auto(fftlD)。仿真结果如图 10-5 所示(未定标)。

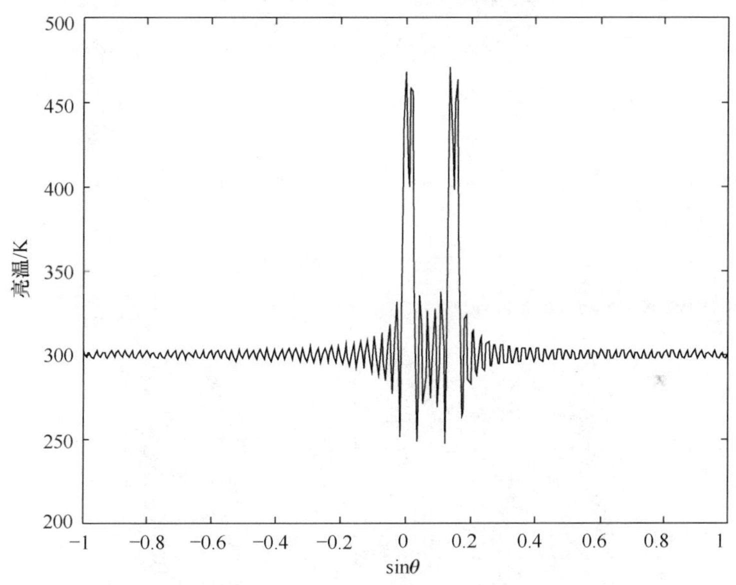

图 10-5　四个理想点源的一维反演图像

2. 二维 Y 形阵仿真

二维 Y 形阵仿真参数：天线阵列类型，Y 形阵；天线数目，24；系统带宽，100M；系统中心频率，36.4GHz；积分时间，1 秒；反演算法，auto(hfft)；天线最小间距，3.5 倍波长；接收机噪声温度，450K。

在以上参数条件下进行理想点源和地球场景的仿真，仿真结果如下。

仿真场景 1：点源位于阵列中心，亮温 300K。反演图像如图 10-6 所示(未定标)。

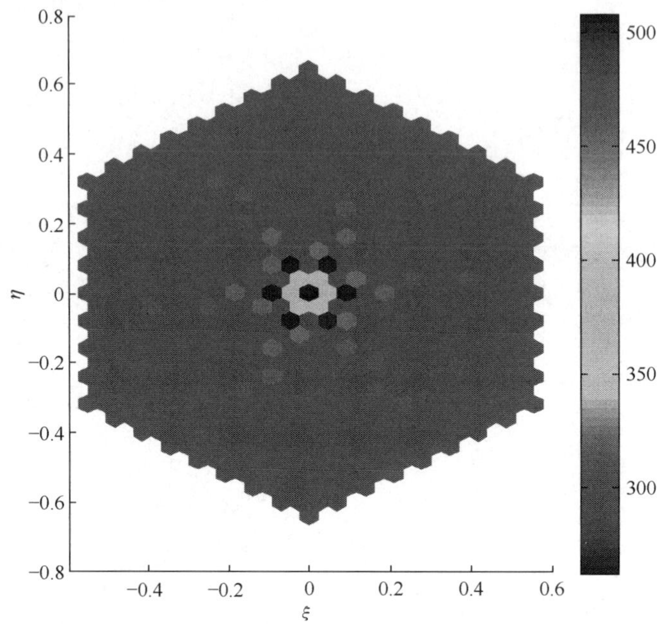

图 10-6　理想点源反演图像(见彩图)

仿真场景 2:模拟地球场景如图 10-7 所示。

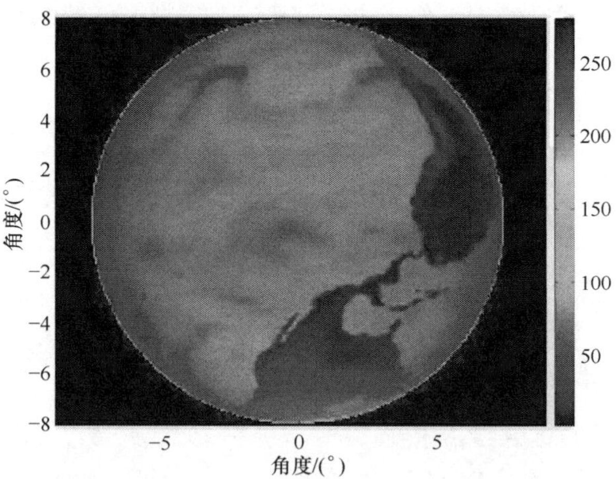

图 10-7　模拟地球场景原始亮温图(见彩图)

反演图如图 10-8 所示(未定标)。

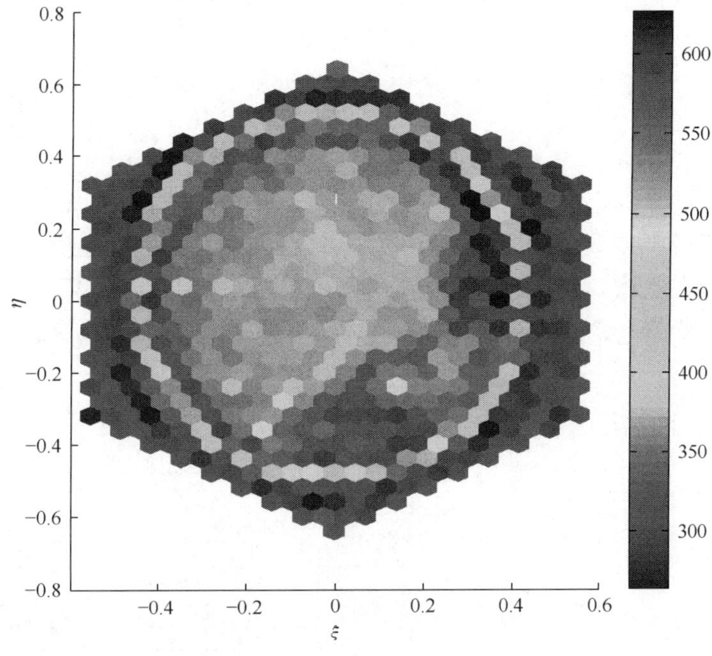

图 10-8　地球场景反演图(见彩图)

10.2　镜像综合孔径微波辐射成像仿真

镜像综合孔径微波辐射成像的概念、原理和方法是近几年华中科技大学提出的,还有很多问题需要研究。镜像综合孔径微波辐射成像仿真程序包括一维仿真程序和二维仿真程序,仿真过程大致相同。为了提高仿真效率,这里介绍一维镜像综合孔径微波辐射成像的功率级仿真程序。

10.2.1　仿真程序的步骤及流程

对于一维镜像综合孔径微波辐射成像,仿真步骤如下。

① 根据阵列排布及阵列到反射面的距离 h 确定所有双天线形成的采样频率。

② 重复①,获取所有 h 处所有双天线形成的采样频率,并对采样频率进行排序,据此确定矩阵 **CV**。

③ 根据所获取的采样频率,判断是否存在基线缺失,据此可以得到含基线缺失的实际阵列因子。

④ 组合所有 h 后的线性方程组,确定矩阵 $\boldsymbol{P}$。

⑤ 对场景根据 $\xi=\sin\theta$ 进行离散，用 ξ_k 表示，离散后的场景亮温用 $T(\xi_k)$ 表示。

⑥ 计算一维镜像综合孔径系统中的余弦可见度，其理论值为

$$\mathrm{CV}(u)=\Delta\xi\sum_{k=1}^{K}2T(\xi_k)\cos(2\pi u\xi_k)$$

⑦ 根据计算的余弦可见度及双天线相关输出理论值，确定向量 $\boldsymbol{R}$。

⑧ 应用最小二乘法求解线性方程组获得余弦可见度的实际值。

⑨ 若存在基线缺失，则采用插值补齐缺失基线的余弦可见度。

⑩ 利用获得的余弦可见度进行反余弦变换重建场景亮温图像。

仿真程序的流程如图 10-9 所示。

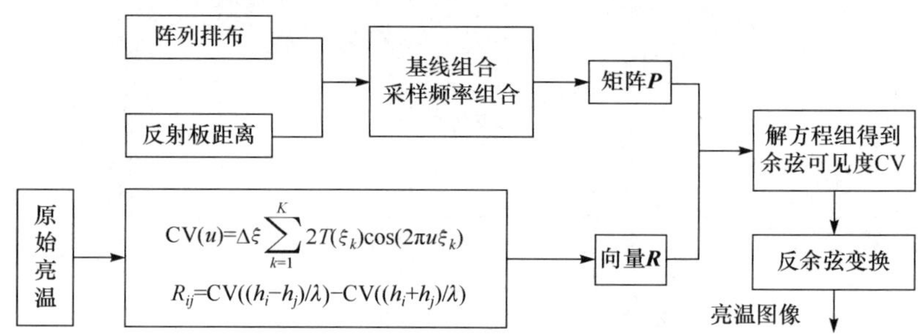

图 10-9 一维镜像综合孔径仿真流程

10.2.2 镜像综合孔径仿真程序使用说明

镜像综合孔径微波辐射成像仿真程序包括一维仿真程序和二维仿真程序，仿真过程大致相同。这里介绍一维镜像综合孔径微波辐射成像仿真的主程序 Main_MASI_Power. m，包括参数设置、原始亮温生成、传统综合孔径成像仿真(无反射面)、镜像综合孔径成像仿真(有反射面)，亮温图像输出。

参数设置：天线单元数，12；天线阵排列，12 单元最小冗余线阵，相邻天线的最小间距为一个波长。各单元天线的排布位置为 $ant\_pos=\{0,1,3,6,13,20,27,34,41,45,49,50\}$。反射面与天线阵的距离组合为 $height=\{25\lambda,25.5\lambda,26\lambda,26.5\lambda,50\lambda,50.5\lambda,51\lambda,51.5\lambda,\}$。

频带宽度：band＝10^7 Hz。

积分时间：tao＝1s。

接收通道本底噪声：Trec＝300K。

原始亮温生成包括双点源和展源两种，生成方法如下。

① 构造亮温序列：Tb＝zeros(N_l,1)。

② 设置点源的位置及强度：Tb(point1,1)＝200；Tb(point2,1)＝200；其中

point1、point2 是两个点源位置

③ 设置矩形展源的位置及强度：Tb(start：end，1)＝200；其中 start 和 end 是矩形展源的起始位置和结束位置

④ 设置其他类型的展源：直接用类似的形状函数赋值即可。

传统综合孔径成像仿真(无反射面)如下。

① 计算传统一维综合孔径系统中的可见度，其理论值为

$$V(u) = \Delta\xi \sum_{k=1}^{K} T(\xi_k)\exp(-\mathrm{j}2\pi u\xi_k)$$

② 调用傅氏反变换函数，反演得到传统一维综合孔径的亮温分布。

镜像综合孔径成像仿真(有反射面)如下。

① 根据阵列排布以及阵列到反射面的距离 h 确定所有双天线形成的采样频率。

② 获取所有 h 处所有双天线形成的采样频率，并对采样频率进行排序。据此确定余弦可见度矩阵 **CV**。

③ 根据所获取的采样频率，判断是否存在基线缺失。

④ 计算一维镜像综合孔径系统中的余弦可见度，其理论值为

$$\mathrm{CV}(u) = \Delta\xi \sum_{k=1}^{K} 2T(\xi_k)\cos(2\pi u\xi_k)$$

⑤ 计算每对天线的相关输出值。

仿真两种方式的成像。

① 理想可见度仿真。利用所有的余弦可见度，进行反余弦变换，得到仿真的亮温分布。

② 求解可见度仿真。根据所有 h 处天线对相关输出，构建相关值与余弦可见度的方程组；应用最小二乘法求解线性方程组获得余弦可见度的实际值。若存在基线缺失，则采用插值补齐缺失基线的余弦可见度。利用获得的余弦可见度进行反余弦变换重建场景亮温图像。

10.2.3　仿真结果举例

考虑一个 12 单元的一维镜像综合孔径系统，其阵列排列为最小冗余线阵，排列间距为{1,2,3,7,7,7,7,7,4,4,1}，为了削弱基线缺失，以及线性方程组欠定性的影响，联合 $h=25\lambda, 25.5\lambda, 26\lambda, 26.5\lambda, 50\lambda, 50.5\lambda, 51\lambda, 51.5\lambda$ 这 8 个位置的相关输出，此时联合后的线性方程组中 $\boldsymbol{P}$ 的大小为 528×202，秩为 201。在仿真过程中，不考虑天线方向图的影响，假设单元天线为全向天线，采用最小二乘最小范数正则化方法求解线性方程组。

1. 点源成像仿真

图 10-10 为双点源成像仿真结果。

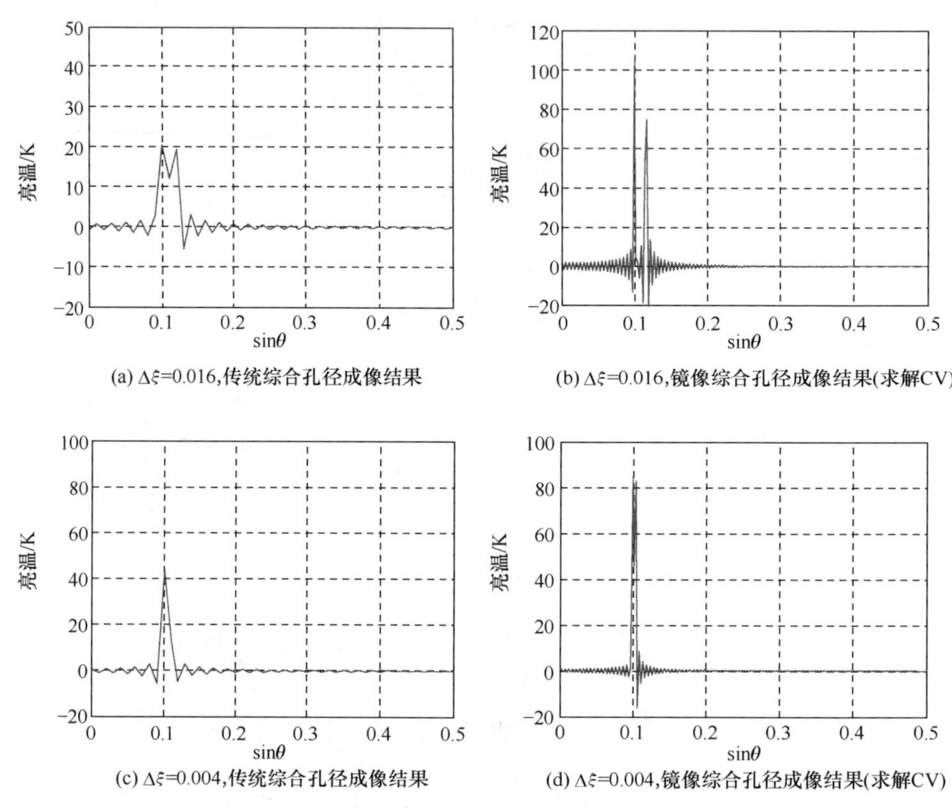

图 10-10 双点源成像仿真

图 10-10(a)和图 10-10(b)为位置间隔为 $\Delta\xi=0.016$ 的两个点源的仿真结果,结果表明 12 单元传统综合孔径系统刚刚可以分辨,而 12 单元镜像综合孔径系统则非常明晰地分辨了该双点源。进一步缩短两点源之间的间距到 $\Delta\xi=0.004$(图 10-10(c)和图 10-10(d)),可以发现传统综合孔径系统已经不能分辨,而镜像综合孔径系统依然能够分辨出该双点源,说明镜像综合孔径系统的空间分辨率优于传统综合孔径分辨率。仿真中镜像综合孔径的最长基线为(202λ),传统综合孔径的最长基线为(50λ)。

2. 展源成像仿真

图 10-11 对应于亮温为均匀阶梯分布的展源仿真结果。

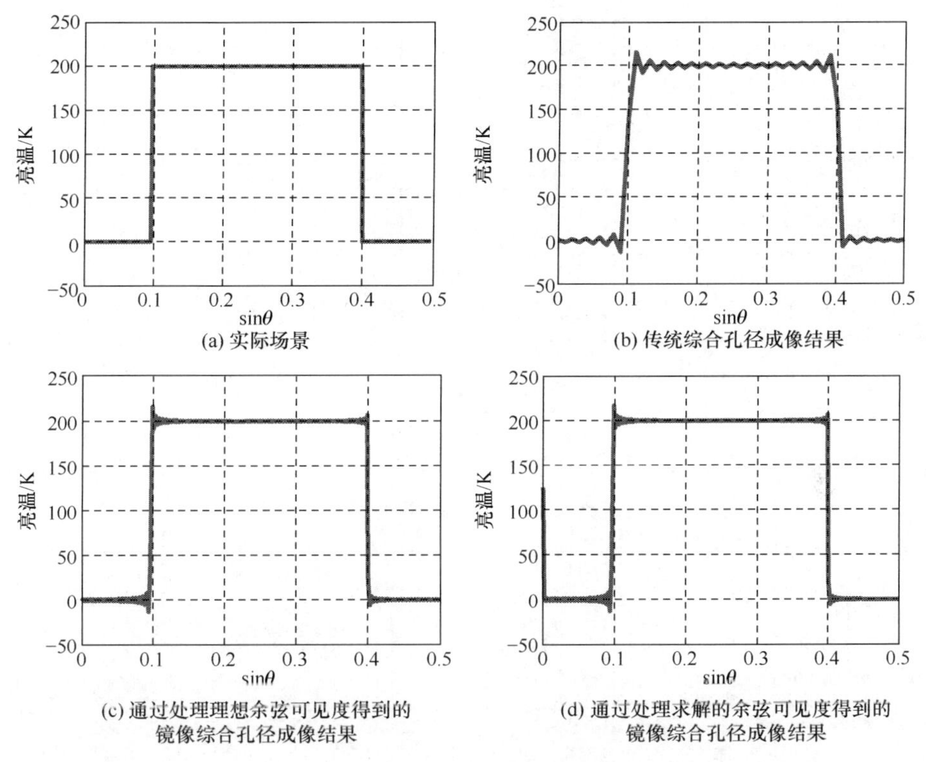

(a) 实际场景　(b) 传统综合孔径成像结果

(c) 通过处理理想余弦可见度得到的镜像综合孔径成像结果　(d) 通过处理求解的余弦可见度得到的镜像综合孔径成像结果

图 10-11　亮温为均匀阶梯分布的展源仿真

图 10-11(b)对应于传统的综合孔径结果，图 10-11(c)对应于镜像综合孔径对理想的余弦可见度进行处理的结果，图 10-11(d)对应于镜像综合孔径对求解的余弦可见度进行处理的成像结果。结果表明，镜像综合孔径能够正确重建展源场景的亮温分布，而且由于镜像综合孔径系统能够获得更多的采样频率，因此 Gibbs 振铃现象的影响被削弱。比较图 10-11(c)和图 10-11(d)，可以发现在 $T(0)$处存在较大反演误差约 126.33K，在其他位置约 0.31K 的小误差，这是因为求解的余弦可见度与理想可见度之间存在 0.16K 差异，该差异将导致一个较大的直流误差。由于大误差仅发生在 $T(0)$处，这种误差可以通过更有效的正则化方法来降低。

图 10-12 对应于亮温为“凸”字分布的展源仿真结果，镜像综合孔径反演结果中的上升沿和下降沿比传统综合孔径反演图像更接近于实际情形。此时，求解余弦可见度与理想可见度的差异下降至 0.10K，整幅图像的亮温[图 10-12(d)]与理想亮温[图 10-12(c)]差异下降至 0.20K，$T(0)$处误差下降至 83.69K。这说明，反演亮温误差与原始场景亮温分布有关。

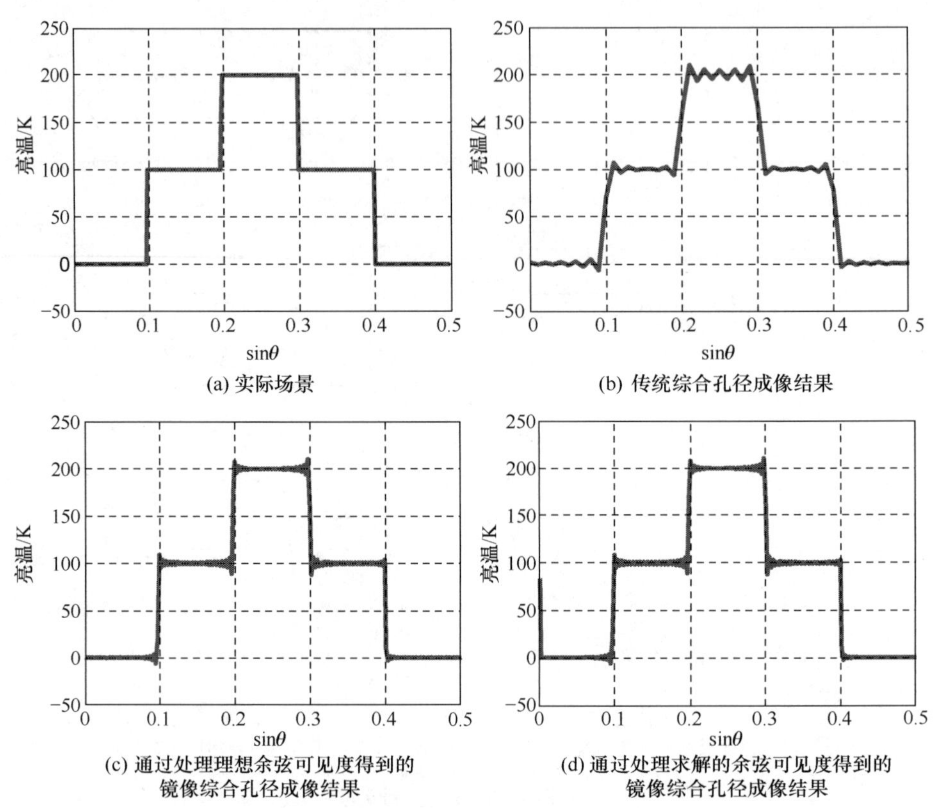

(a) 实际场景

(b) 传统综合孔径成像结果

(c) 通过处理理想余弦可见度得到的镜像综合孔径成像结果

(d) 通过处理求解的余弦可见度得到的镜像综合孔径成像结果

图 10-12 亮温为“凸”字分布的展源仿真

第 11 章　综合孔径微波辐射计成像实验

本章介绍华中科技大学研制的 8mm 波段 16 阵元一维综合孔径微波辐射计实验系统 HUST-ASR 及其实验的例子，并简要介绍欧空局研制的全球唯一在轨运行的星载综合孔径微波辐射计 SMOS-MIRAS（二维综合孔径）系统，以及从可见度到亮温图像反演的例子。此外，我们还研制了 24 阵元 L 波段 Y 形阵二维综合孔径微波辐射计，但与 SMOS-MIRAS 系统类似，此处从略。

本章介绍的实验数据处理程序代码可以在华中科技大学电子信息与通信学院的网站（http://eic. hust. edu. cn）进入电子工程系（或微波研究中心）网页的研究成果栏目下载。

11.1　HUST-ASR 系统及实验

11.1.1　综合孔径微波辐射计实验系统 HUST-ASR

华中科技大学研制的一维综合孔径微波辐射计实验系统[1,2]（Huazhong university of science and technology-aperture synthesis radiometer，HUST-ASR）用于综合孔径微波辐射成像的原理验证与实际应用的可行性研究。由于综合孔径阵列在两维的成像原理是相同的，为了在有限的阵元数下实现更高的空间分辨率，实验样机 HUST-ASR 系统采用一维综合孔径阵列结构，在另一维依靠机械扫描进行成像。下面介绍一维综合孔径微波辐射计实验系统——HUST-ASR 系统。

HUST-ASR 实验系统是一个装在电控机械转台上的 8mm 波段 16 阵元一维综合孔径辐射计，成像方式是由综合孔径天线阵列在水平方向形成一维图像，再依靠转台在俯仰方向上的机械扫描形成二维图像，如图 11-1 所示。

HUST-ASR 系统组成框图如图 11-2 所示，硬件部分主要由天线阵列、接收通道阵列、同步 AD 阵列、数据处理器（计算机）、系统控制器，以及机械转台组成。数据处理器结合软件程序完成信号复相关运算生成可见度函数、系统误差校正、图像反演与输出显示等数据处理功能；系统控制器结合软件程序实现机械转台扫描控制功能。

整个系统的信号处理流程：视场内微波热辐射信号由天线阵列接收，送至接收通道阵列；接收通道阵列将 16 路信号选择频带、放大、同步下变频至中频送至同步 AD 阵列；同步 AD 阵列将 16 路中频模拟信号转换成数字信号，送入数据处理器；数据处理器将 16 路数字信号进行两两复相关运算生成所有基线的可见度，然后对可见度数据进行误差校正、图像反演运算，输出场景的亮温图像。

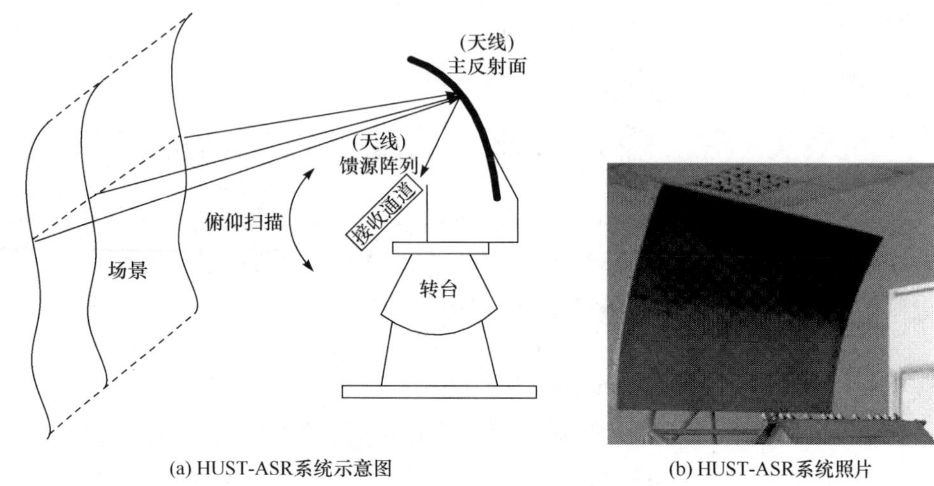

(a) HUST-ASR系统示意图　　(b) HUST-ASR系统照片

图 11-1　HUST-ASR 系统示意图及照片

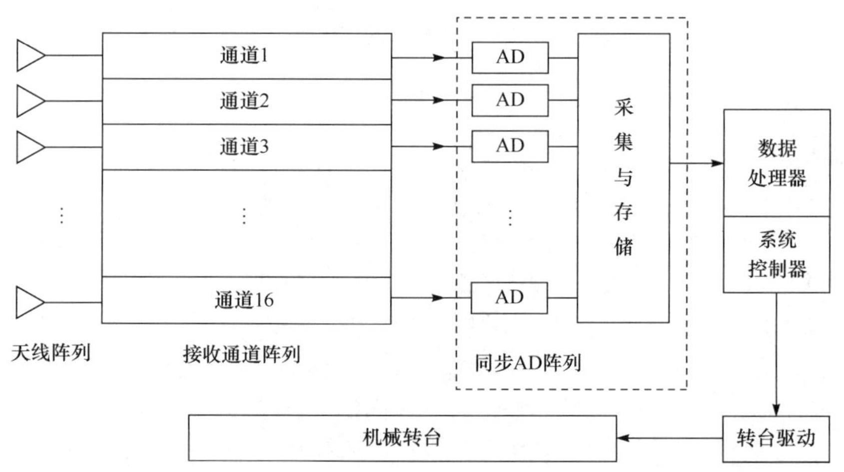

图 11-2　HUST-ASR 系统框图

下面介绍 HUST-ASR 系统的主要组成部分，即天线阵列、接收通道阵列、同步 AD 阵列、系统控制与数据处理，包括其设计考虑。

1. 天线阵列

1) 现有综合孔径微波辐射计的天线阵物理结构

目前国内外已有的各种综合孔径微波辐射计系统，其天线阵的主要设计方案、参数、性能，以及优缺点总结如下。

(1) 振子天线阵

① 应用系统。一维综合孔径微波辐射计，如 ESTAR。

② 天线阵参数。单元天线为 8 个偶极子组成的杆状天线，水平极化；5 根杆状天线组成 7 基线低冗余线阵。

③ 性能优缺点。一般适用于低频段，相隔较近的振子天线之间互耦较大(－14dB)。

(2) 波导缝隙阵

① 应用系统。一维综合孔径微波辐射计，如 NASA 戈达德空间飞行中心的 ESTAR37、LRR X-band，中国科学院空间中心的 CAS C/X-band，中国电子科技集团公司第十研究所的 Ka-band ASR。

② 天线阵参数。阵元形式多采用谐振式(驻波)缝隙阵，若干根缝隙波导组成低冗余线阵，结合机械扫描实现二维成像。中国电子科技集团公司第十研究所采用波导缝隙行波阵作为单元天线是一种新的尝试，相应地须结合频率扫描来实现二维成像。

③ 性能优缺点。优点是辐射与传输一体，主波束效率高、机械结构简单、稳定性高；缺点是带宽窄、损耗稍大，调谐过程复杂，波导开缝不能过多。

(3) 贴片天线阵

① 应用系统。二维综合孔径微波辐射计，如欧洲航天局的 MIRAS、NASA 戈达德空间飞行中心的 2D-STAR、赫尔辛基理工大学的 HUT-2D。

② 天线阵参数。阵元形式为矩形或圆形贴片天线，双极化或全极化。阵列通常采用 Y 形阵/交错 Y 形阵，以及 U、T 形阵。

③ 性能优缺点。适用于低频段，用于较高频段如 Ka 波段一般会有损耗较大的问题。

(4) 圆锥喇叭天线阵

① 应用系统。二维综合孔径微波辐射计，如 NASA 喷气动力实验室的 GeoSTAR。

② 天线阵参数。阵元形式为 potter 圆锥多模喇叭的变种(双极化)，采用抛物线形的剖面以拓展带宽至 50～56GHz。这种设计允许非常紧密的间距以最大化口径面积，从而最大化接收能量百分比，而且其喇叭锥设计可以减小互耦和方向图扰动的影响，从而有效地减小天线阵误差。

③ 性能优点。带宽较宽，天线间互耦很小，阵列中心相邻阵元间互耦约－60dB。

天线阵电气性能与综合孔径微波辐射计系统成像性能密切关联：阵列最大孔径直接决定了系统的分辨率，单元天线决定了系统的视场，而天线旁瓣、波束效率及阵列拓扑结构等对系统灵敏度均有重要影响。天线阵的设计必须综合考虑系统性能指标、硬件成本,以及应用需求等多方面的因素。

2) 天线阵列要求

考虑到系统硬件成本和灵敏度、分辨率等性能指标,一维实孔径和一维综合孔径的混合成像辐射计系统仍具有相当吸引力。结合卫星平台的移动,则可以实现推扫成像。因此,HUST-ASR 原型样机采用实孔径/综合孔径相结合的混合成像辐射计。

一维 ASR 要求天线阵提供一系列扇形波束(一维波束较宽,一维波束较窄),通过一维相关干涉技术来合成大量笔形波束,实现视场内的高分辨率成像。出于成本考虑,HUST-ASR 系统阵元数限定为 16,天线单元的总体指标要求如表 11-1 所示。

考虑到工作频段为 Ka 波段,适合表 11-1 指标要求的天线结构通常有反射面天线、波导缝隙天线和扇形喇叭天线。过窄的带宽和较高的机械复杂度限制了波导缝隙天线在本系统中的应用,而较大口径的扇形喇叭其长度过长,机械制造也面临困难。喇叭馈电的抛物柱面天线因为其带宽宽、机械结构简单、稳定性高等特点,能很好地满足本系统的指标要求,其结构笨重的缺点也可随轻型网格材料、折叠机制等技术的发展而得到解决。

表 11-1 HUST-ASR 系统对天线单元指标要求

工作频段	Ka 波段
带宽	±2GHz
旁瓣电平	<−20dB
H 面波束宽度	0.7°
增益	30dB
VSWR	<1.3
极化方式	水平极化

3) 天线阵列结构

为满足一维毫米波 ASR 系统天线指标要求,提出一种共享偏置抛物柱面的稀疏天线阵结构,如图 11-3 所示。实际上,每个 ASR 天线单元由一个馈源喇叭和柱形反射面组成,提供所需的扇形波束。这些天线单元排成稀疏线阵,共享同一个反射面。

为避免馈源阵列遮挡引起的旁瓣升高和增益损耗,本系统采用偏置反射面结构,该结构还可有效减小天线的 VSWR。综合高增益、低交叉极化和机械结构紧凑性的折中考虑,选定焦径比 $f/D=0.7$。出于系统低旁瓣的要求,选定边缘照射电平 EI=−12dB,而不是通常的−10dB(增益最佳)。偏置结构引起的口径面非对称电场分布，会造成天线远场辐射方向图的非对称，从而降低天线性能。通过调节馈源喇叭的指向角，可减轻这种不利影响。

反射面
D
X
ψα
ψα
ψ1
ψ0
馈源阵
Z
d
f
接收机
支撑结构

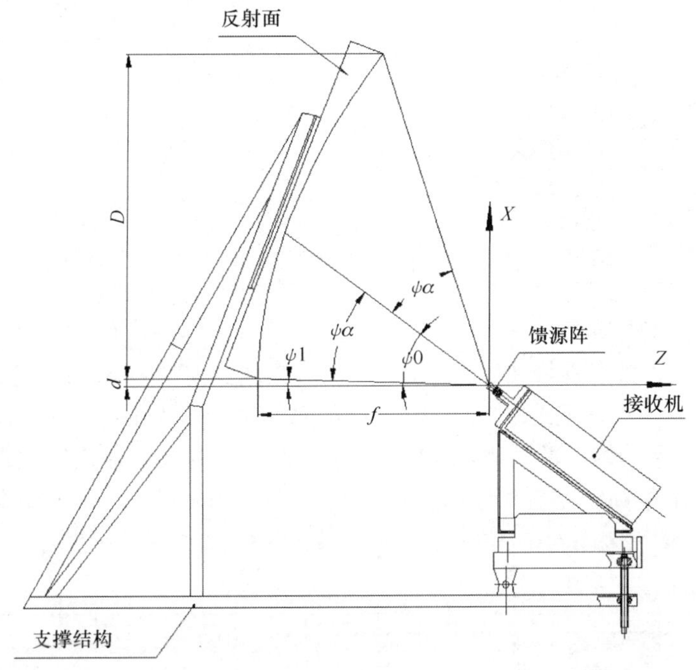

图 11-3　天线阵整体结构图

不同于传统的均匀分布线阵(ULA)，16 单元馈源喇叭如图 11-4 所示，沿反射面焦线排成最小冗余线阵，实现 Y 轴方向的综合孔径高分辨率成像。阵元最小间距为 1 倍波长，馈源阵列最大基线为 90 倍波长。

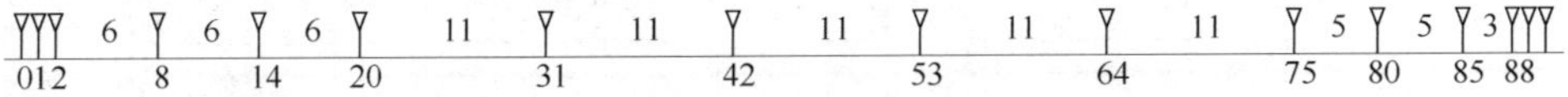

6 6 6 11 11 11 11 11 5 5 3
012 8 14 20 31 42 53 64 75 80 85 88

图 11-4　16 单元最小冗余线阵排列示意图

此外，还设计了一套连接反射面和初级馈源阵的支撑结构，如图 11-3 所示。该结构的一端作为反射面的背架，另一端为馈源阵和接收机前端(两者通过直或弯的 BJ-320 波导相连)提供放置平台。通过调节平台下方的三对螺钉，可以保证馈源阵口面中心精确位于焦线处。

天线系统各部分结构详述如下。

(1) 反射面

抛物柱面的截面图如图 11-3 所示。各偏置参数如表 11-2 所示。Y 向口径 L 足够长，以确保线阵两端阵元对反射面的 E 面边缘照射电平低于 -7dB。

表 11-2 反射面偏置参数

X 向口径 D	0.79m
Y 向口径 L	1.78m
焦距 f	0.55m
偏置净距 d	0.025m
下边缘角 ψ_1	2.6°
上边缘角 ψ_2	73.1°
对分角 ψ_0	37.8°
半张角 ψ_a	35.2°
H 面边缘照射 EI	−12dB

(2) 馈源喇叭

初级馈源采用普通角锥喇叭,水平极化。为增大有效接收面积,减小 VSWR,可以将 E 面尽量扩宽至约 1 个波长。这样,线阵左右两侧的各三个喇叭单元必须采用独特的连体结构。馈源喇叭 H 面尺寸依据给定的抛物面边缘照射电平(EI=−12dB)、照射角($2\psi_a$=70.4°)来确定。参照图 11-5 的 HFSS 仿真结果,确定喇叭的 H 面尺寸 H=14.8mm,喇叭长度(喇叭颈部到口面中心的距离)R=25mm。

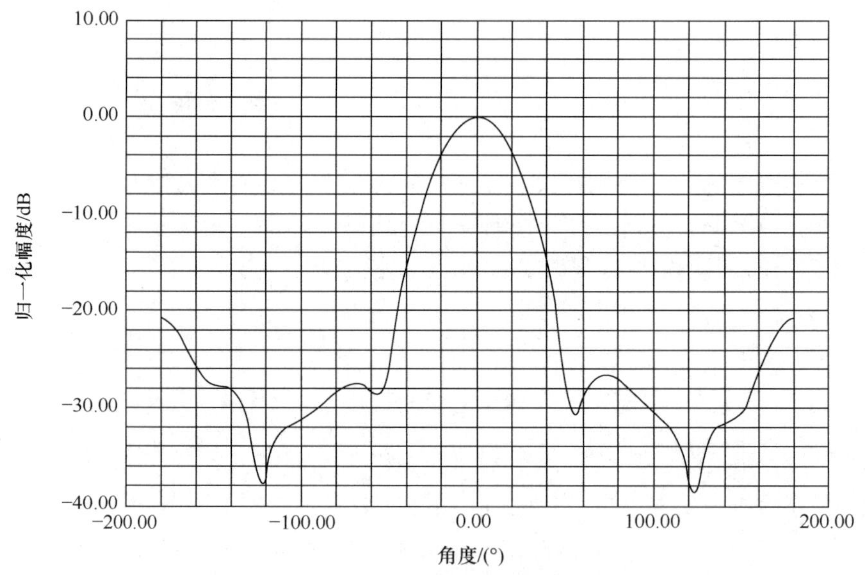

图 11-5 馈源喇叭 H 面方向图的 HFSS 仿真结果

f=36.4GHz 时,H 面波束宽度 $\Delta\theta_{-12\text{dB}}$=71°

(3) 机械公差

通常来说,表面公差对反射面天线电性能(增益、旁瓣等)有着重要影响,同时在本天线系统中,馈源阵列的位置误差会影响各单元天线方向图的一致性,进而影响综合孔径辐射计成像性能。在本设计中，反射面表面公差限定在 0.2mm($\lambda/40$)以下，而馈源阵列的横向误差限定在 0.2mm 以下，轴向误差限定在 0.12mm 以下。

4) 电性能分析

为验证以上设计，我们对天线基本电参数(如半功率波束宽度 HPBW、旁瓣电平 SLL、增益等)逐一计算。

(1) HPBW 和 SLL

利用口径场法分析抛物面天线的远场方向图。抛物柱面天线沿 X 轴方向口径场分布可近似表述为

$$Q(x)=C+(1-C)\cdot\left[1-\left(\frac{x-h}{a}\right)^2\right]^p \tag{11-1}$$

其中，$C=10^{\mathrm{EI}/20}=0.25$；$p=1.5$；$a=D/2=0.4\mathrm{m}$；$h=a+d=0.42\mathrm{m}$。

抛物柱面天线沿 y 轴方向投影为直线，并无聚焦作用。一阶近似下可认为是均匀分布，即 $Q(y)=1$。由标量绕射理论，天线远场辐射方向图与口径场分布为近似傅氏变换关系，即

$$E(\theta,\phi)=\int_{\mathrm{aperture}} Q(\boldsymbol{r})\mathrm{e}^{\mathrm{j}kr}\mathrm{d}s \tag{11-2}$$

假定口径场分布函数可分离，由式(11-2)可以近似求出抛物柱面天线两主平面的辐射方向图。

H 面($\varphi=0°$)

$$E_H(\theta)=\int_d^{d+D} Q(x)\mathrm{e}^{\mathrm{j}kx\sin\theta}\mathrm{d}x \tag{11-3}$$

E 面($\varphi=90°$)

$$E_E(\theta)=\int_{-W/2}^{W/2}\mathrm{e}^{\mathrm{j}ky\sin\theta}\mathrm{d}y \tag{11-4}$$

由式(11-3)和式(11-4)可知，H 面和 E 面的半功率波束宽度约为 0.7°和 51°，第一旁瓣电平(FSLL)约为−23dB 和−13.2dB。

由于 E 面采用综合孔径信号处理方式，其合成功率方向图为 E 面单元天线方向图 $E_E(\theta)$与综合孔径阵列因子 AF 的乘积。由于 E 面单元天线方向图比 AF 要宽得多，因此合成功率方向图波束宽度近似等于 AF 波束宽度。合成功率方向图波束宽度为

$$\Delta\theta_{-3\mathrm{dB}}^{\mathrm{syn}}\approx 0.89\frac{\lambda}{D_y}=0.89\frac{\lambda}{2\cdot 90\lambda}=0.28° \tag{11-5}$$

考虑可见度函数的共轭对称性使得阵列最大基线加倍($D_y=2\times 90\lambda$)。相应地，合成功率方向图第一旁瓣电平约为−6.6dB。

(2) 增益

由口径场分布关系，可计算出口径效率，即

$$\eta_a = \frac{\left[\int_d^{d+D} Q(x)\mathrm{d}x\right]^2}{\int_d^{d+D} Q^2(x)\mathrm{d}x} \approx 0.88 \tag{11-6}$$

单元天线有效接收面积为

$$A_e = \eta_a A_p = \eta_a DW \tag{11-7}$$

因此,单元天线增益为

$$G(\mathrm{dB}) = 4\pi \cdot \frac{A_e}{\lambda^2} \approx 30.2 \tag{11-8}$$

上述计算忽略了一些误差(如随机表面误差,馈源能量泄漏等)的影响,因此实际值会略低于该理论计算值。

(3) 视场

阵元最小间距为 1 倍波长($\Delta u=1$),无栅瓣视场$[-\theta_{\max},\theta_{\max}]$,即

$$\sin\theta_{\max} = \frac{1}{2\Delta u} = \frac{1}{2} \tag{11-9}$$

得 $\theta_{\max}=30°$,即 HUST-ASR 无栅瓣视场为阵列法向两侧±30°的区域。

5) 测量结果

系统中心频率处测得的单元天线两主平面辐射方向图如图 11-6 图 11-7 所示,为简便计,仅给出一个阵元的方向图,其他阵元类似。E 面合成功率方向图(阵列因子与 E 面单元方向图的乘积)测量结果如图 11-7 所示。由图 11-6 和图 11-7 可知,H 面阵元方向图半功率波束宽度(HPBW)约 0.7°,旁瓣电平低于−20dB。E 面阵元方向图 HPBW 约 50°,旁瓣电平约−13dB,合成功率方向图 HPBW 约 0.3°,旁瓣电平约−7dB。方向图测量结果与理论计算结果基本吻合。

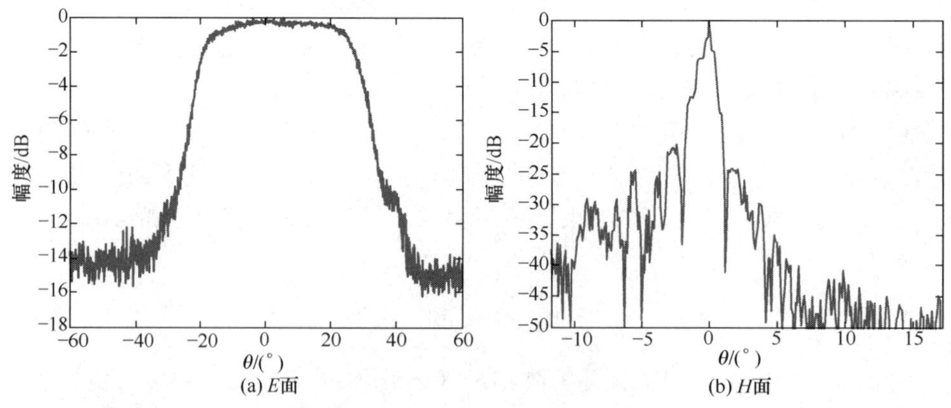

图 11-6　单元天线实测远场方向图

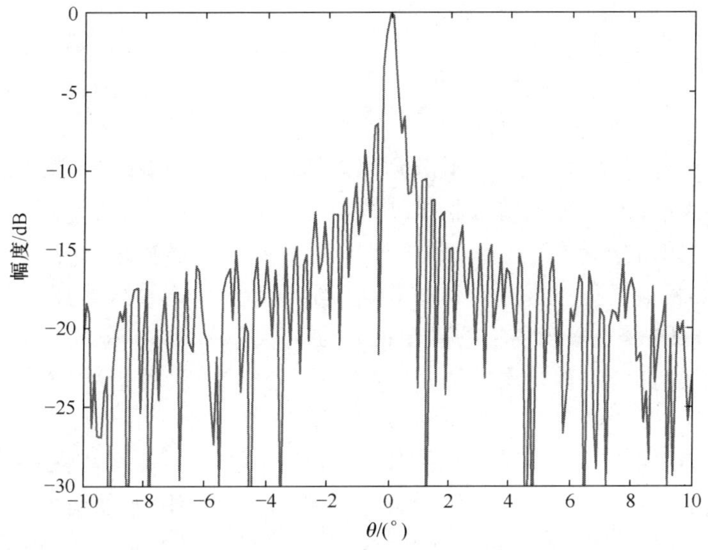

图 11-7　E 面合成功率方向图

表 11-3 列出了阵列中各单元天线在系统中心频率处的 VSWR 测量值，均在 1.2 以内。线阵左右两端的三联体喇叭 VSWR 值稍大。

表 11-3　天线阵列各单元 VSWR 测量值

单元编号	VSWR	单元编号	VSWR
1	1.18	9	1.12
2	1.2	10	1.13
3	1.18	11	1.11
4	1.15	12	1.13
5	1.13	13	1.14
6	1.11	14	1.2
7	1.12	15	1.17
8	1.11	16	1.17

所有实测结果表明，设计的 HUST-ASR 天线阵很好地满足了表 11-1 中的指标要求，具有窄主瓣、低旁瓣、低驻波比等特点，适合被动成像应用。该天线阵在垂直方向上仍需借助平台的转动实现扫描成像，一种改进的结构是在垂直方向上采用多波束成像。在图 11-4 中，沿 X 轴方向以平行于抛物柱面焦线的方式放置多个相同的馈源线阵，来实现垂直维上的多波束。相应的综合孔径/焦平面相结合的混合天线阵结构也需进行研究，包括偏焦波束特性（主瓣宽度、旁瓣电平）、偏焦馈

源阵的排布等。

2. 接收通道阵列

微波辐射计一般采用超外差结构接收机，实现对辐射信号的放大、选频与下变频，但由于综合孔径辐射计基于干涉测量原理，不但要测量辐射信号幅度，还要保留信号相位信息，因此其干涉接收机结构与实孔径辐射计一般采用的全功率接收机不同。最主要的区别在于全功率接收机只需测量信号功率，因此一般采用双边带结构，即在下变频前不进行射频滤波，将射频与镜频信号混迭在一起接收，可增加信号功率。射频与镜频信号的直接混迭会丢失信号原始相位信息，而且不可恢复，因此干涉接收机要么采用单边带结构，在下变频前进行射频滤波，要么采用正交下变频结构，用硬件直接产生 I 和 Q 两路正交信号。

HUST-ASR 接收通道阵列结构如图 11-8 所示。由 16 个单元接收通道组成，本振信号由单个本振源功分 16 路至各单元通道。每个单元通道的结构如图 11-9 所示。单元通道采用了单边带接收机结构，好处是可以节省一半的后端 AD 采集通道数量；接收带宽为 100MHz，由于射频滤波器无法实现这么窄的相对带宽，一次变频无法完全滤除镜频信号，因此系统采用了二次下变频的单边带接收机结构。此外，为了保证接收机阵列各单元通道相位相干性，要求对各单元通道实现同步下变频，这通过将下变频的两级本振均采用功分本振的方式来实现，即本振信号由单个本振源功分 16 路至各单元通道。单元通道噪声系数≤4.5dB，增益≥90dB，中频输出频率为 70MHz。

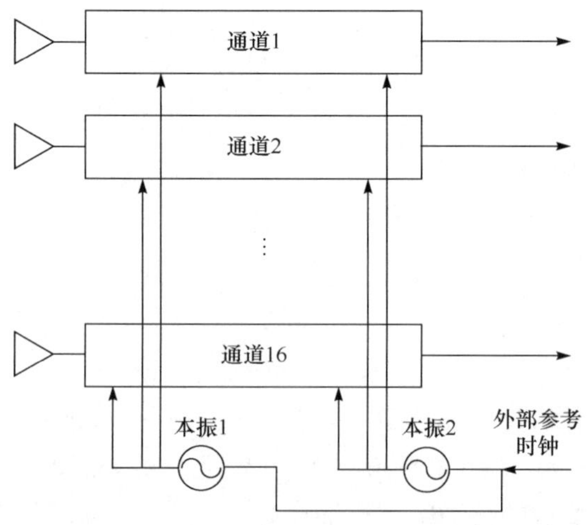

图 11-8　接收通道阵列结构示意图

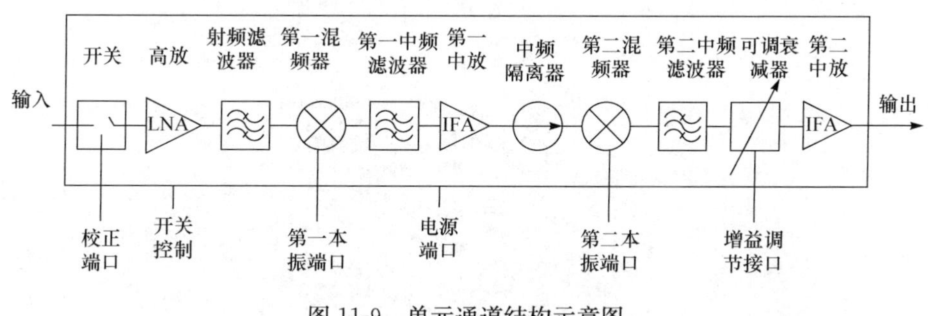

图 11-9　单元通道结构示意图

3. 同步 AD 阵列

综合孔径辐射计需将接收通道输出进行两两复相关运算以得到可见度函数。复相关的实现方式有模拟相关与数字相关两种。在基线数量较大的情况下所需的相关器数量很大，按照 HUST-ASR 系统 16 阵元计算，非冗余基线为 90 个，而冗余基线为 120。如此多的模拟相关器会使系统过于复杂，因此 HUST-ASR 采用数字相关器，即将各单元通道输出中频模拟信号直接转换为数字信号，再送入数据处理器(计算机)，由软件程序进行数字复相关处理，这将使系统硬件结构大为简化。HUST-ASR 的同步 AD 阵列实现 16 路模拟信号转换为数字信号。

HUST-ASR 系统的同步 AD 阵列由 8 块 NI PXI-5114 A/D 卡组成，每块卡上包含两路 A/D 采集通道，构成 16 路同步 AD 阵列，与接收通道阵列中频输出相连，将其 16 路中频模拟信号同步采样转换为数字信号并存储。系统带宽 100MHz，接收机中频输出信号最高频率为 120MHz，为了满足奈奎斯特采样定理的要求，采样速率定为 250Mb/s，量化位数 8bits，存储深度 8Mbytes，这决定了系统单次采样最长积分时间为 8/250＝0.032s。

4. 系统控制与数据处理

系统控制由在 PC 机上运行的控制程序完成，该程序在 LabView8.20 环境下编程实现，包括转台控制与数据采集控制两部分功能，程序界面如图 11-10 所示。转台部分通过步进电机自动控制转台扫描，硬件包括数字 I/O 卡、步进电机驱动器、步进电机；数据采集控制程序完成数据采集、数据存储功能，两者结合即控制整个成像过程自动完成。

数据处理程序采用 MATLAB 程序和 C 语言来实现，主要包括四大部分。

① 复相关处理，生成原始可见度函数。

② 系统误差校正，对原始可见度函数误差进行预先校正。

③ 图像反演,对校正后的可见度函数数据进行图像反演运算,生成二维图像。

④ 最终图像显示。

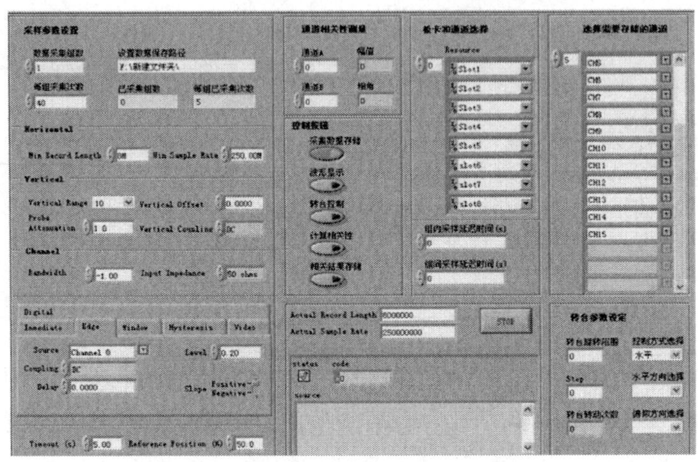

图 11-10　HUST-ASR 采集与控制软件界面

11.1.2　HUST-ASR 实验数据

使用华中科技大学研制的 8mm 频段 16 阵元一维综合孔径微波辐射计 HUST-ASR 对典型场景进行了成像实验。选取华中科技大学主校区内典型场景,即西边高楼、辐射场小楼(微波辐射特性测试场旁小楼)、辐射场太阳、西操场烟囱和高楼。

实验数据包括实验场景的可见度数据和系统的 **G** 矩阵数据。

实验场景的可见度数据的获取方法是将 HUST-ASR 天线阵列对准场景,由 AD 阵列采集接收通道阵列输出的数据并储存,然后将存储的各通道的数据两两相关,获得可见度数据。

G 矩阵是在开阔的室外环境放置一个很强的噪声源,用 HUST-ASR 系统在视场范围内均匀间隔的不同方位分别对其进行测量,由 AD 阵列采集接收通道阵列输出的数据、储存,然后将存储的各通道的数据两两相关,获得可见度数据,将全部的可见度数据组合成系统冲激响应 **G** 矩阵。

1. 各场景的实验条件以及测量数据

(1) 西边高楼(晚上)(表 11-4)

表 11-4　西边高楼(晚上)测量实验参数

场景类型	西边高楼双目标			
目标位置	高度/m	水平距离/m	斜径	仰角/(°)
	约 77	约 55	94	35.5
测量角度/(°)	左水平角度　−30　右水平角度　30			
	下垂直角度　30　上垂直角度　60			
实验数据以及测量次数	垂直扫描 121 个位置,每个位置测量 6 次			

(2) 辐射场太阳(表 11-5)

表 11-5　辐射场太阳测量实验参数

场景类型	太阳
测量角度	左水平角度　−30　右水平角度　30 下垂直角度　30　上垂直角度　40
实验数据以及测量次数	垂直扫描 41 个位置,每个位置测量 3 次

(3) 辐射场小楼

垂直扫描 61 个位置,每个位置测量 6 次。

(4) 西边操场和高楼(表 11-6)

表 11-6　西边操场和高楼测量实验参数

场景类型	西边操场烟囱和高楼(白天)
测量角度/(°)	左水平角度　−30　右水平角度　30
实验数据以及测量次数	垂直扫描 81 个位置,每个位置测量 6 次

2. 校正源及说明

在数据处理中用到了两种校正源,如表 11-7 所示。

表 11-7　两种校正源数据说明

校正源	所用数据	校正作用
单外部噪声源	11.22 辐射场中间校正 70m50 组	校正方位无关乘性误差
天空背景	10.26 西操白天烟囱和高层 (取天空部分的 5 组数据)	校正系统固有的加性误差 (天线互耦及本振热噪声)

G 矩阵数据:“11.22 辐射场 ***G*** 矩阵 70m_发射天线水平”。

场景原始可见度数据是以俯仰位置和测量轮次(即每个位置测量次数)来命名的,以西操场烟囱和高楼为列,在测量这个场景的过程中,采取的是自下而上俯仰扫描 81 个位置,每个位置测量 6 次数据,那么第一个位置的可见度数据为 SAIR_visibility_0_0. dat、SAIR_visibility_0_1. dat、…、SAIR_visibility_0_5. dat,最后一行的可见度数据为 SAIR_visibility_80_0. dat、SAIR_visibility_80_1. dat、…、SAIR_visibility_80_5. dat,其他行的数据以此类推。

G 矩阵数据与上面不同,测量时不进行俯仰扫描,而是在空旷的背景下,将一个强噪声源放在视场前方,然后用 16 阵元 HUST-ASR 的转台水平扫描 601 个位置去测量强噪声源,每个位置测量一次,得到一个可见度数据,存为 SAIR_visibility_0_0. dat、SAIR_visibility_1_0. dat、…、SAIR_visibility_600_0. dat。

校正源数据只是特殊场景下的可见度数据,所以与场景存储方式一样,或者直接是场景可见度中的一部分。

数据的存储格式为文本格式,每个数据文件都存储一个 16 行 16 列的复矩阵(HUST-ASR 接收通道数为 16),第一行的两个 16 表示矩阵的行数为 16 及列数为 16,其他的数都为复数,复数的实部和虚部用逗号分开写在一个括号中。在实验数据的处理中需要转换成 MATLAB 中的复矩阵才能够使用。

11.1.3 实验数据处理程序使用说明

1. 实验数据处理程序流程

HUST-ASR 实验数据处理程序包括读取数据、数据校正、校正算法、反演算法、反演图像显示。HUST-AST 仿真程序的整体框图如图 11-11 所示。

对应于仿真程序的整体框图,可知其主要包括以下几个模块。

① 读取数据模块,主要包括读取场景数据、***G*** 矩阵数据和外部源校正数据。

② 误差校正,主要包括方位无关的乘性误差和加性误差。校正算法框图如图 11-12所示。程序中有两种校正加性误差的方法,即采用外部源背景相消法及通道非相关噪声注入法,其中前者效果较好,后者效果不明显(因只能校正本振热噪声引起的加性误差,而不能校正天线互耦产生的加性误差),所以这里只使用第一种方法校正系统加性误差,第二种方法不用,运行程序时只需要注意将第二种校正加性误差的标识符设为 0 即可。

③ 反演算法,主要包括 FFT 反演算法、Tikhonov、VanCitter、VanCitterAPN、OneStepPseudoInverse、BG、Tsvd、Dsvd 等。傅氏反演算法框图如图 11-13 所示。***G*** 矩阵反演算法框图如图 11-14 所示。

④ 反演图像显示主要是将反演结果绘成亮温图。

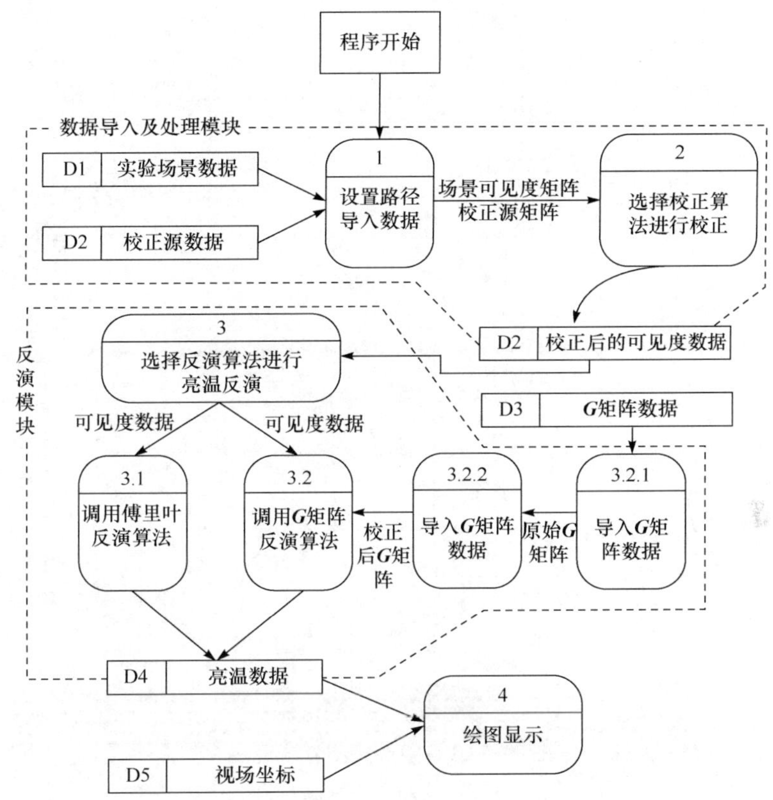

图 11-11 HUST-ASR 实验数据处理程序流程框图

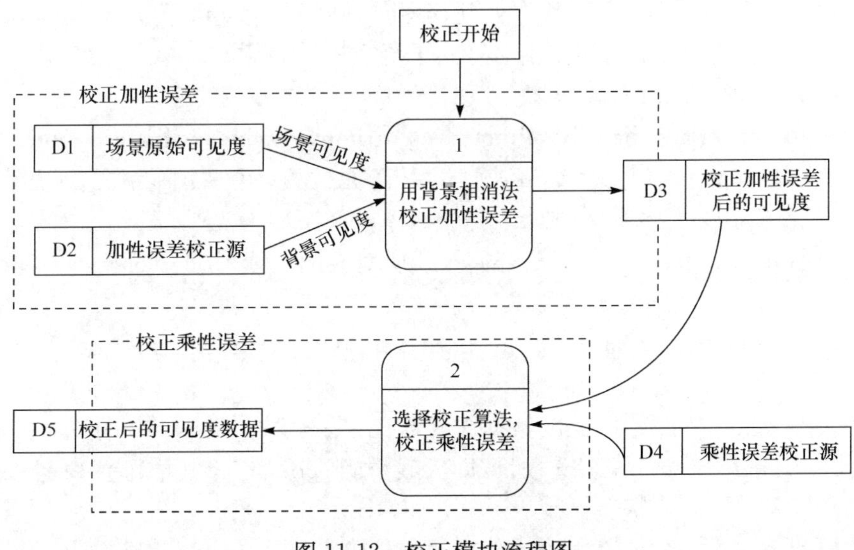

图 11-12 校正模块流程图

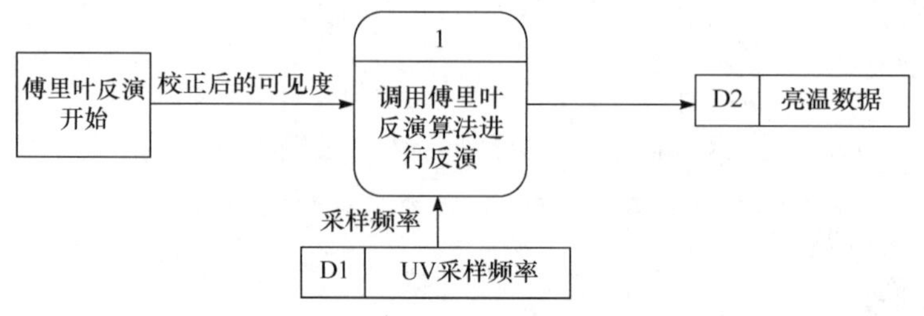

图 11-13 傅氏反演算法流程图

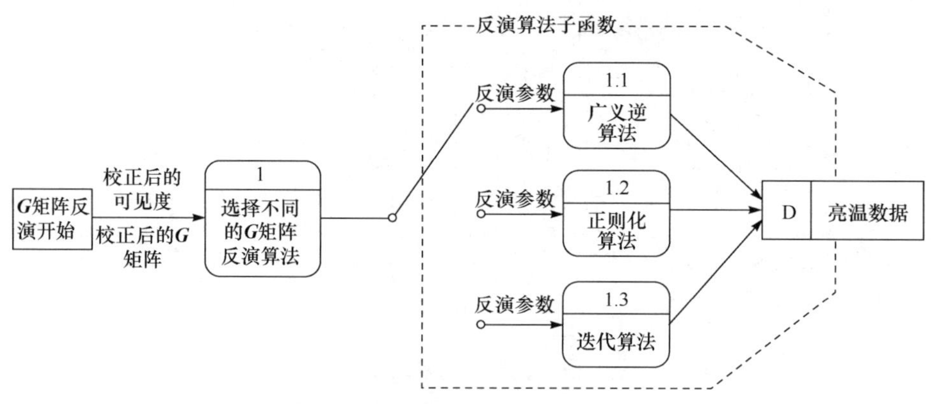

图 11-14 **G** 矩阵反演算法框图

2. 子函数介绍

在运行 HUST-ASR 实验数据处理程序时，将会调用一些子函数，下面将从函数的名称、语法、功能、输入和输出对这些子函数进行介绍。

(1) GetAntPairBaseline 函数

语法：function ant_pair_baseline＝GetAntPairBaseline(norm_ant_position)。

输入参数：norm_ant_position，归一化的阵元位置，第一个阵元位置记为 0，其他阵元位置均为相对于第一个阵元的间距，单位间距取为 1。

输出参数：ant_pair_baseline，存储基线所对应的天线对编号的矩阵。

(2) GetCorrMatFromDat 函数

语法：y＝GetCorrMatFromDat(path，relativity_flag，channel_num，pos，cycle)。

输入参数：path，原始可见度数据文件路径；relativity_flag，归一化处理标识符(取 0 或 1)；channel_num，通道数目，即天线数目；pos，俯仰扫描位置序号；cycle，测量轮次序号。

输出参数：y 是一个三维数组，第三维与俯仰位置对应，前两维存储每个位置的可见度数据。

(3) GetVisibilityFromMat 函数

语法:y=GetVisibilityFromMat(corr_mats,baseline,norm_array_space)。

输入参数:corr_mats,按照位置排列好的可见度矩阵,即 GetCorrMatFromDat 的输出变量;baseline,基线类型;norm_array_space,阵列中各天线间距(按波长归一化)

输出参数:y,二维矩阵,存储每个位置处,去除冗余基线后的可见度数据。

3. 主程序运行说明

HUST-ASR 的主程序为 Main_HUST_ASR.m,包括读取场景数据、校正源数据,根据 HUST-ASR 实验系统一维最小冗余线阵排列获取基线、根据场景数据获得相关矩阵,将相关矩阵转换为可见度数据,利用外部源对数据进行校正,利用校正后的可见度数据进行反演,最后显示反演图像。各个模块的功能主要是通过调用子函数来实现。

以“11.06 辐射场小楼场景”为例,HUST-ASR 程序运行步骤如下。

① 在 MATLAB 环境下,打开主文件 Main_HUST_ASR.m。设置场景数据,**G** 矩阵数据和外部源校正数据所在的目录,通过以下语句来实现。

```
scenc_path='数据\11.06 辐射场小楼';
        //假设数据目录在当前目录下,若数据在其他目录下,则需修改存储路径
gmat_path='数据\11.22 辐射场 G 矩阵 70m_发射天线水平';
extsrc_path='数据\11.22 辐射场中间校正 70m50 组';
consterr_path='数据\10.26 西操白天烟囱和高层';
        //图像的上部为天空图像,用于外部场景对消
cali_uncornoise_flag=0; //通道非相关噪声注入校正标志符
```

通道非相关噪声注入法只能校正共本振热噪声耦合到各通道产生的加性误差(本振热噪声耦合到多个通道在可见度中表现为额外的相关输出),在输出图像上难以判断其效果(效果不明显),一般不用;非相干噪声由独立的匹配负载产生。其替代方法是采用外部场景对消,因为该方法可同时校正共本振热噪声,以及天线互耦产生的加性噪声,效果较好。

② 设置基线类型,通过调用 baseline='redun'语句进行修改。

③ 选择外部源校正算法,通过调用 cali_extsrc_algo='JR'语句进行修改。

④ 选择反演算法,通过调用 inverse_algo='FFT'语句进行修改。当选择 FFT 算法时,需要设置 inverse_para=601,其表示补零的个数。当选择 Tikhonov 算法时,将选择 inverse_algo='Tikhonov',同时需要设置 inverse_para=0.18,其

表示正则化参数。对于其他几种算法,使用迭代法(包括 VanCitter,VanCitterA-PN,OneStep)时,inverse_para 表示迭代次数,需将其设置成不小于 1 的整数。对于截断奇异值算法(包括 Tsvd 和 dsvd),inverse_para 表示截断位置,也是一个正整数。广义逆算法(PseudoInverse)由于没有用到正则化参数,所以不需要人为设置。采用这些反演算法分别运行主程序,则可以获得不同场景的反演图像。

11.1.4 实验数据处理结果

(1) 晚上西边高楼成像结果

使用的数据为:“11.19 晚上高层 100m 双目标”(图 11-15)。

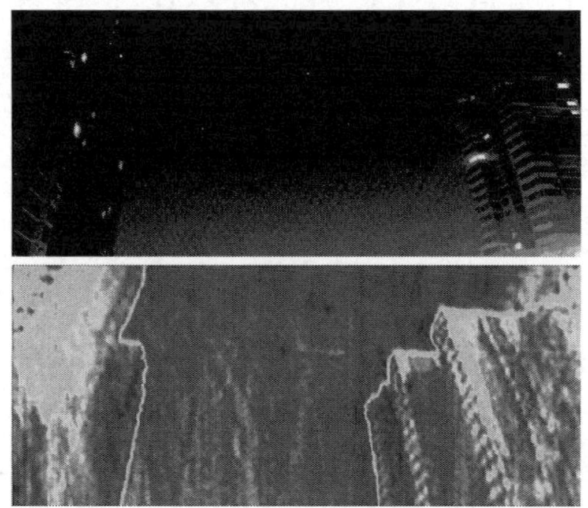

冗余基线平均

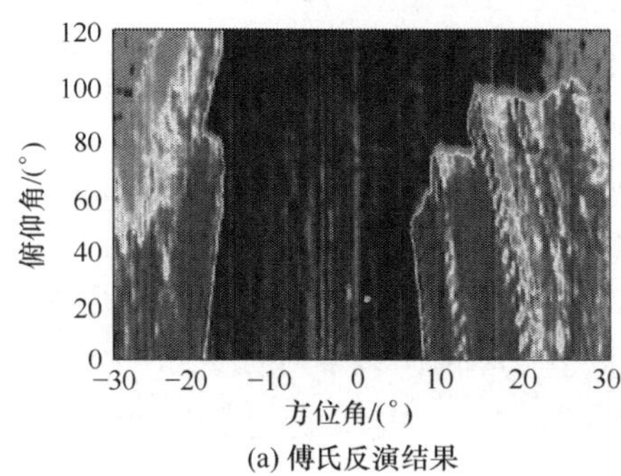

(a) 傅氏反演结果

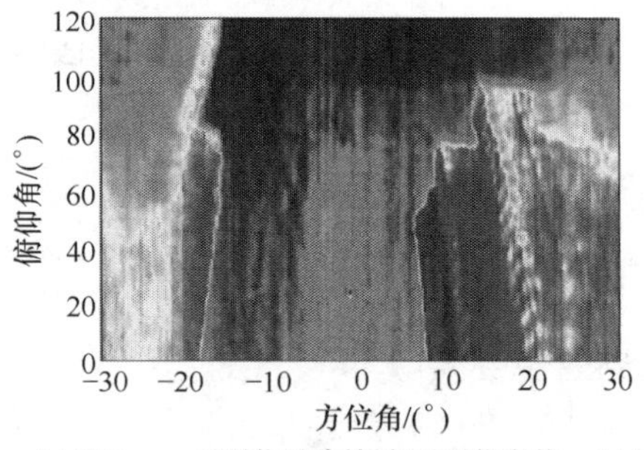

(b) Tikhonov正则化反演结果(正则化参数μ=0.18)

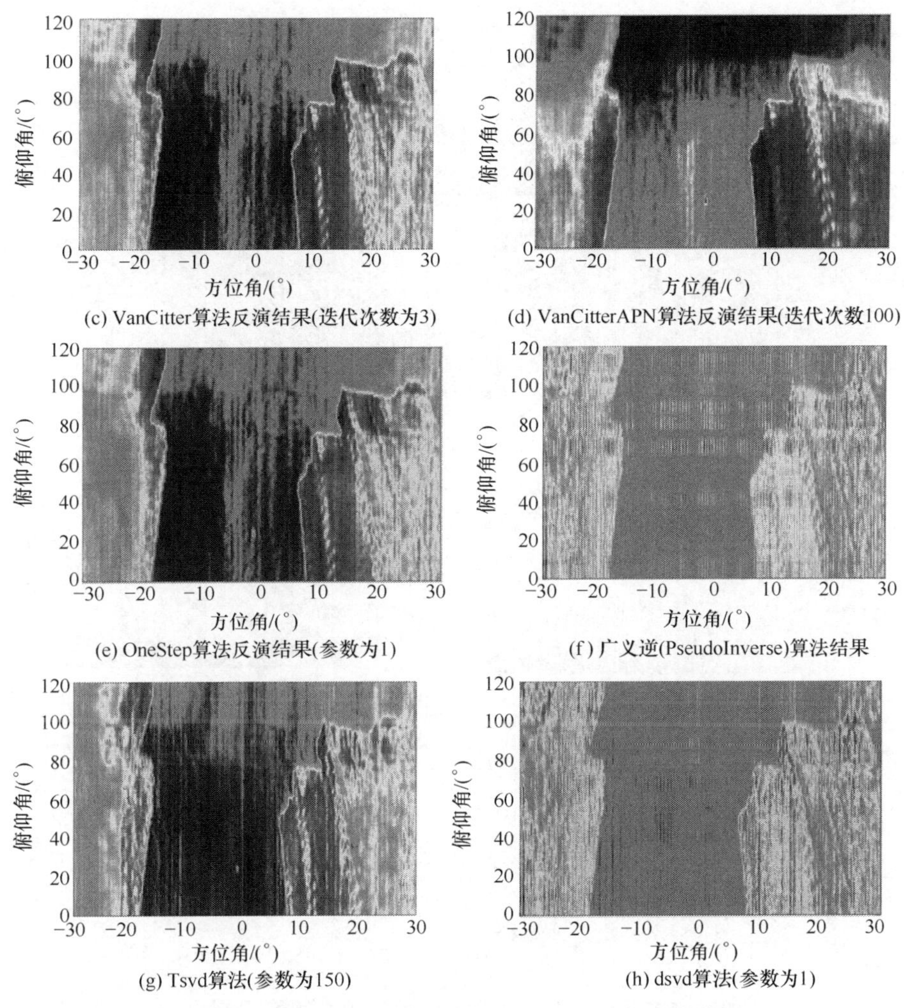

(c) VanCitter算法反演结果(迭代次数为3)

(d) VanCitterAPN算法反演结果(迭代次数100)

(e) OneStep算法反演结果(参数为1)

(f) 广义逆(PseudoInverse)算法结果

(g) Tsvd算法(参数为150)

(h) dsvd算法(参数为1)

图 11-15　HUST-ASR 晚上高层 100m 双目标成像结果

(2) 辐射场小楼

使用的数据为:"11.06 辐射场小楼"(图 11-16)。

(3) 辐射场太阳成像结果

使用的数据为:"11.06 辐射场太阳"(图 11-17)。

(4) 西操场烟囱和高楼成像

使用的数据为:"10.26 西操白天烟囱和高层"(图 11-18)。

上述成像实验过程中,使用了不同的反演算法进行反演,可以发现正则化反演的结果比广义逆要好,效果更明显,但是对正则化参数的依赖性比较大,又因为有些算法需要人为设定参数,使得反演的主观性比较强。迭代算法同样由于迭代次数需要人为设置,很难找到一个最佳的迭代参数,因此增加了反演的主观性。

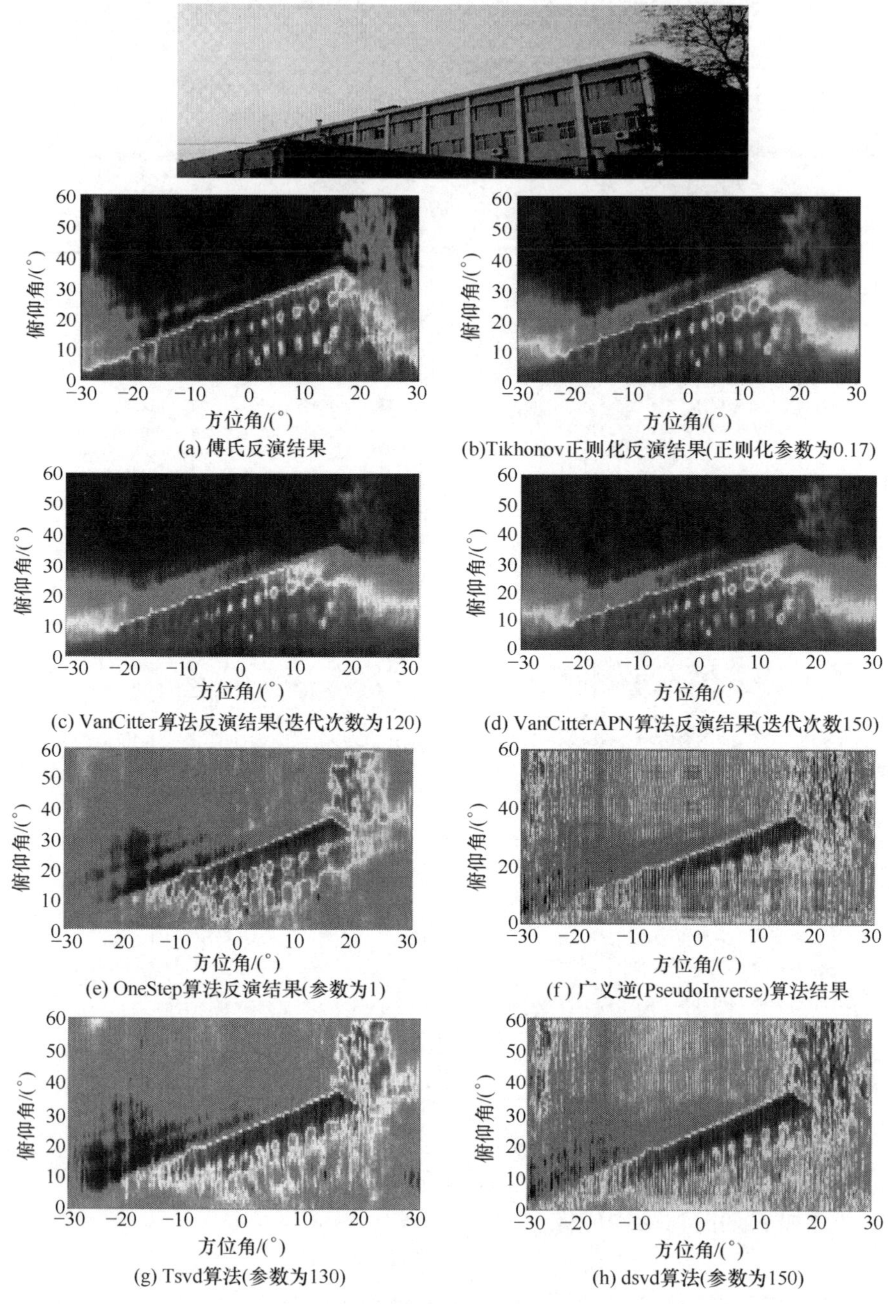

(a) 傅氏反演结果

(b)Tikhonov正则化反演结果(正则化参数为0.17)

(c) VanCitter算法反演结果(迭代次数为120)

(d) VanCitterAPN算法反演结果(迭代次数150)

(e) OneStep算法反演结果(参数为1)

(f) 广义逆(PseudoInverse)算法结果

(g) Tsvd算法(参数为130)

(h) dsvd算法(参数为150)

图 11-16　HUST-ASR 对辐射场小楼成像结果(见彩图)

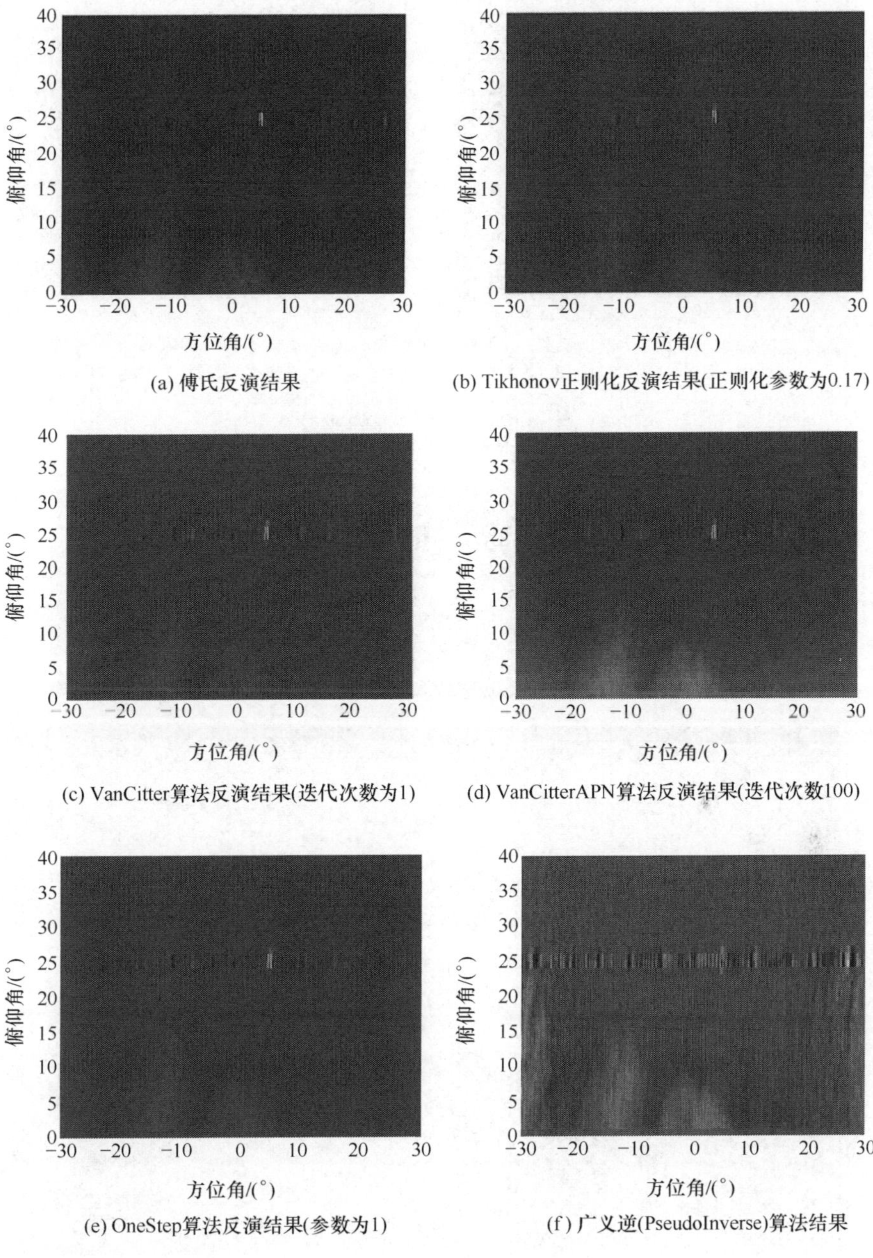

(a) 傅氏反演结果

(b) Tikhonov正则化反演结果(正则化参数为0.17)

(c) VanCitter算法反演结果(迭代次数为1)

(d) VanCitterAPN算法反演结果(迭代次数100)

(e) OneStep算法反演结果(参数为1)

(f) 广义逆(PseudoInverse)算法结果

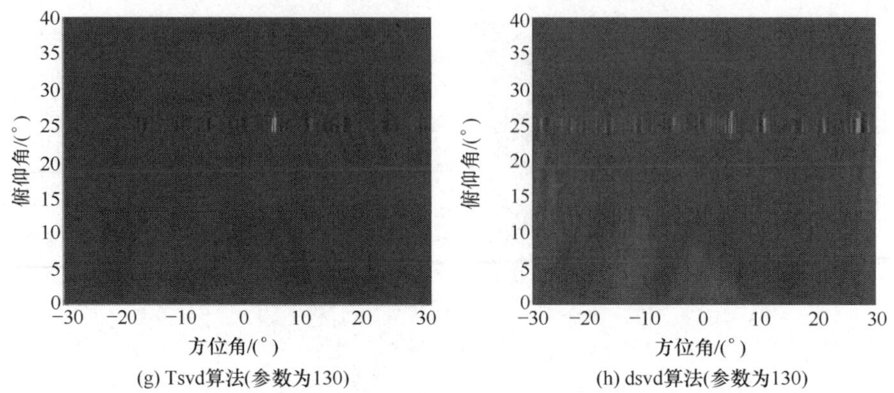

(g) Tsvd算法(参数为130)

(h) dsvd算法(参数为130)

图 11-17 辐射场太阳成像

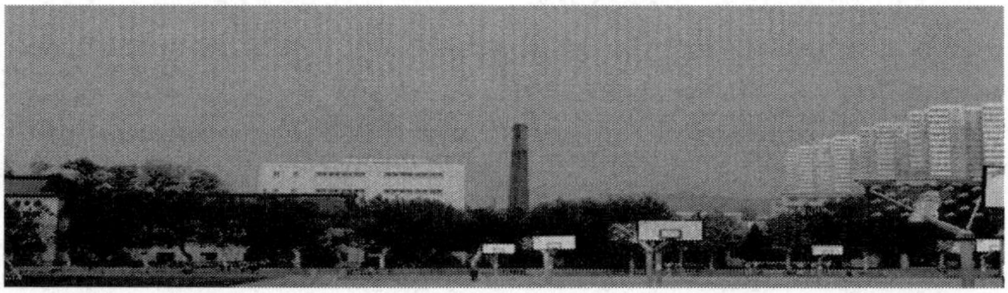

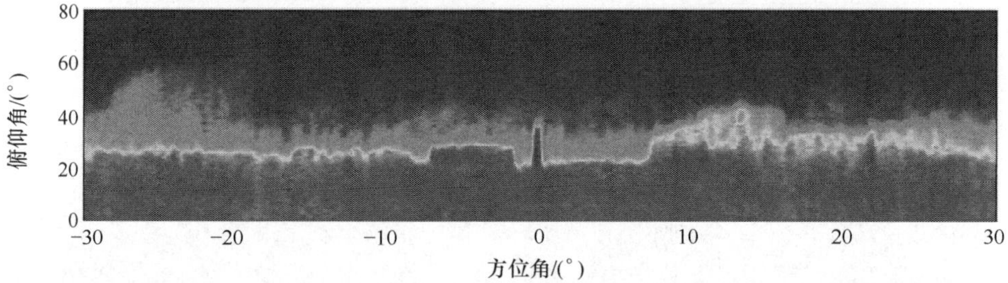

俯仰角/(°)

方位角/(°)

(a) 傅氏反演亮温图像

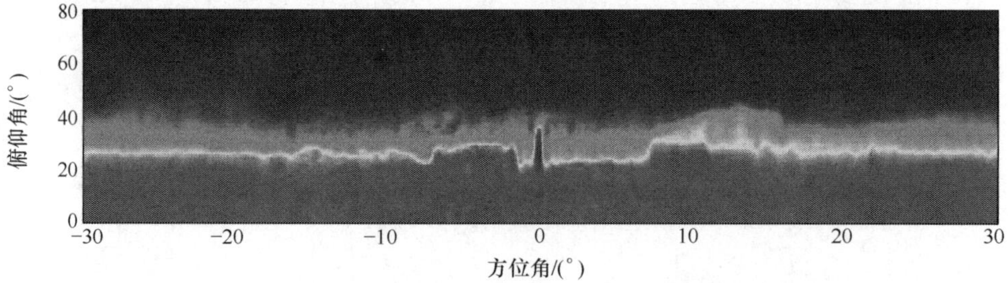

俯仰角/(°)

方位角/(°)

(b) Tikhonov正则化反演的亮温图像(正则化参数为0.17)

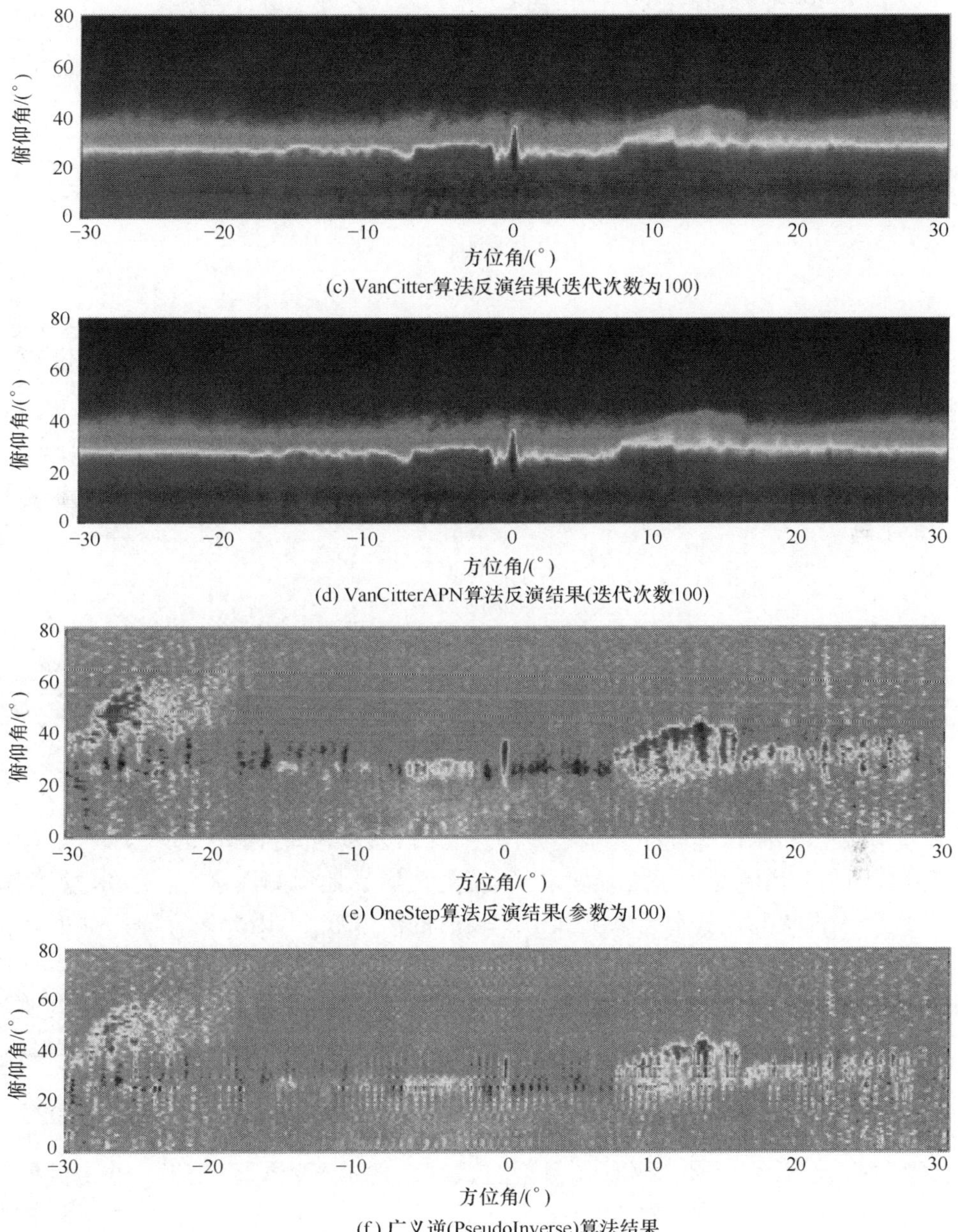

(c) VanCitter算法反演结果(迭代次数为100)

(d) VanCitterAPN算法反演结果(迭代次数100)

(e) OneStep算法反演结果(参数为100)

(f) 广义逆(PseudoInverse)算法结果

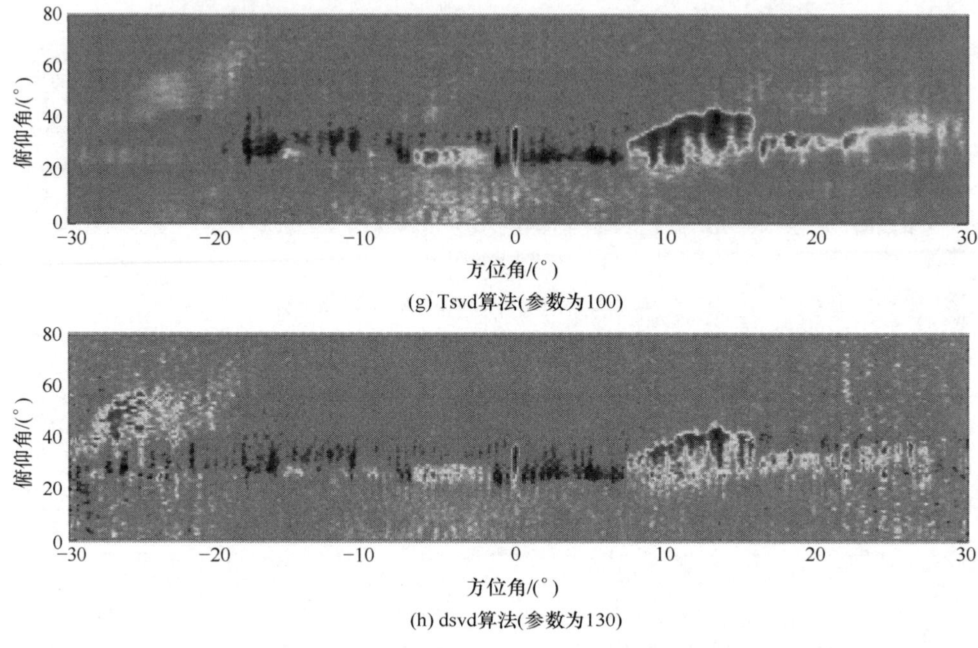

(g) Tsvd算法(参数为100)

(h) dsvd算法(参数为130)

图 11-18 HUST-ASR 西操场成像结果

11.2 SMOS 数据及处理

土壤湿度和海洋盐度的变化是海洋、大气和陆地之间持续性的水交换(地球水循环)的结果。监测全球土壤湿度水平,就能更容易地预测洪水、干旱、水量储备,以及整个天气状况。盐水会下沉到密度较低的淡水底下,因此研究海洋盐度能提供有关海洋洋流的信息,这些洋流环绕地球流动,交换热量,对气候具有根本性的影响。因此,地球土壤湿度和海洋盐度是关键的地球物理参数,全球土壤湿度监测有利于水文学研究,全球海洋盐度监测有利于加深对海洋环流的理解,两者对气候变化模型至关重要。

欧洲空间局的地球土壤湿度与海水盐度(soil moisture and ocean salinity,SMOS)探测器计划于 2009 年 11 月 2 日成功发射了 SMOS 卫星[3]。这是世界上首颗观测全球土壤湿度和海洋盐度的卫星。SMOS 在监测气候变化和预测恶劣天气事件方面具有重要作用。

SMOS 卫星的唯一载荷是综合孔径微波成像辐射计(microwave imaging radiometer with aperture synthesis,MIRAS)。MIRAS 测量地球表面发出的随陆地土壤湿度或海洋盐度变化的微弱的微波辐射,进而通过数据处理得到全球土壤湿度和海洋盐度分布图。MIRAS 是全球第一台在轨运行的采用综合孔径技术的星载微波辐射计，是二维综合孔径微波辐射计系统。

SMOS 卫星的观测数据可供全世界的研究者申请，这里介绍 SMOS 数据的申请、下载、查看、处理，并给出一些从可见度反演亮温图像的例子。

11.2.1　SMOS 卫星简介

SMOS 卫星[3-5]是欧洲空间局与法国国家空间研究中心（Centre National d'Etudes Spatiales，France，CNES）和西班牙（Centro para el Desarrollo Techologico Industrial，CDTI）共同研制的一颗土壤湿度与海洋盐度遥感卫星，造价约 4.64 亿美元，重量约为 658 千克。SMOS 卫星于 2009 年 11 月 2 日在俄罗斯北部成功发射，并由法国国家空间研究中心代表欧洲空间局进行控制。SMOS 卫星沿平均高度约为 755km，倾斜角为 98.4 度的太阳同步轨道飞行。科学数据以 16.8MB/s 的速度下传到欧空局的处理中心。SMOS 卫星天线阵列如图 11-19 所示。

SMOS 卫星的目标是获得全球陆地土壤湿度分布图及海洋盐度分布图。最高空间分辨率优于 50km，重访周期小于 3 天。这两个参数之前没有进行过全球观测。SMOS 是人类第一次通过卫星对这两个关键参数进行全球观测。SMOS 观测数据有助于理解复杂的地球水汽循环过程，即大气与海洋、陆地之间的水汽循环，有助于研究海洋洋流及海洋内部全球尺度的热交换，将在观测全球气候变化领域起到关键作用。

图 11-19　SMOS 卫星天线阵列示意图

11.2.2　SMOS 卫星载荷 MIRAS

MIRAS 辐射成像原理如图 11-20 所示。天线阵为 Y 形，天线阵元分布在 Y 形阵的 3 个臂上。天线阵元接收场景的辐射信号，然后通过接收通道输出；两路通道的输出进行复相关得到可见度函数一个采样值（复数），如 V_{ik}；这两个天线阵元组成一个基线，MIRAS 的 Y 形阵的阵元可以组成多个基线，每个基线的输出对应一个可见度采样值，将所有的可见度采样值进行亮温反演，就可得到亮温图像。反演算法有很多种，这里介绍傅氏反演算法及 **G** 矩阵反演算法。

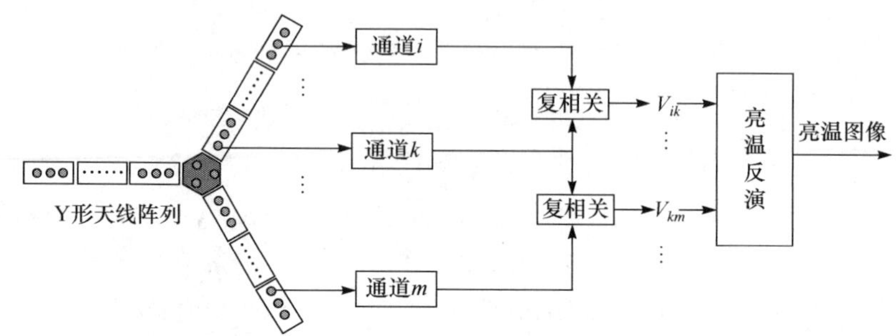

图 11-20 MIRAS 辐射成像原理框图

MIRAS 系统工作在 L 波段(1404-1423MHz)，中心频率 1413.5MHz，天线阵采用 Y 形阵，共由 69 个天线阵元组成，分布在三个臂上，三臂呈 120 度旋转对称，每臂长约 4m，每个臂上有 23 个天线阵元，阵元最小间距为 0.875λ。阵元为双极化圆形贴片天线，其中 66 个天线阵元后接轻量低成本接收前端(lightweight cost-effecive front-end，LICEF)，通过开关切换可实现双极化接收；3 个天线后接 6 个 LICEF 构成的噪声注入辐射计(noise injection radiometers，NIRs)。整个系统包含 69 个天线阵元；72 个 LICEF 接收前端；2346 个基线，其中 LICEF 间有 2145 个基线，NIR 和 LICEF 间有 198 条基线，NIR 间有 3 条基线；5000 余个数字相关器，是目前复杂程度最高的综合孔径辐射计系统。此外，还包括校正子系统 CAS(calibration subsystem)，内部校正子系统主要由噪声源和无源分布网络组成。10 个噪声源及分布网络，其中每个臂中有 3 个，1 个在中间；121 个温度传感器，其中 72 个在 LICEF 中，31 个在定标系统中(CAS)，18 个在 NIR 中。绝对定标可在外部源校正模式下通过 NIRs 测量深空来实现。

由于天线阵为 Y 形阵列，因此 MIRAS 的结构设计为 Y 形可展开结构，由一个中心体和三个伸展臂(ARM)组成，如图 11-21 所示，对应的天线位置索引如图 11-22所示。中心体的直径为 1.3 米，三个臂之间的夹角为 120 度。每个臂包含三节，每节包含 6 个 LICEF，因此每个臂上有 18 个接收前端，18 个前端又与中心体上的 4 个接收前端相连。MIRAS 由 66 个 LICEF 组成，54 个 LICEF 在三个臂上，其余 12 个在中心体上。中心体上还有三个噪声注入辐射计 NIRs，噪声注入辐射计主要是完成校正和定标。一个噪声注入辐射计由一个阵元后接两个接收前端。LICEFs 和 NIRs 的主要功能是测量天线亮温，这对应于场景亮温。热控制控制着所有 LICEFs 和 NIRs 接收通道的温度。

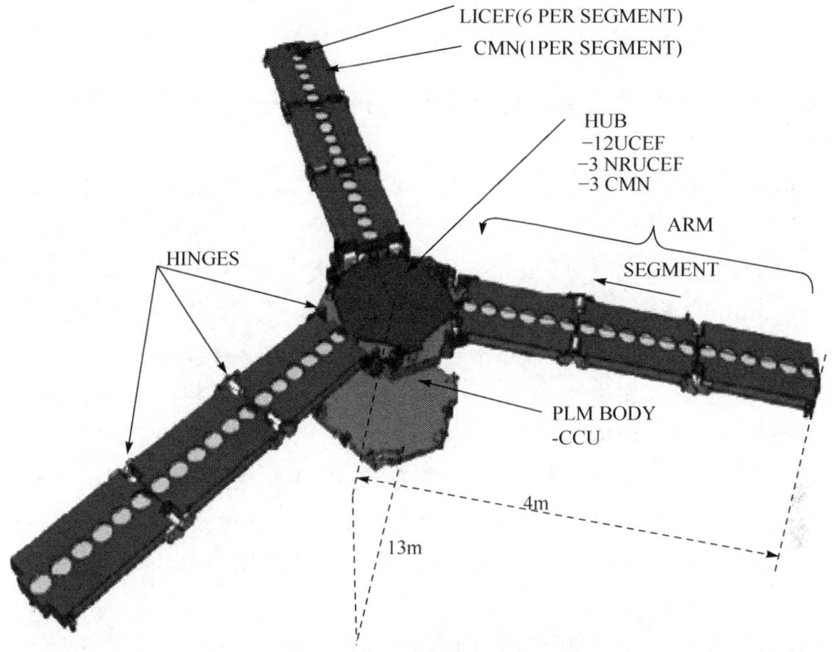

图 11-21　MIRAS 框图

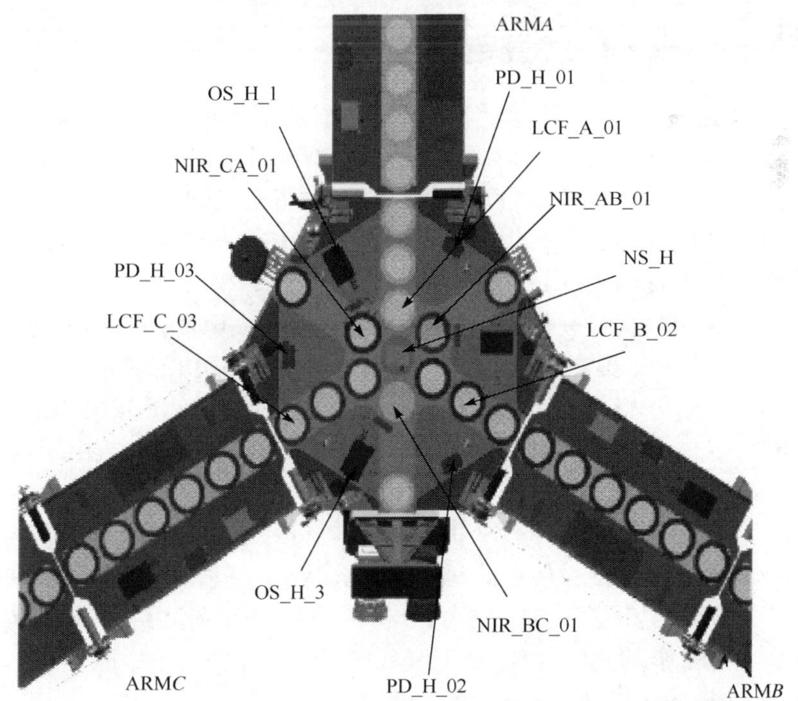

图 11-22　SMOS 设备上的天线位置索引

11.2.3 MIRAS 观测模式

MIRAS 设备工作模式主要有测量模式和定标模式。对于测量模式，支持两种测量模式[6]，即双极化模式和全极化模式。

在双极化测量模式下，在一个积分时间 1.2s 内，所有的接收前端 LICEF 测量同一种极化方式(H 或 V 极化)，在另外一个积分时间内，所有的接收前端 LICEF 测量另一种极化方式。在相同极化方式(HH 或者 VV)下，产生 2346 个基线输出[MIRAS Ground Characterization]，此外 NIR 接收机还产生另一种极化的三个测量输出。

在全极化模式下，测量 4 个 Stokes 参数。一个测量周期由 4 个积分时间序列组成。对于第一个积分时间，所有接收通道测量一种极化方式 HHH，对于第二个积分时间，所有接收通道测量另一种极化方式 VVV。另外两个积分时间，一个臂的极化方式与另两个臂不同。因此，第三个积分时间测量 VHH、HVH、HHV；第四个积分时间测量 HVV、VHV、VVH，三个臂的极化选择是按顺时针方向进行的。

MIRAS 需要两种定标模式，即内定标和外定标。外定标需要调整天线阵列的指向，测量另外的目标，如冷空。内定标需要使用内置的定标源。

11.2.4 SMOS 数据申请及下载与查看

SMOS 数据可以通过 ESA 网站申请，网址为 https://earth.esa.int/web/guest/-/how-to-obtain-data-7329。数据一般免费提供。ESA 提供最高至 L2 级别的数据。L3 和 L4 数据由法国和西班牙的机构进行处理，详见 Centre Aval de Traitement des Données SMOS(CATDS)网站 http://www.catds.fr/ 和 SMOS CP34 网站 http://cp34-bec.cmima.csic.es/。

SMOS 数据可以通过软件 EOLI-SA 检索和下载。EOLI-SA 是一个免费的多平台交互工具，为用户提供数据产品的在线检索及下载功能。EOLI-SA 是一个 java 应用程序，支持 Windows x86 32 bits(XP/Windows Vista)、MacOS X、Linux x86 32 and 64bits、Unix 等操作系统。软件下载地址为 http://earth.esa.int/EOLi。

下载的 SMOS 数据可用 SMOS Data Viewer 软件(SMOSView)查看，SMOSView软件可以用图像的形式显示数据，也可以将数据以不同格式导出。例如，以 IDL 格式导出，供后续进一步的分析。SMOSView 是一个 java 应用程序，可以在多种操作系统上使用。SMOSView 软件下载地址为 http://www.smos.com.pt/project_tools_visualization.html。

11.2.5　SMOS 数据分级和格式

SMOS 数据产品的定义是基于地球观测卫星委员会(Committee on Earth Observation Satellites,CEOS)的标准,针对 SMOS 计划的具体情况进行了相应的调整。

SMOS 数据分级为原始数据、L0 级数据、L1 级数据、L2 级数据、L3 级数据、L4 级数据。此外,还有 L1 级和 L2 级的辅助数据。SMOS 数据分级及格式的介绍详见网站 https://earth.esa.int/web/guest/-/data-types-levels-formats-7631。网站上可下载数据的详细说明文档(PDF 格式),如 L0 级别数据产品说明文档(Level 0 Product Specifications)、L1 级别数据产品及其辅助数据说明文档(Level 1 and Auxiliary Data Products Specifications)、L2 级别数据产品及其辅助数据说明文档(Level 2 and Auxiliary Data Products Specifications)。

1. 数据级别

数据级别包括原始数据、L0 级数据、L1 级数据、L2 级数据、L3 级数据、L4 级数据。此外,还有 L1 及 L2 级的辅助数据。

(1) 原始数据(Raw data)

原始数据是 SMOS 载荷的原始格式的数据(CCSDS 包),包括从卫星接收的载荷观测数据和运行状态数据。

(2) L0 级别数据产品

L0 级别数据是以数据包格式存储的数据,增加了 Earth Explorer 包头,根据数据包的类型按时间顺序进行排序。

(3) L1A 级别数据产品

L1A 级别数据是经格式转换及校准后的 SMOS 观测数据与状态数据。L1A 级别数据是天线接收单元间的校准过的全极化可见度数据(进行亮温图像重建前的数据),存储为以半轨(从极区到极区)时间为长度的数据段。

(4) L1B 级别数据产品

L1B 级别数据由亮温的傅氏分量构成。

(5) L1C 级别数据产品

L1C 级别数据是按照地理位置分类的、多入射角的大气顶端的亮温数据,数据按等面积地理网格系统划分。L1C 级别数据分为海洋和陆地的数据,它们是分别存放的。在 L1C 级别数据中有两组信息的数据,即像素点数据和快照数据。对每一个 L1C 级别的数据产品还衍生了一个亮温浏览产品,这个产品中存放了入射角为 42.5 度的平均亮温数据。

(6) L2 级别数据产品

L2 级别数据分为土壤湿度数据产品和海洋盐度数据产品。

土壤湿度数据产品不仅包含土壤湿度的反演结果,还包含反演过程中的一系列辅助数据(如天底光学厚度、表面温度、粗糙度参数、介电常数、大气顶端和地表亮温),以及这些数据的不确定度。

海洋盐度数据产品包含使用三种不同反演算法得到的盐度反演结果。

(7) L3 和 L4 级别数据产品

ESA 提供最高至 L2 级别的数据。L3 和 L4 数据由法国和西班牙的处理机构进行处理,详见 http://www.catds.fr/ 及 http://cp34-bec.cmima.csic.es/。

(8) 辅助数据

① L1 级别辅助数据。处理得到 L1 级别数据所需的辅助数据,如离散全球网格点(DGG)、陆地海洋覆盖、平坦目标变换、已知的射频干扰(RFI)信息等,详见 http://www.smos.com.pt/project_data_adf .html。

② L2 级别土壤湿度辅助数据。与 L1C 数据一起处理得到 L2 级别土壤湿度数据,如陆地覆盖信息(ECOCLIMAP)、地理气象预报信息(ECMWF)、植被光学厚度信息等,详见 http://smos.array.ca/web/smos/adfs。

③ L2 级别海洋盐度辅助数据。与 L1C 数据一起处理得到 L2 级别海洋盐度数据,如海洋目标变换查找表、粗糙度信息、长期观测的盐度气候信息等,详见 http://www.argans.co.uk/smos/pages/faqs.php#Q2。

2. 数据格式

SMOS 数据产品(从 L0 级别开始往上)都遵循通用的地球探测地面段的文件格式标准。多数数据产品都分为两个不同格式的文件,它们的文件名相同,但扩展名不同。它们的扩展名一般为 ASCII 的 XML 头文件(.HDR),或者二进制的数据块文件(.DBL)。这两个文件作为一个文件对,通常被压缩在同一个 .zip 文件中。若产品只包含一个文件,它的扩展名通常为 .EEF(earth explorer format)。

3. 数据文件的命名规则

数据文件的命名规则一般遵循下述规则。

文件名的形式为 MM_CCCC_TTTTTTTTTT_Instance ID,其中各部分的含义解释如下。

MM 代表卫星任务的 ID 号,对于 SMOS 卫星任务来说,均为 SM。

CCCC 代表文件类别,标识使用文件的活动类型。对于定期发布给用户的数据,通常为 OPER(operational)。

TTTTTTTTTT 运用 10 个字符和文件类型一起用以唯一标识文件结构。前

4 个字符(3 个字母+1 个下划线'_')表示数据文件的类别,对 SMOS 而言,MIR_表示 MIRAS 辐射计的数据(测量、定标或实验),AUX_表示辅助数据。后 6 个字符描述数据类型和级别。

Instance ID 的格式为用于唯一确定文件名,避免了重名。其格式为 yyyymmddThhmmss_YYYYMMDDTHHMMSS_vvv_ccc_s:yyyymmddThhmmss 表示数据获取的开始时间;YYYYMMDDTHHMMSS 表示数据获取的结束时间;vvv 表示版本号;ccc 表示序列计数器;s 表示数据生成的地点(对 L1 和 L2 数据),通常为 1,表示 SMOS DPGS Fast Processing Centre at ESAC。

常用数据的文件名列举如下。

SM_OPER_MIR_SC_F1A:MIRAS 辐射计测量的 Level 1A 数据产品,SC 表示 Science(Earth observation)measurements,F 表示测量方式为全极化。

SM_OPER_MIR_SC_F1B:MIRAS 辐射计测量的 Level 1B 数据产品。

SM_OPER_MIR_SCLF1C:MIRAS 辐射计测量的 Level 1C(陆地)数据产品,F 表示测量方式为全极化。

SM_OPER_MIR_SCSF1C:MIRAS 辐射计测量的 Level 1C(海洋)数据产品,F 表示测量方式为全极化。

SM_OPER_MIR_BWLF1C:MIRAS 辐射计测量的亮温浏览(陆地)数据产品,F 表示测量方式为全极化。

SM_OPER_MIR_BWSF1C:MIRAS 辐射计测量的亮温浏览(海洋)数据产品,F 表示测量方式为全极化。

SM_OPER_MIR_SMUDP2:土壤湿度反演的 Level 2 数据产品。

SM_OPER_MIR_OSUDP2:海洋盐度反演的 Level 2 数据产品。

11.2.6　亮温图像反演

亮温图像反演还包括可见度数据预处理。可见度数据预处理后的亮温图像反演方法很多,这里介绍傅氏反演、带限正则化 ***G*** 矩阵反演这两种方法。利用这两种反演方法,从 SMOS 卫星 L1A 可见度数据反演亮温图像的流程如图 11-23 所示。

1. 可见度数据预处理

1) 可见度数据预处理原理及流程

对理想的综合孔径微波辐射计,亮温与可见度函数的关系可以简化表示为

$$\hat{T}(\xi,\eta)=\sum_{p=-P}^{P}\sum_{q=-Q}^{Q}\hat{V}_{pq}\mathrm{e}^{\mathrm{j}2\pi(u_p\xi+v_q\eta)} \tag{11-10}$$

在实际应用中,为了调整综合孔径阵列的功率方向图形状,往往会把可见度函

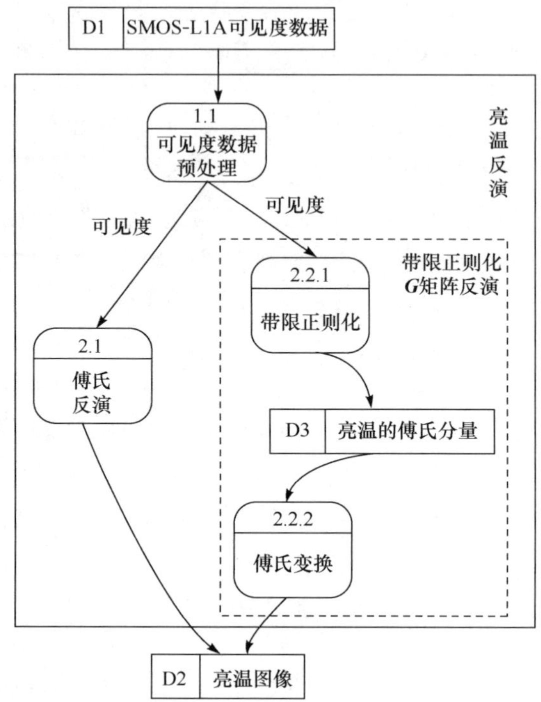

图 11-23　SMOS-L1A 可见度数据反演亮温图像流程图

数乘上权重系数 w,即 $\hat{T}(\xi,\eta)=\sum_{p=-P}^{P}\sum_{q=-Q}^{Q}w_{pq}\hat{V}_{pq}\mathrm{e}^{\mathrm{j}2\pi(u_p\xi+v_q\eta)}$,其中 P 和 Q 表示两个方向上的最大基线。

N 个天线最多可构成 $N(N-1)/2$ 个基线。当 N 值较大时,有一些位置不同的天线却会构成相同的基线,这个基线对应着 UV 平面上的同一采样点。若把冗余基线的可见度函数值取平均,则可以起到降低噪声的作用。因此,可以把反演公式写为

$$\hat{T}(\xi,\eta)=\sum_{p=-P}^{P}\sum_{q=-Q}^{Q}\hat{V}_{pq}\mathrm{e}^{\mathrm{j}2\pi(u_p\xi+v_q\eta)} \tag{11-11}$$

$$\hat{V}_{pq}=\frac{w_{pq}}{r_{pq}}\sum_{n=1}^{r_{pq}}V_{pq}^{(n)} \tag{11-12}$$

其中,w_{pq} 表示采样点 (u_p,v_q) 上的权重系数;r_{pq} 表示采样点 (u_p,v_q) 上对应的阵列相同基线的数量;$V_{pq}^{(n)}$ $(n=1,2,\cdots,r_{pq})$ 表示具有相同基线的可见度函数值序列。

要反演出亮温图像,就需对下载的 SMOS 卫星 L1A 数据文件进行预处理。数据预处理主要包括可见度数据的导出,获取 MIRAS 天线阵排布及其对应的 UV 平面采样点分布,对 UV 平面采样点分布进行补零,计算冗余平均的可见度值等过

程。数据处理的基本流程如图 11-24 所示。

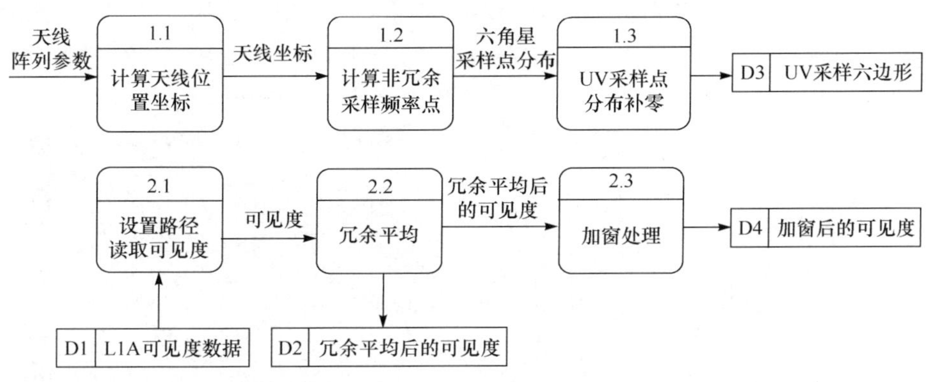

图 11-24　数据预处理流程图

2) 可见度数据导出及冗余平均

SMOS 卫星 L1A 可见度数据分时间段存储在数据文件里，这里示例的可见度数据文件为“SM_OPER_MIR_SC_F1A_ 20130818T000159_ 20130818T005558_504_001_1”。该数据文件存储了从 2013 年 8 月 18 日 00:01:59 到 00:55:58 这段时间内测得的可见度数据，通过 SMOS 专用数据下载软件“Eolisa”下载的。将该数据文件用 SMOSView 软件打开之后，可以看到“binary-data”，展开可以看到“Data_Block”，再展开可以看到“Calibrated_Visib_Full”，其中包含“Calib_Data_Counter”，显示该 L1A 数据文件中有 5311 个 item，表示由 5311 个快照数据所组成。点击“Calibrated_Visib_Full”之下一个 item 中的“Calib_Visib”，则可以看到 2556 条可见度数据(72 选 2 的组合数 $C_{72}^{2}=72*(72-1)/2=2556$)。以 item5 数据为例，选择 item5，可以查看 item5 的详细信息，包括快照时间 Snapshot_Time (18-Aug-2013 00:02:01 286.188ms)、快照识别号 Snapshot_ID(199281294)、数据极化方式 Pol_Mode(VVV)等，其中的“Calib_Visib”显示有 2556 个 item，即有 2556 个校正的可见度数据，每个数据都包含实部和虚部。

SMOSView 软件可以用图像显示每个 item 数据，点击图标 可以显示数据图像。对应 SMOS 卫星的 L1A 数据，有两种图像显示方式，即自相关矩阵图和星形图。

以 item5 为例，在 SMOSView 软件中，通过点击图标 ，在页面左边选择“Plot Type”中的“Square matrix”，则可以看到自相关矩阵的显示图，在窗口的底部选择对应 item5 的 Snapshot_ID(199281294)，确认窗口左部显示的极化为 VVV，可以看到如图 11-25(a)和图 11-25(b)所示的自相关矩阵的实部和虚部图，其横坐标和纵坐标分别表示单元天线接收通道的编号 1～72，图像上每一点则表示两个天线通道相关值的实部和虚部,对应于式(11-12)中的 $V_{pq}^{(n)}$。自相关矩阵是 Hermite 矩阵,因此图像右上半部分与左下半部分是共轭对称的。

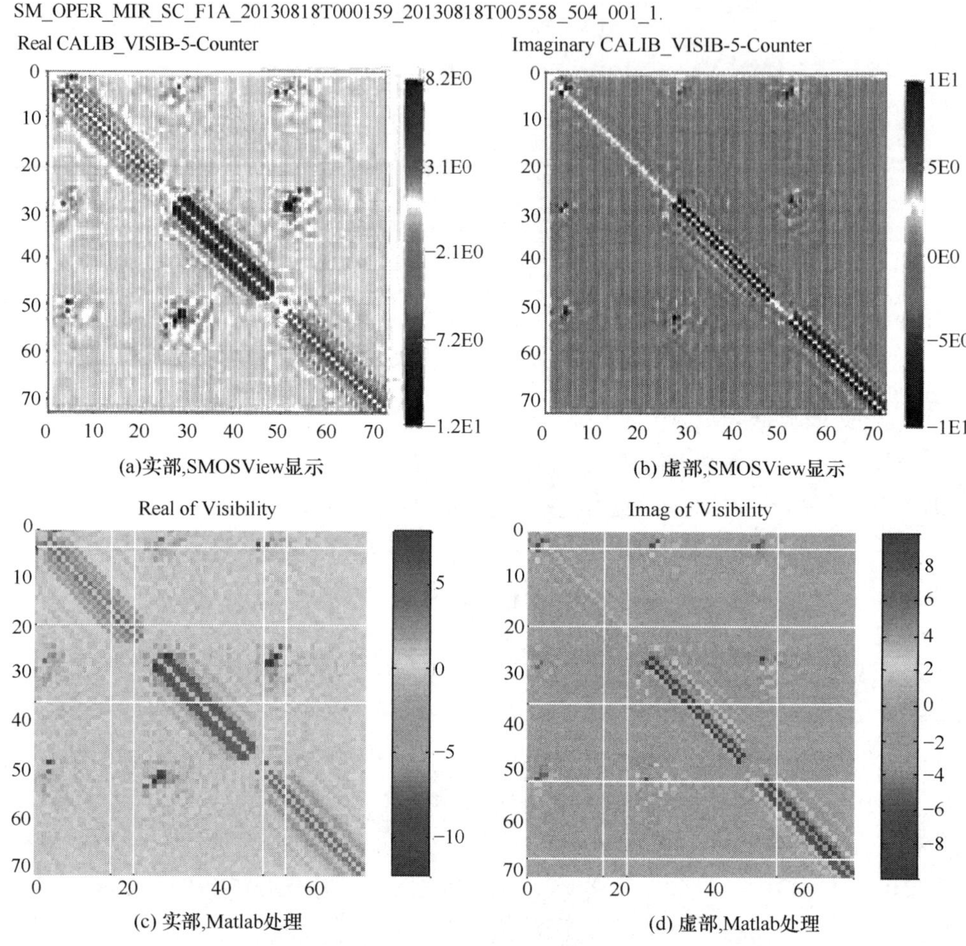

(a)实部,SMOSView显示　(b) 虚部,SMOSView显示

(c) 实部,Matlab处理　(d) 虚部,Matlab处理

图 11-25　自相关矩阵图

点击软件 SMOSView 中的图标 ,在页面左边选择"Plot Type"中的"Star domain visualization",则可显示 item5 数据(校正的可见度)在 *UV* 平面上分布图,包括可见度实部、虚部、幅度和相位图。可见度实部和虚部如图 11-26 所示。

通过 SMOSView 软件可以导出可见度数据,供进一步分析处理。仍以 item5 数据为例,为了导出 *UV* 平面采样点对应的可见度值,选择 SMOSView 软件中的"Calib_Visib"选项,点击 按钮,可以将"Calib_Visib"数据导出为文本文件。将导出的数据文件命名为"clib_visibility_5VVV. txt",导出的数据为含有冗余的可

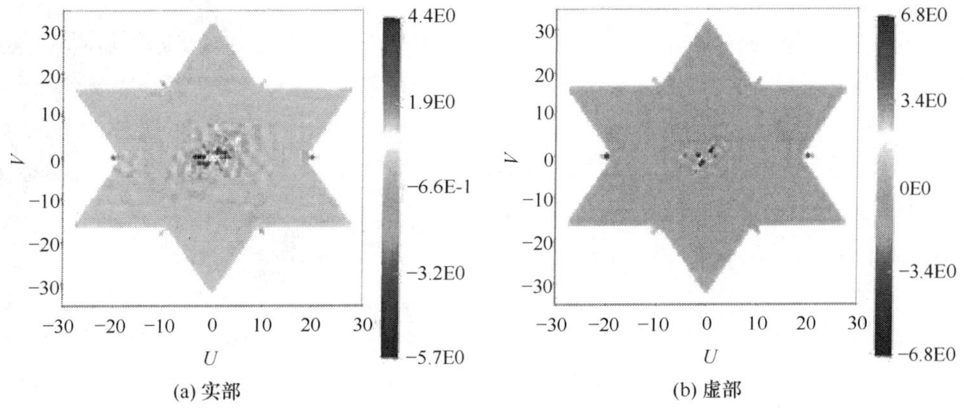

(a) 实部　(b) 虚部

图 11-26　SMOSView 显示的可见度实部和虚部

见度数据。图 11-25(c)和图 11-25(d)为用 MATLAB 画出的该可见度数据文件所对应的图(对应的程序名为 Plot_self_Visibility. m)。其他数据也可按照上述方法进行导出和存储。

在导出可见度数据后,利用式(11-12)对可见度数据求冗余平均,可以获得对应 *UV* 平面上每一个采样点的冗余平均后的可见度值。用 MATLAB 画出的对应图如图 11-27 所示(对应的程序名为 plot_Visibility_on_UV. m,可利用保存的数据绘图)。

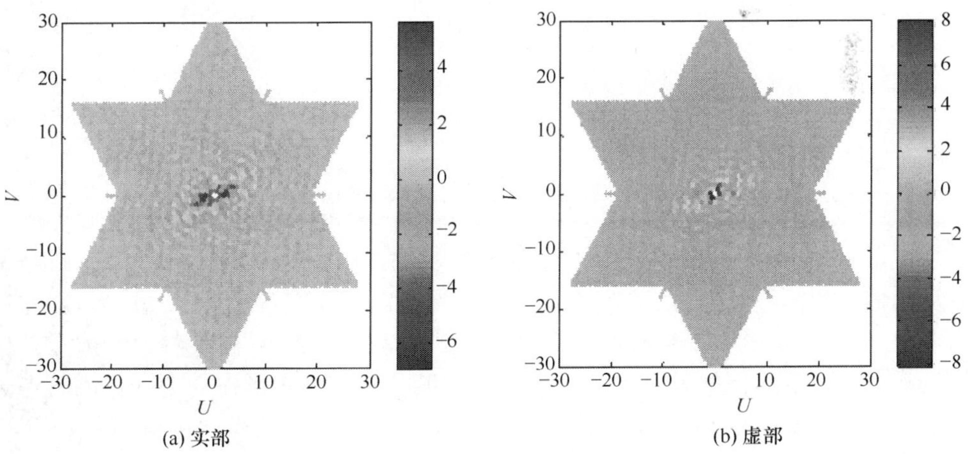

(a) 实部　(b) 虚部

图 11-27　MATLAB 处理的可见度实部和虚部

3）天线阵排布及 *UV* 平面采样点分布

SMOS 卫星载荷 MIRAS 所采用的阵型为 Y 形阵，Y 形阵由 69 个贴片天线组成，每个臂上有 23 个天线单元，其中有 2 个用于定标，其他 21 个均匀排布在天线臂上，其最小间隔为 0.875λ（λ 为中心频率对应的波长），天线单元位置排布如图 11-28所示。两个天线组成一条基线，每条基线对应 *UV* 平面的一个点，称为 *UV* 平面采样点，简称 *UV* 采样点。由天线单元位置排布可获得 *UV* 采样点分布，其对应的 *UV* 采样点分布如图 11-29 所示。

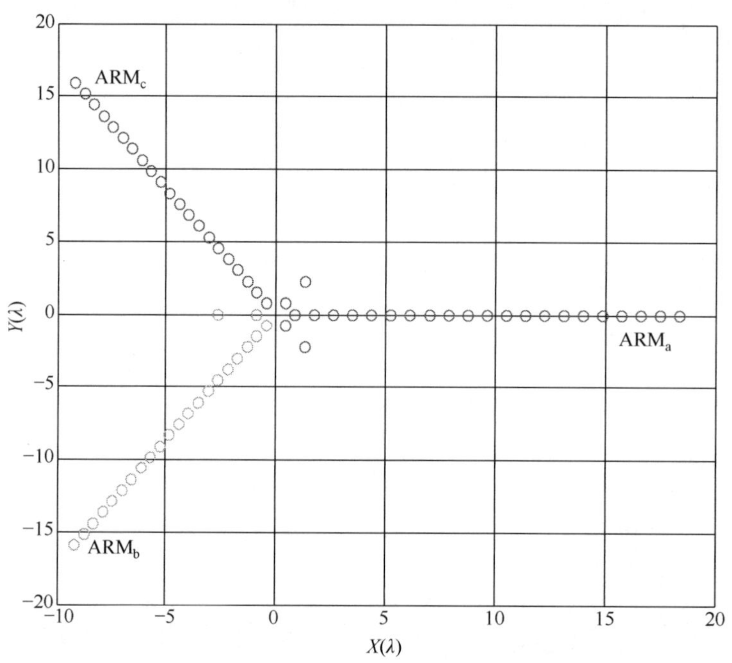

图 11-28　天线单元位置排布

可以看出，采样点在 *UV* 平面上的分布为六角星图案，这种六角星分布不利于亮温图像的反演，一种改进的方法是以六角星的六个顶点构成一个六边形，在六边形内没有采样点的区域补充采样值为零的点（简称补零），则补零后的六边形采样区域构成 *UV* 平面离散采样中的一个完整周期。以该六边形作周期延拓可以得到布满整个 *UV* 平面的所有采样点的位置。*UV* 平面离散采样点的位置坐标可表示为

$$\begin{bmatrix} u \\ v \end{bmatrix} = k1 \begin{bmatrix} \frac{\sqrt{3}}{2}d \\ -\frac{d}{2} \end{bmatrix} + k2 \begin{bmatrix} 0 \\ d \end{bmatrix}, \quad k1, k2 \in Z \tag{11-13}$$

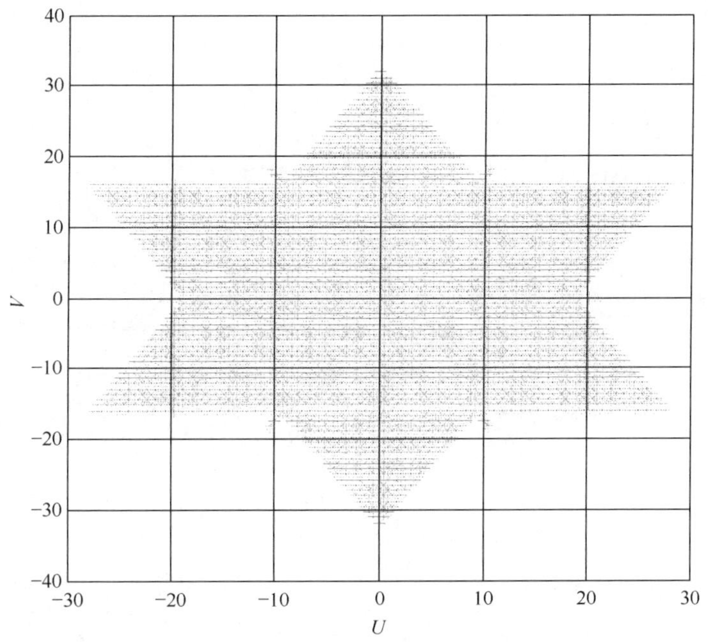

图 11-29　采样点在 UV 平面的分布

其中，d 表示最小间距；Z 表示整数域。

Y 形阵形成的有限的六角星采样点分布只是满足式(11-13)的一个子集。

若以六角星的六个顶点构成一个六边形，则在六边形内有些区域没有采样点，在这些区域补充采样值为零的点，则补零后的六边形采样平面是整个 UV 离散采样点中一个完整的周期，通过它作周期延拓便可以得到布满整个 UV 平面的所有点的位置。

为了便于亮温反演，需对 Y 形阵所形成的六角星采样点分布进行补零，形成六边形的采样分布。有两种补零方式：最小补零方式和非最小补零方式。

最小补零方式是增加最少的零采样点使得采样分布变为六边形，如图 11-30 所示。为了使图像平滑，也可以在采用非最小补零方式，即在最小补零的基础上再额外补零，如图 11-31 所示。

2. 傅氏反演程序介绍

1）傅氏反演流程

傅氏反演是对可见度函数进行傅氏变换获得亮温图像，其流程如图 11-32 所示，主要包括以下步骤。

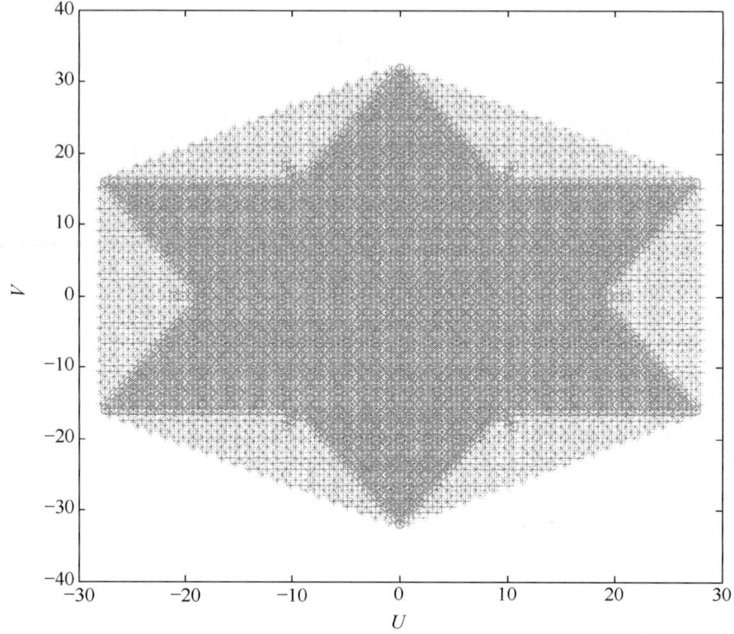

图 11-30　最小补零方式的 UV 采样点分布

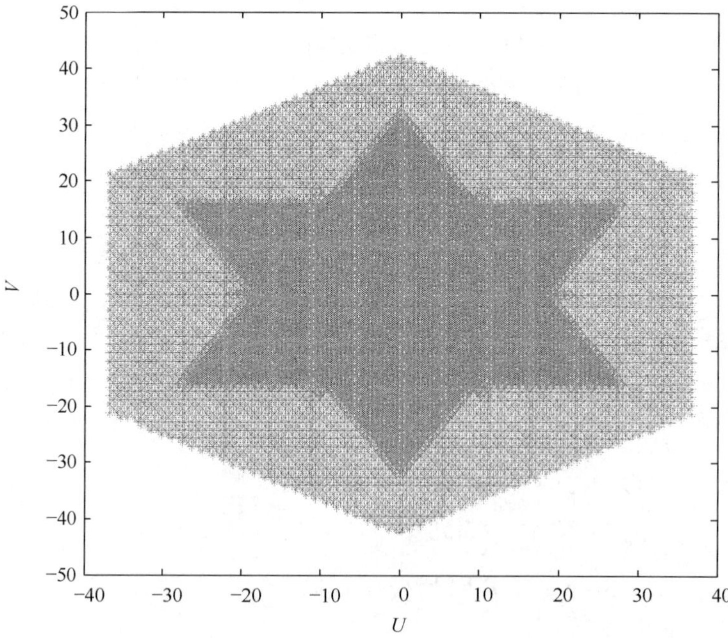

图 11-31　非最小补零方式的 UV 采样点分布

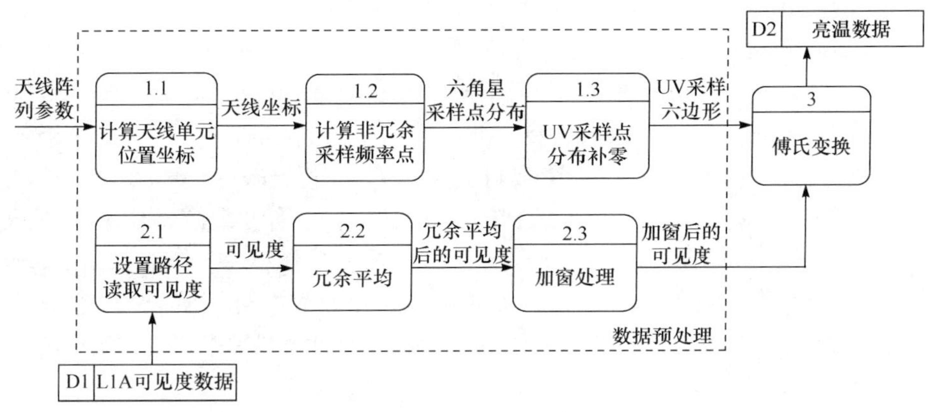

图 11-32　傅氏反演框图

① 获取 MIRAS 的天线排列的位置，根据天线排列位置计算 *UV* 采样点分布，然后对 *UV* 采样点去冗余，获取非冗余的 *UV* 平面采样分布。

② 设置 SMOS 卫星 L1A 级别的可见度数据文件路径，导出可见度数据，然后计算对应非冗余 *UV* 平面采样点的可见度值，对获得的可见度值进行加窗处理，得到加窗后的可见度的值。

③ 将 *UV* 采样点分布补零为六边形分布。

④ 进行 DFT 变换，获取亮温值，绘制亮温图。

2）子函数介绍

傅氏反演过程中需要通过调用相应的子函数来实现。下面将从函数的名称、语法、功能、输入参数和输出参数来介绍各个子函数。

(1) GetUVfrom_ant 函数

语法：un_red_UV=GetUVfrom_ant(ant_pos)。

函数功能：由天线位置获取所有非冗余的采样频率，即非冗余的 *UV* 分布。

输入参数：ant_pos，Y 形阵每个单元天线的位置(以波长归一化)。

输出参数：un_red_UV，所有非冗余的采样频率点。

(2) Getext_UVfromant_pos 函数

语法：ext_UV=Getext_UVfromant_pos(arm_ant_num，ext_zero_num)。

函数功能：由 Y 形阵每个臂上的天线数量及补零方式得到补零后的 *UV* 平面采样点分布。

调用格式：ext_UV=Getext_UVfromant_pos(arm_ant_num，ext_zero_num)。

输入参数：arm_ant_num，单臂上天线数目(不包括两臂之间所夹部分的天线)；ext_zero_num，补零方式的控制变量(越大补零越多)。

输出参数:ext_UV:补零后的 *UV* 平面采样点分布。

(3) GetUnred_Visibility 函数

语法:[Visibility_unred_all, self_correlation_matrix]=GetUnred_Visibility (path,ant_pos,un_red_UV,channel_num,Remove_flag,polor_flag,cali_flag)。

函数功能:读取可见度数据,生成自相关矩阵并对其作冗余平均。

输入参数:path,导出的 L1A 级别的可见度数据的绝对路径;ant_pos,天线位置向量(以波长归一化);un_red_UV,所有非重复的采样频率;channel_num,所有通道的总数量(72 个);Remove_flag,是否剔除偏差较大的可见度数据,选 1 剔除,选 0 不剔除;polor_flag,极化方式(目前只使用"HHH"和"VVV"两种);cali_flag,定标天线使用标识符,选 1 使用,选 0 不使用。

输出参数:Visibility_unred_all,取冗余平均后的可见度数据;self_correlation _matrix,自相关矩阵。

(4) Get_Fovfromant 函数

语法:Fov=Get_Fovfromant(ext_UV,max_arm,zoom_para,min_space)。

函数功能:根据六边形视场与补零后的 *UV* 平面之间的关系直接得到六边形视场。

输入参数:ext_UV,补零后的 UV 分布;max_arm,单个天线臂上的天线数量;max_arm,单个天线臂上的天线数量;zoom_para,*UV* 平面转换为六边形视场时的缩放因子;min_space,天线最小间距(0.875)。

输出参数:Fov,六边形视场的坐标。

(5) DFT_Inverse 函数

语法:inv_T=DFT_Inverse(Fov,Visibility_sample_contain0)。

函数功能:根据视场和可见度数据进行 DFT 变换,获得亮温。

输入参数:FOV,六边形视场坐标;Visibility_sample_contain0,可见度数据,为处理方便,将其转化为矩阵形式。

输出参数:反演的亮温。

(6) HFFT_Inverse 函数

语法:inv_T=HFFT_Inverse(Visibility_sample_contain0,ext_UV,min_space,arm_ant_num)。

函数功能:实现六边形傅氏变换的取模快速傅氏算法,用二维快速傅氏变换获得亮温。

输入参数:Visibility_sample_contain0,补零后的可见度数据;ext_UV,六边形 UV 采样平面;min_space,天线最小间距,以波长为单位;arm_ant_num,单臂天线数目。

输出参数:inv_T,反演的亮温。

(7) HFFT_Inverse2 函数

语法：inv_T＝HFFT_Inverse2(Visibility_sample_contain0，ext_UV，min_space，arm_ant_num)。

函数功能：实现六边形傅氏变换的平移快速傅氏算法，用二维快速傅氏变换获得亮温。

输入参数：Visibility_sample_contain0，补零后的可见度数据；ext_UV，六边形 UV 采样平面；min_space，天线最小间距，以波长为单位；arm_ant_num，单臂天线数目。

输出参数：inv_T，反演的亮温。

(8)Draw_inverse_imag 函数

语法：Draw_inverse_imag(FOV，inv_T，zoom_para，Algorithem_flag)。

函数功能：绘制亮温图。

输入参数：FOV，六边形视场坐标；inv_T，反演的亮温值；zoom_para，转化为六边形视场时的缩放因子；Algorithem_flag，反演算法的选择，这里选择的是傅氏算法。

3) 傅氏反演主程序说明

傅氏反演的主程序为 SMOS_Inverse_test. m，在运行傅氏反演算法主程序"SMOS_Inverse_test. m"时，需要通过以下步骤实现。

① 将路径参数修改为可见度数据文件所在的路径，实例如下。

path='数据\导出的可见度\clib_visibility_1HHH'，采用该数据时，可以看到其最后 3 个字母为 HHH，该数据为 HHH 极化下的数据，应将极化标识符改为相应的极化方式，即令 polor_flag='HHH'。假设数据目录在当前目录下，若数据在其他目录下，则需修改存储路径。

设置反演算法名称，若选择 DFT 算法则修改 Algorithm_flag＝'DFT'，若选择取模 HFFT 算法，则修改 Algorithm_flag＝'HFFT'。若选择平移 HFFT 算法，则修改 Algorithm_flag＝'HFFT2'。两种 HFFT 算法是基于六边形采样的二维快速傅氏变换算法，从原理上来说，其反演结果与 DFT 算法是一样的，不同的是采用 HFFT 算法使得亮温反演的时间大幅缩短(对于 SMOS 的 69 单元阵列而言，反演时间从 11 秒左右减少为 0.016 秒左右，缩短约 800 倍)，大大提高了反演效率。

② 选择窗函数名称，若选择"Blackman"窗，则修改 window_name＝"Blackman"即可。

③ 直接运行"SMOS_Inverse_test. m"，即可以得到亮温图像。

3. 带限傅氏分量反演程序介绍

1) 带限傅氏分量反演流程

综合孔径辐射计基于测量方程 $\boldsymbol{GT}=\boldsymbol{V}$ 来进行亮温反演，属于病态的、不适定的问题。SMOS 提供的 L1B 级别的亮温数据是采用带限正则化算法处理得到的。带限正则化的主要思想是引入正则化约束来获得 $\boldsymbol{GT}=\boldsymbol{V}$ 的一个唯一稳定解，从而解决反演中出现的病态问题。

$\boldsymbol{GT}=\boldsymbol{V}$ 的逆问题为病态问题的原因是，在 UV 空间频域覆盖范围 H 内缺少信息，因此需要补充信息。但是，先验信息不可能从可见度函数自身来获得，因此需要额外的信息来描述亮温或成像辐射计的一些期望的物理特性。由于综合孔径辐射计在 H 外没有任何测量值，因此需要在 H 带限空间内获得重建的亮温图像。考虑综合孔径辐射计有限的分辨率，病态问题获得的合适的解不会超过设备本身的限制。

在此条件下，正则化解被定义为满足约束条件$(\boldsymbol{I}-\boldsymbol{P}_H)\boldsymbol{T}=0$ 下函数的误差泛函$\min\limits_{T\in E}\|\boldsymbol{V}-\boldsymbol{GT}\|_F^2$，其中 $\boldsymbol{P}_H=\boldsymbol{U}^*\boldsymbol{ZZ}^*\boldsymbol{U}$，其为 H 带限函数在子空间的投影算子，$\boldsymbol{U}$ 为傅氏算子，$\boldsymbol{Z}$ 为补零算子，E 为目标空间(亮温所在空间)，F 为数据空间(可见度函数所在空间)。在考虑 $\hat{\boldsymbol{T}}$ 为 H 内的傅氏分量，来自于目标空间 E 的子空间 $\hat{\varepsilon}$，因此可以把正则化解表示为$\min\limits_{T\in\hat{\varepsilon}}\|\boldsymbol{V}-\boldsymbol{J}\hat{\boldsymbol{T}}\|_F^2$，其中 $\boldsymbol{J}=\boldsymbol{GU}^*\boldsymbol{Z}$。

根据求解$\min\limits_{T\in\hat{\varepsilon}}\|\boldsymbol{V}-\boldsymbol{J}\hat{\boldsymbol{T}}\|_F^2$ 可以得到 $\boldsymbol{J}^*\boldsymbol{J}\hat{\boldsymbol{T}}=\boldsymbol{J}^*\boldsymbol{V}$，考虑到正则化，矩阵 $\boldsymbol{J}^*\boldsymbol{J}$ 为非奇异矩阵，因此可以得到 $\hat{\boldsymbol{T}}_r=(\boldsymbol{J}^*\boldsymbol{J})^{-1}\boldsymbol{J}^*\boldsymbol{V}$，最后 H 内的带限解可以表示为 $\boldsymbol{T}_r=\boldsymbol{U}^*\boldsymbol{Z}\hat{\boldsymbol{T}}_r$。矩阵 $\boldsymbol{J}^+=(\boldsymbol{J}^*\boldsymbol{J})^{-1}\boldsymbol{J}^*$ 为矩阵 $\boldsymbol{J}$ 的伪逆，也可以成为设备的解析矩阵。该矩阵建立了复数可见度函数与 H 内 $\boldsymbol{T}_r$ 的傅氏变换系数之间的联系。

根据带限正则化的思想，可以发现傅氏反演和带限正则化反演的区别有两点。

① 傅氏反演对可见度函数直接进行傅氏反变换，带限正则化反演是先对去掉外部源影响的可见度函数进行 $\hat{\boldsymbol{T}}_r=(\boldsymbol{J}^*\boldsymbol{J})^{-1}\boldsymbol{J}^*\boldsymbol{V}$ 处理，获得带限傅氏分量，再进行傅氏变换获得亮温。

② 对于两种反演算法，反演亮温所属的目标空间 E 不同，对于傅氏变换，其选择的是整个目标空间，而带限解只作用于目标空间 E 的子空间。

具体的数据处理流程包括 $\boldsymbol{G}$ 矩阵的生成、补零算子和傅氏算子的计算、J 矩阵的生成及其处理、亮温傅氏分量的计算，以及最终用傅氏变换得到亮温。其流程如图 11-33 所示。

根据正则化算法原理，可以获得亮温的傅氏分量与亮温的关系为：$\boldsymbol{T}_r=\boldsymbol{U}^*\boldsymbol{Z}\hat{\boldsymbol{T}}_r$，其中 $\boldsymbol{T}_r$ 代表亮温，$\hat{\boldsymbol{T}}_r$ 代表亮温的傅氏分量，同时可以得到可见度函数与亮温傅氏分量的关系为 $\hat{\boldsymbol{T}}_r=(\boldsymbol{J}^*\boldsymbol{J})^{-1}\boldsymbol{J}^*\boldsymbol{V}$。因此，在进行 $\boldsymbol{G}$ 矩阵反演验证时，需要通过

J 矩阵和可见度函数先获得傅氏分量，再利用傅氏变换反演出亮温。反演流程如图 11-34 所示。

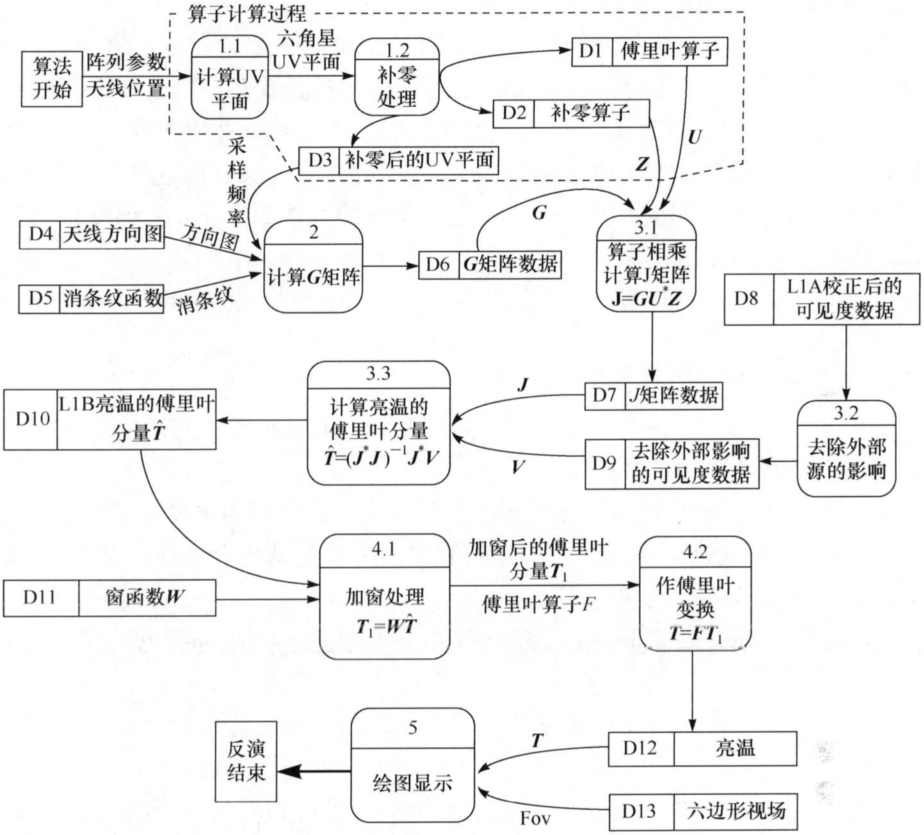

算子计算过程
算法开始
阵列参数
天线位置
1.1 计算UV平面
六角星UV平面
1.2 补零处理
D1 傅里叶算子
D2 补零算子
D3 补零后的UV平面
采样频率
U
Z
G
D4 天线方向图
方向图
D5 消条纹函数
消条纹
2 计算G矩阵
D6 G矩阵数据
3.1 算子相乘计算J矩阵 $J=GU^*Z$
D8 L1A校正后的可见度数据
3.3 计算亮温的傅里叶分量 $\hat{T}=(J^*J)^{-1}J^*V$
J
D7 J矩阵数据
D10 L1B亮温的傅里叶分量$\hat{T}$
V
D9 去除外部影响的可见度数据
3.2 去除外部源的影响
4.1 加窗处理 $T_1=W\hat{T}$
加窗后的傅里叶分量T_1
傅里叶算子F
4.2 作傅里叶变换 $T=FT_1$
D11 窗函数W
5 绘图显示
反演结束
T
D12 亮温
Fov
D13 六边形视场

图 11-33　带限正则化反演流程图

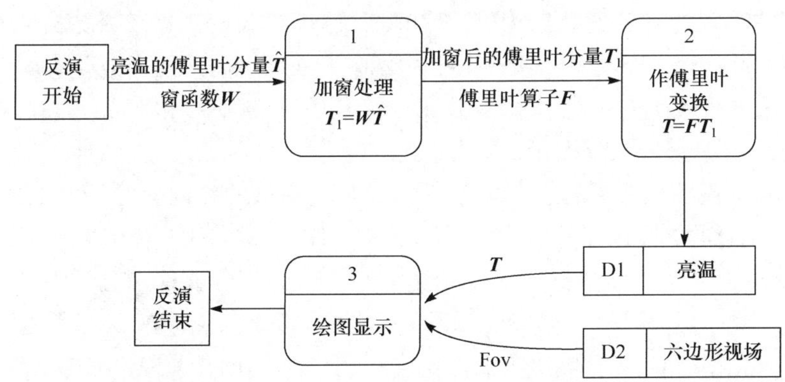

图 11-34　亮温傅氏分量反演流程图

由于 SMOS 官网已经给出了傅氏分量,所以本章只介绍如何由亮温的傅氏分量反演出亮温的过程,来验证带限正则化算法反演结果。

2) 带限傅氏分量反演主程序运行说明

该程序只验证了亮温的傅氏分量到六边形视场的亮温分布这一部分,反演的主程序为“TB_Fourier_Inverse. m”。在这之前应先按傅氏反演算法中同样的过程得到六边形视场,以及补零后的可见度数据,并按照 SMOS 数据说明文档中的要求将 *UV* 平面的采样点排好顺序预先存储下来,同时对傅氏分量进行加窗处理,通过选择窗函数名称,若选择“Blackman”窗,则修改 window_name=“Blackman”即可。

运行 ***G*** 矩阵反演程序时,应保证以下三个 . mat 数据与反演程序在同一个文件夹中。

① Fov. mat 为六边形视场。

② UV_sorted_mat. mat 为按照带限正则化反演所使用的 *UV* 分布的顺序排好序的 *UV* 平面采样点。

③ Visibility_sample_contain0 为包含零基线的补零后的可见度数据。

如果以上三个数据文件都存在,则只需修改亮温的傅氏分量所在路径,将其导入 MATLAB 即可运行,实例如下。

Scene_BT_Fourier=load('数据\导出的傅氏分量\Scene_BT_Fourier_item1HH. txt');

//假设数据目录在当前目录下,若数据在其他目录下,则需修改存储路径

可以看到上述数据后面两个字母为 HH,即其对应的是 HHH 极化下的亮温傅氏分量的实部和虚部,若需运行其他数据也只需进行相应的修改即可。

4. 反演结果

反演的输入的可见度数据为“SM_OPER_MIR_SC_F1A_ 20130818T000159_ 20130818T005558_ 504_001_1”数据中的 4 个 item 数据:item1(极化方式 HHH)、item5(极化方式 VVV)的数据、item1086(极化方式 VVV)和 item4518(极化方式 HHH)来反演输出为亮温图像。

为了验证反演的结果,这里也列出了 SMOS 提供的在同一时间的 L1B 亮温数据,对应的 L1B 数据的文件为“SM_OPER_MIR_SC_F1B_ 20130818T000159_ 20130818T005558_ 504_001_1”。通过“SMOS-VIEW”软件,打开“SM_OPER_MIR_SC_F1B_20130818T000159_20130818T005558_ 504_001_1”数据文件,在“Temp_Snapshot_Full”中选择 item1 数据,通过点击图标 ,在“Plot Type”中选择 Reconstructed_BT,通过“Export”可以导出亮温图。

采用 DFT 算法、取模 HFFT 算法、平移 HFFT 算法和带限傅氏分量方法进行反演对比。

① item1(极化方式 HHH)反演结果(图 11-35～图 11-39)。

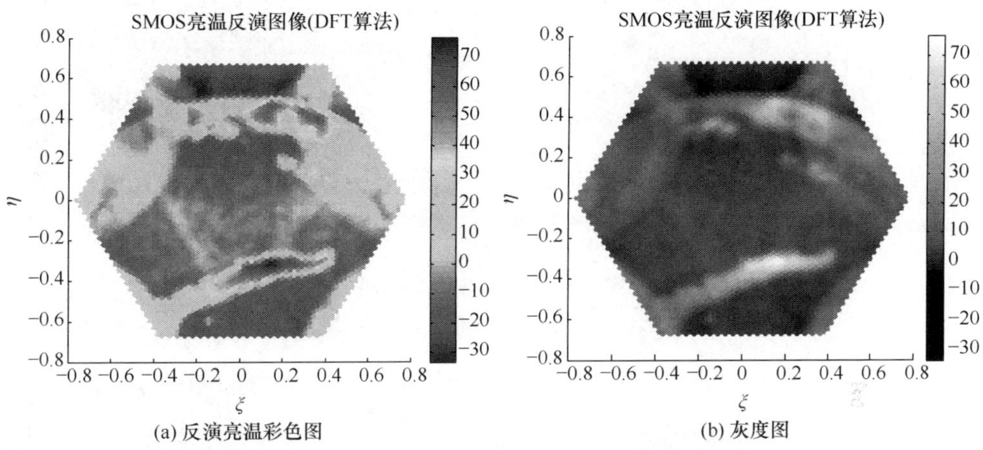

图 11-35　item1 数据 DFT 算法反演亮温彩色图和灰度图

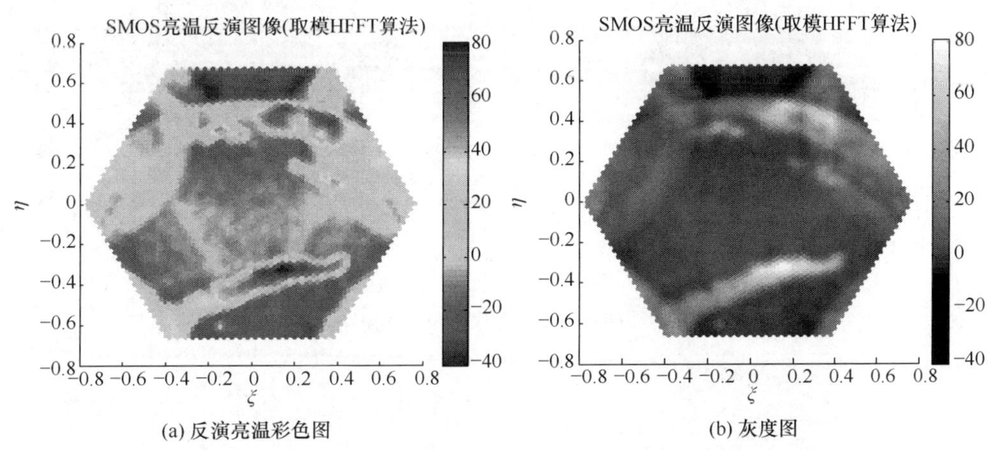

图 11-36　item1 数据取模 HFFT 算法反演亮温彩色图和灰度图

② item5(极化方式 VVV)反演结果(图 11-40～图 11-44)。

③ item1086(极化方式 VVV)反演结果(图 11-45～图 11-49)。

④ item4518(极化方式 HHH)反演结果(图 11-50～图 11-54)。

从反演结果看，采用 DFT 算法、取模 HFFT 算法、平移 HFFT 算法和带限傅氏方法均可以反演出结果。但对比看来，利用带限傅氏分量反演结果与 SMOS-VIEW 显示的亮温图(L1B 亮温图)吻合更好。

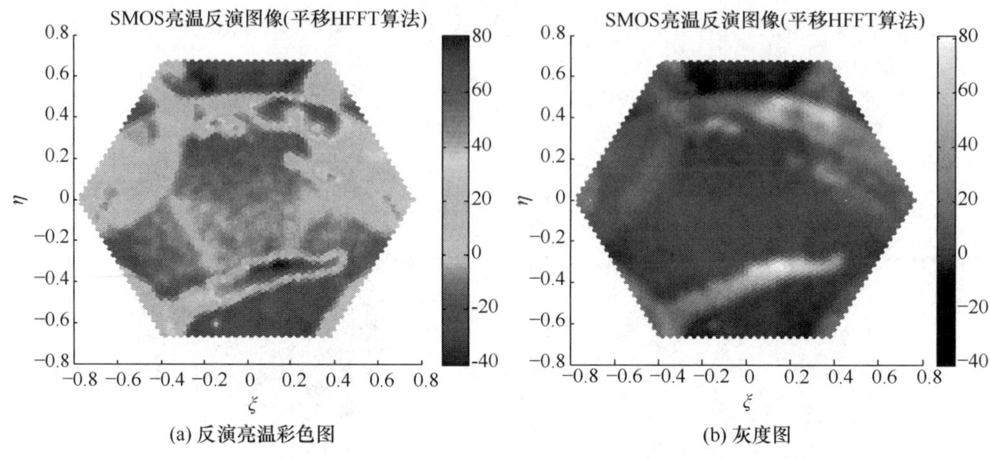

(a) 反演亮温彩色图　　(b) 灰度图

图 11-37　item1 数据平移 HFFT 算法反演亮温彩色图和灰度图

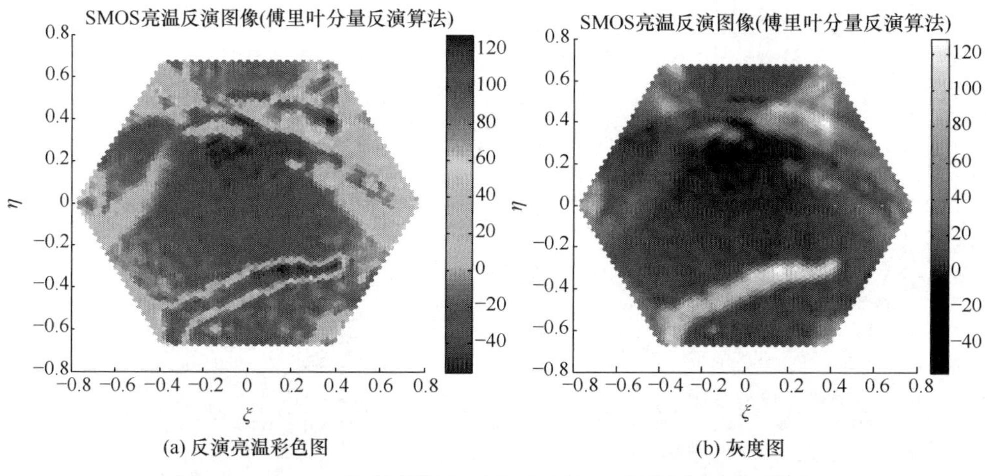

(a) 反演亮温彩色图　　(b) 灰度图

图 11-38　item1 数据带限傅氏分量反演亮温彩色图和灰度图

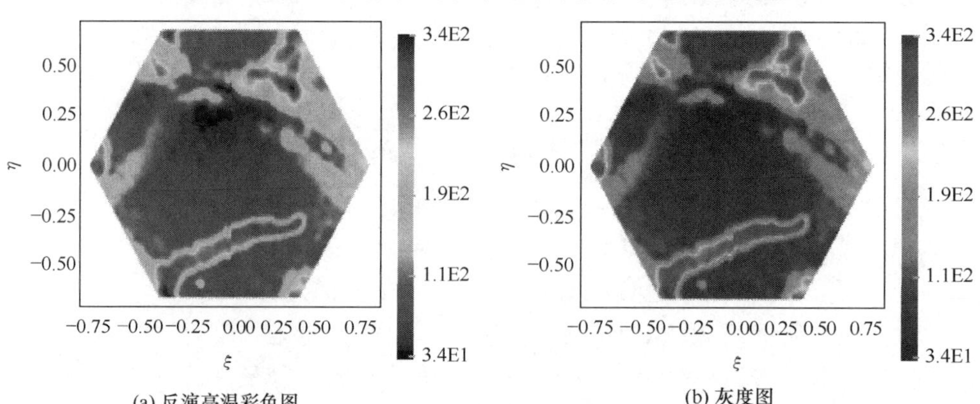

(a) 反演亮温彩色图　　(b) 灰度图

图 11-39　item1 数据 L1B 亮温彩色图和灰度图

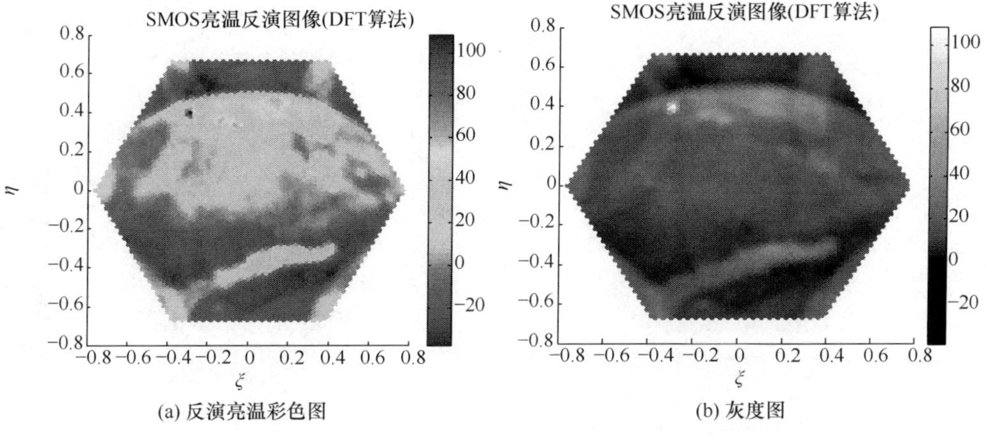

(a) 反演亮温彩色图　(b) 灰度图

图 11-40　item5 数据 DFT 算法反演亮温彩色图和灰度图

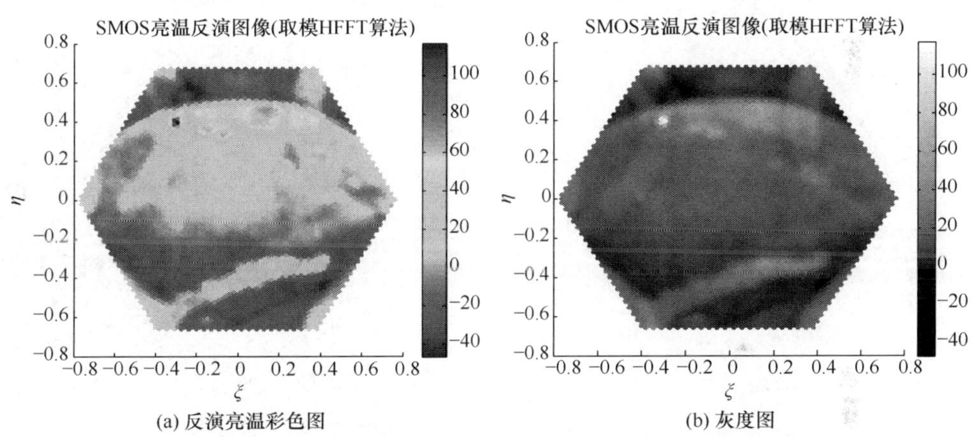

(a) 反演亮温彩色图　(b) 灰度图

图 11-41　item5 数据取模 HFFT 算法反演亮温彩色图和灰度图

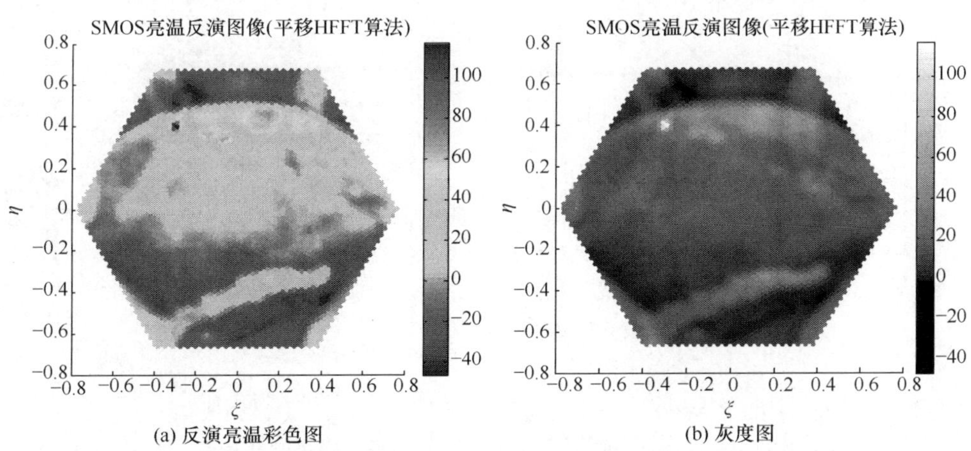

(a) 反演亮温彩色图　(b) 灰度图

图 11-42　item5 数据平移 HFFT 算法反演亮温彩色图和灰度图

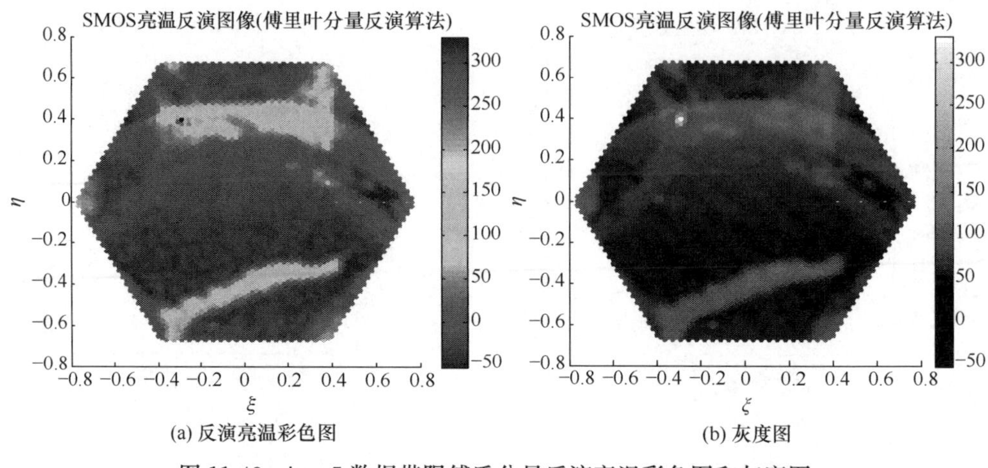

(a) 反演亮温彩色图 (b) 灰度图

图 11-43 item5 数据带限傅氏分量反演亮温彩色图和灰度图

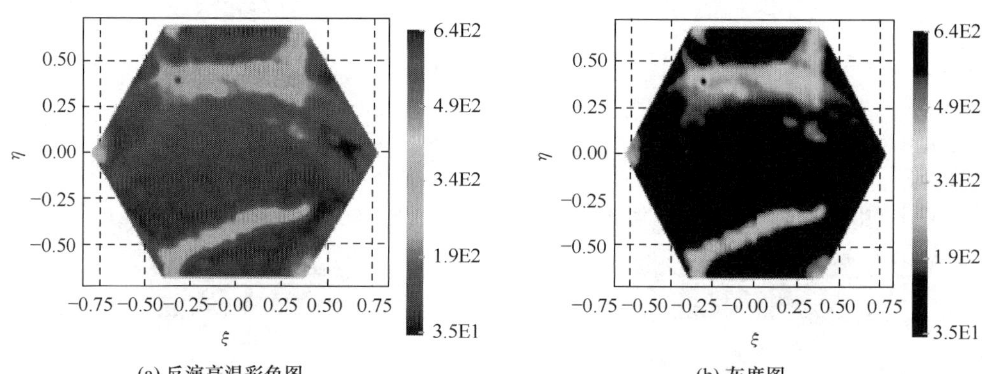

(a) 反演亮温彩色图 (b) 灰度图

图 11-44 item5 数据 L1B 亮温彩色图和灰度图

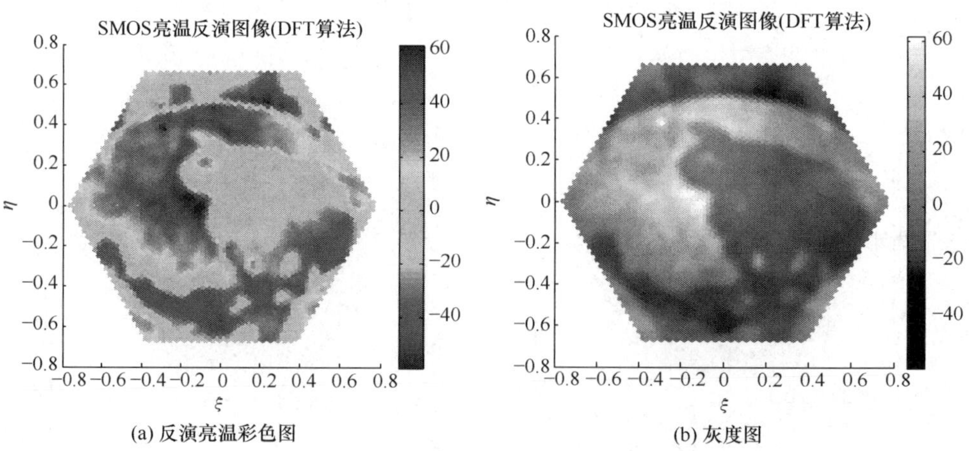

(a) 反演亮温彩色图 (b) 灰度图

图 11-45 item1086 数据 DFT 算法反演亮温彩色图和灰度图

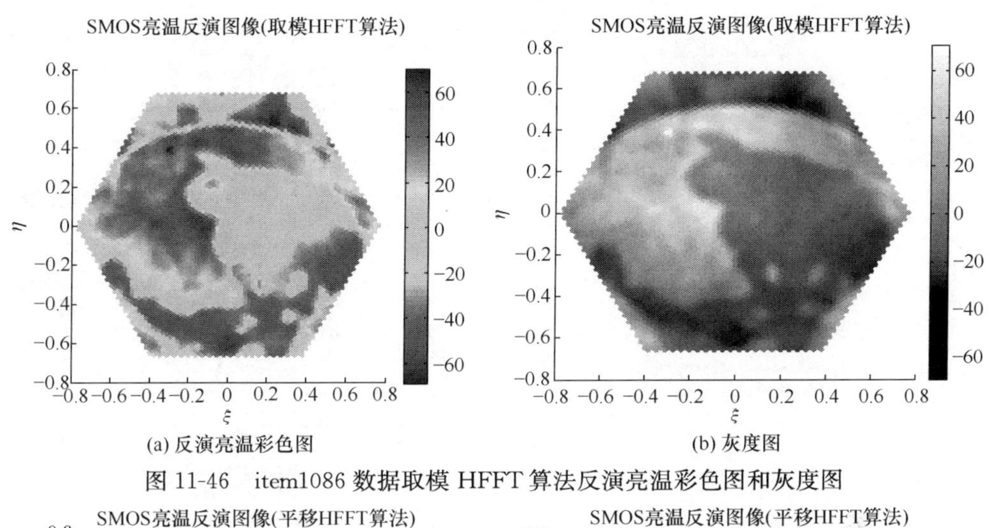

(a) 反演亮温彩色图　(b) 灰度图

图 11-46　item1086 数据取模 HFFT 算法反演亮温彩色图和灰度图

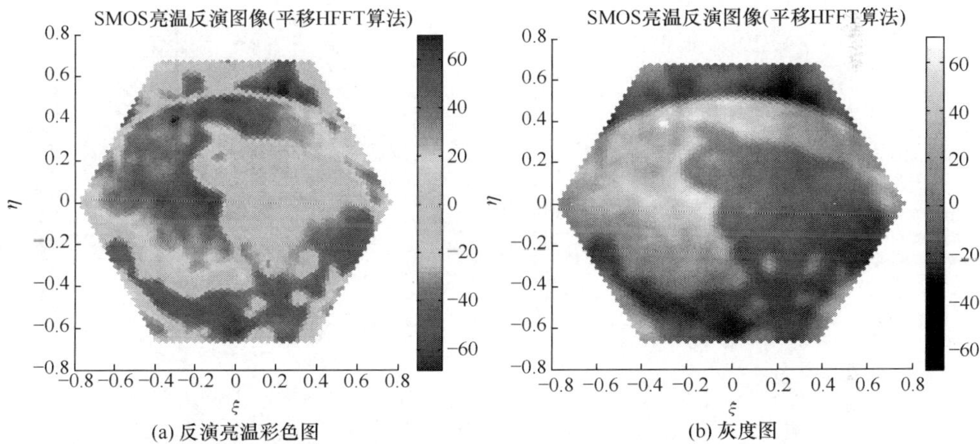

(a) 反演亮温彩色图　(b) 灰度图

图 11-47　item1086 数据平移 HFFT 算法反演亮温彩色图和灰度图

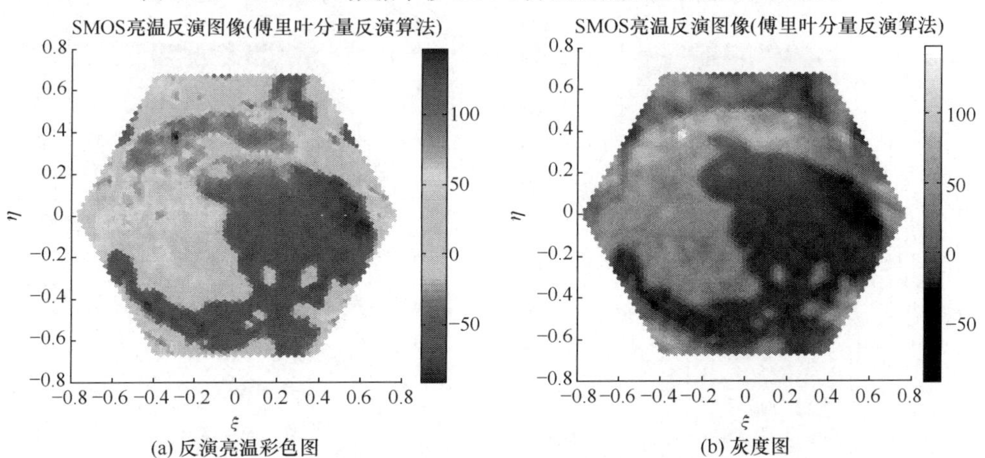

(a) 反演亮温彩色图　(b) 灰度图

图 11-48　item1086 数据带限傅氏分量反演亮温彩色图和灰度图

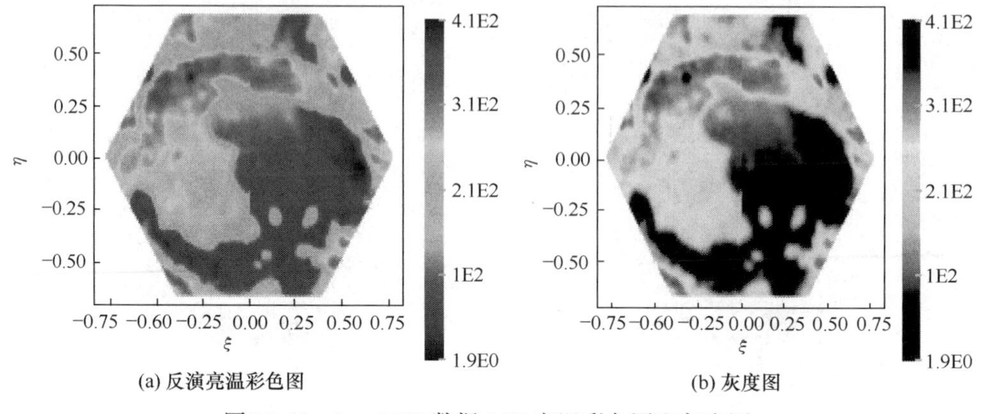

(a) 反演亮温彩色图 (b) 灰度图

图 11-49 item1086 数据 L1B 亮温彩色图和灰度图

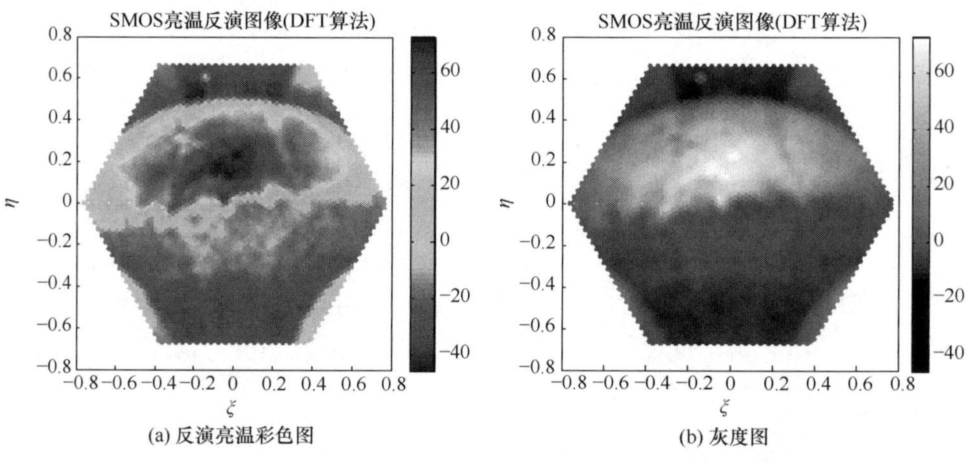

(a) 反演亮温彩色图 (b) 灰度图

图 11-50 item4518 数据 DFT 算法反演亮温彩色图和灰度图

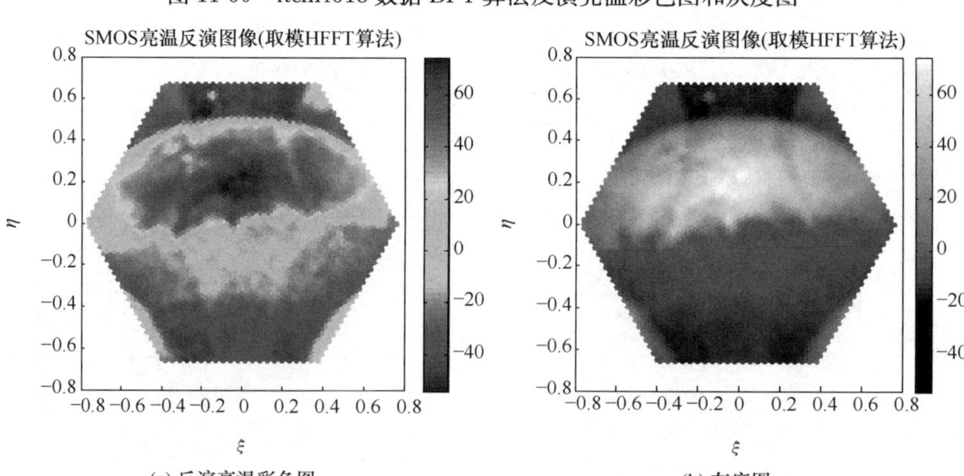

(a) 反演亮温彩色图 (b) 灰度图

图 11-51 item4518 数据取模 HFFT 算法反演亮温彩色图和灰度图

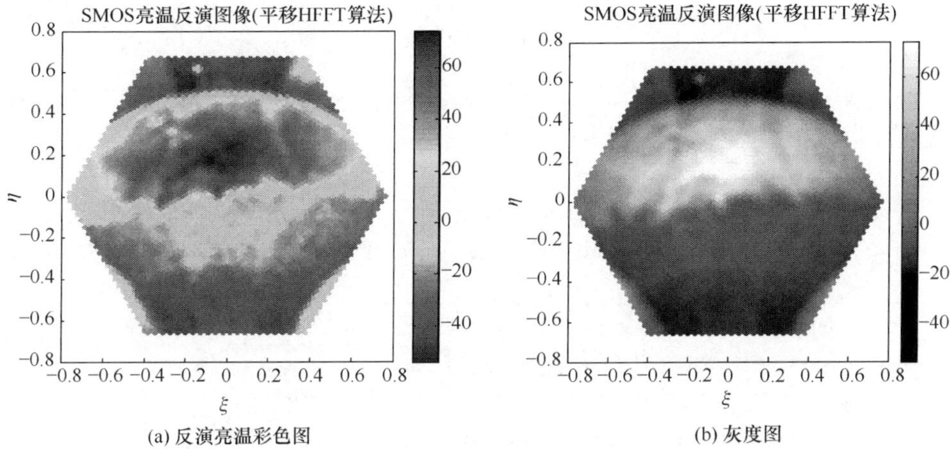

(a) 反演亮温彩色图　　(b) 灰度图

图 11-52　item4518 数据平移 HFFT 算法反演亮温彩色图和灰度图

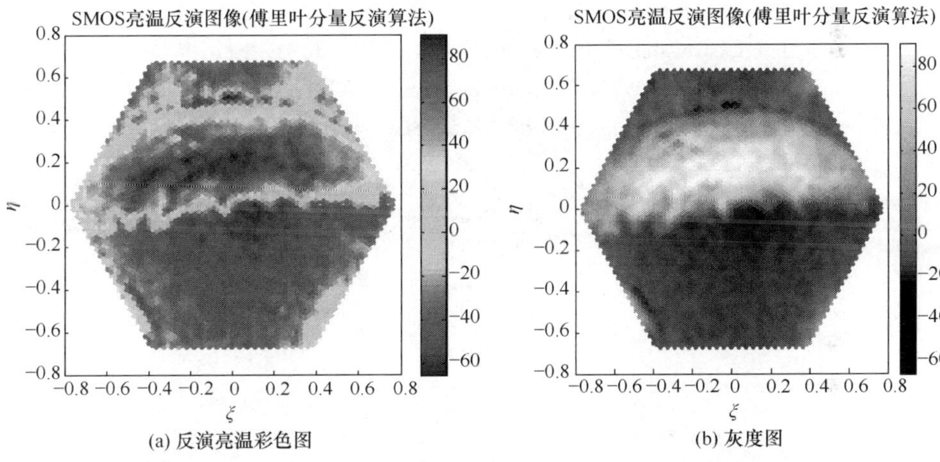

(a) 反演亮温彩色图　　(b) 灰度图

图 11-53　item4518 数据带限傅氏分量反演亮温彩色图和灰度图

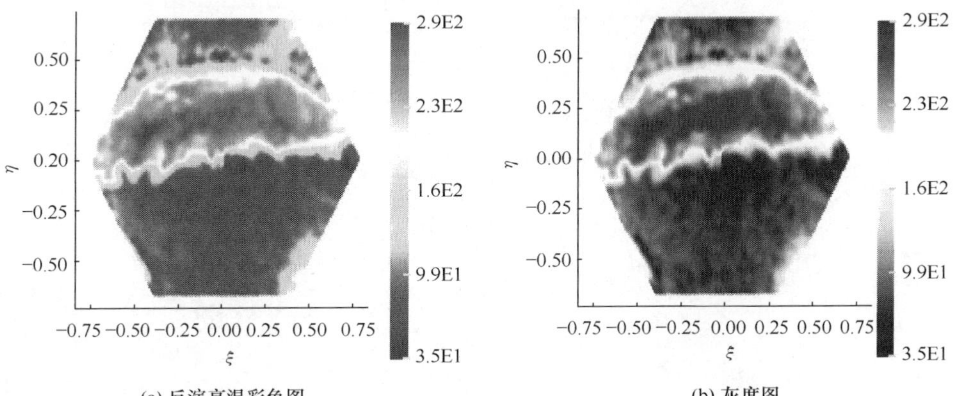

(a) 反演亮温彩色图　　(b) 灰度图

图 11-54　item4518 数据 L1B 亮温彩色图和灰度图

参考文献

[1] Li Q X, Chen K, Guo W, et al. An aperture synthesis radiometer at millimeter wave band [C]//International Conference on Microwave and Millimeter Wave Technology, Nanjing, China, 2008.

[2] Li Q X, Hu F, Guo W, et al. A general platform for millimeter wave synthetic aperture radiometers [C]//IEEE International Geoscience and Remote Sensing Symposium-Proceedings, 2008.

[3] Mecklenburg S, Drusch M, Kerr Y H, et al. ESA ' s soil moisture and ocean salinity mission: mission performance and operations[J]. IEEE Transactions on Geoscience and Remote Sensing, 2012, 50(5): 1354-1366.

[4] Barre H M, Duesmann B, Kerr Y H. SMOS: the mission and the system[J]. IEEE Transactions on Geoscience and Remote Sensing, 2008, 46(3): 587-593.

[5] Kerr Y H, Waldteufel P, Wigneron J, et al. The SMOS mission: new tool for monitoring key elements of the global water cycle[J]. Proceedings of the IEEE, 2010, 98(5): 666-687.

[6] McMullan K D, Brown M A, Martin-Neira M, et al. SMOS: the payload[J]. IEEE Transactions on Geoscience and Remote Sensing, 2008, 46(3): 594-605.

第 12 章　超综合孔径干涉成像

12.1 引　　言

尽管综合孔径辐射计可以利用稀疏排列的天线阵列获得与大口径实孔径天线相同的高分辨率，在一定程度上有效地减少综合孔径辐射计单元天线的个数，但是在追求更高空间分辨率的驱使下，综合孔径辐射计尤其是二维综合孔径辐射计仍然需要相当多数量的天线单元和相关器。这使得综合孔径辐射计的整个硬件结构十分复杂，系统价格变得昂贵，同时这也给综合孔径辐射计的定标、误差校正，以及图像反演的实时处理带来了困难。在这种背景下，同样采用干涉测量技术的超综合孔径辐射计由于其结构简单，单元天线数量较少，因此引起了人们研究的兴趣。

超综合孔径微波辐射计与综合孔径微波辐射计、多普勒微波辐射计相比，都是利用小口径单元天线阵列获得和大口径实孔径天线相同的高分辨率。但是，机载与星载的综合孔径辐射计通常采用远场干涉测量成像技术，可以利用傅氏反演或者其他反演方法获取被测场景的微波辐射图像，当综合孔径辐射计在地面进行成像实验时也会遇到目标位于天线阵列近场的情形，此时需要对近场误差进行修正。超综合孔径微波辐射计和多普勒微波辐射计都采用近场干涉测量成像技术，它们利用匹配滤波的方法获取被测场景的微波辐射图像，两者成像方式的主要区别在于在干涉测量中超综合孔径微波辐射计先进行相关处理再作匹配滤波，而多普勒微波辐射计先进行匹配滤波再作相关处理。

本章主要介绍超综合孔径辐射计的基本原理、空间分辨率、灵敏度、傅氏反演方法，以及噪声点源的一维成像实验，实验中采用匹配滤波方法和傅氏反演方法。

12.2 基 本 原 理

超综合孔径辐射计(SSR)能够以较小数量的天线单元(极限的情况下只包括一个二元干涉仪)，利用 SSR 与被测场景的相对运动获得高空间分辨率的微波辐射图像。最简单的超综合孔径辐射计的基本结构如图 12-1 所示，由两个天线单元和一个复相关器组成的一个沿 x 轴方向运动的二元干涉仪，为了在 x 轴方向上利用孔径综合技术实现高的空间分辨率，天线单元在该方向上通过较宽的波束连续的接收场景的热辐射信号。在图 12-1 中,点目标所在位置在 XOZ 平面的坐标为$(0,-h)$,该目标到达两个天线单元的距离分别为 r_1 和 r_2,两个天线单元的基线长度为 d,基线与垂直方向的夹角为 α。SSR 初始位置坐标为$(-x,0)$,并沿 x 轴正方向匀速运动,f_0 为接收的热辐射信号的中心频率。

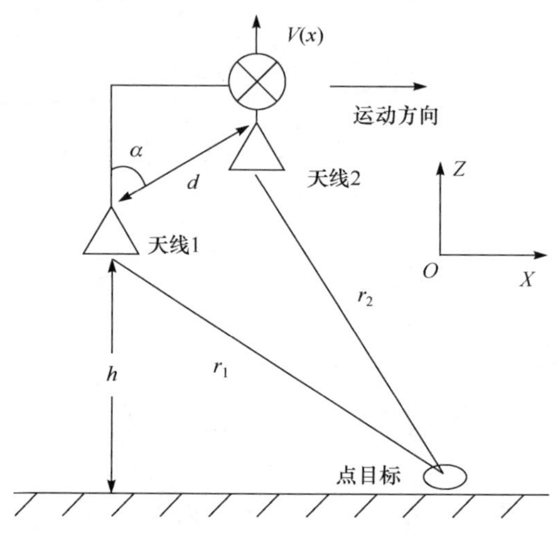

图 12-1 超综合孔径辐射计观测示意图

当空中沿直线运动的二元干涉仪对地面点源目标进行观测时,干涉仪的输出信号具有一个随位置变化的线性调频区间,可以近似为一个线性调频信号,因此 Komiyama 采用合成孔径雷达技术中常用的基于匹配滤波的脉冲压缩技术获得该点源目标的位置并实现高的空间分辨率。若采用匹配滤波的方法,超综合孔径辐射计的 3dB 波束宽度 ϕ_s 为[1]

$$\phi_s \approx \frac{\lambda}{d} \tag{12-1}$$

其中,d 为基线长度;λ 为波长。

超综合孔径辐射计的灵敏度 ΔT 为[1]

$$\Delta T = \sqrt{\frac{2\phi_a}{3\phi_s}} \frac{T_B + T_R}{\sqrt{B\tau_s}} \tag{12-2}$$

其中,τ_s 为积分时间;B 为带宽;T_B 和 T_R 分别为地物的亮温和接收机的噪声温度;ϕ_a 为单元天线 x 方向的波束宽度。

12.3　傅氏反演方法

如图 12-1 所示，两个天线在位置 x 处收到的亮度过程 $b_1(x;t)$ 和 $b_2(x;t)$ 可以表示为

$$b_1(x;t) = \int_0^{2\pi} \beta(\phi_1;t)\cos[2\pi f_c t - kr_1(\phi_1)]\mathrm{d}\phi_1 \tag{12-3}$$

$$b_2(x;t) = \int_0^{2\pi} \beta(\phi_2;t)\cos[2\pi f_c t - kr_2(\phi_2)]\mathrm{d}\phi_2 \tag{12-4}$$

其中，$\beta(\phi_1;t)$ 和 $\beta(\phi_2;t)$ 分别为天线 1 和 2 单位立体角接收到的热辐射随机信号的包络。

若待测场景中仅有该点目标时，则对于该点目标的可见度函数 $V(x)$ 为

$$\begin{aligned} V(x) &= \langle b_1(x;t)b_2(x;t)\rangle + \mathrm{j}\langle b_1(x;t)b_2(x;t-1/4f_c)\rangle \\ &= \langle\beta(\phi_1;t)\beta(\phi_2;t)\rangle\exp\left[-\mathrm{j}\,\frac{2\pi\Delta d(x)}{\lambda}\right] \\ &\approx cT_B\exp\left[-\mathrm{j}\,\frac{2\pi\Delta d(x)}{\lambda}\right] \end{aligned} \tag{12-5}$$

其中，$\langle\beta(\phi_1;t)\beta(\phi_2;t)\rangle$ 为可见度函数的复包络，它是一个与天线增益、点目标亮温 T_B 有关的随位置 x 慢变化的过程。

在天线单元的波束很宽的条件下，$\langle\beta(\phi_1;t)\beta(\phi_2;t)\rangle$ 可近似认为与点目标亮温 T_B 成正比，记为 cT_B，c 为常数，为简化公式可令 $c=1$。$\Delta d(x)=r_2-r_1$ 为该点目标到达两个天线口面的路程差，即

$$\Delta d(x) = \sqrt{(x+d\sin\alpha)^2+(h+d\cos\alpha)^2} - \sqrt{x^2+h^2} \tag{12-6}$$

若天线单元的 x 方向上的波束很宽，则 x 方向上的 SSR 的视场范围近似为 $(-\infty,+\infty)$。从上式可以得出，当 $x\in(-\infty,h\tan\alpha)$ 时，$\Delta d(x)$ 是 x 的单调递增函数，且当 $x=-(d+2h\cos\alpha)/(2\sin\alpha)$ 时，$\Delta d(x)=0$；当 $x=h\tan\alpha$ 时，$\Delta d(x)=d$ 为最大值。当 $x\in[h\tan\alpha,+\infty)$ 时，$\Delta d(x)$ 是 x 单调递减函数。令 d 为最小基线长度 Δu 的整数倍，记为 $d=M\Delta u$（M 为整数，Δu 一般为 $\lambda_0/2$），则理论上 SSR 飞行穿过在区间 $[-(d+2h\cos\alpha)/(2\sin\alpha),h\tan\alpha]$ 时，路程差 $\Delta d(x)$ 随着位置 x 的改变在 0 和最大值 d 之间单调递增变化，同时可以测量得到 $n\in\{0,1,\cdots,M\}$ 中的任意一个基线 $n\Delta u$ 对应的可见度函数值 $V(x_n)$，其中 x_n 为获得该基线时 SSR 的位置，$0\leqslant n\leqslant M$。若令式(12-6)等于 $n\Delta u$，化简可以得到下式，即

$$[4(d\sin\alpha)^2-4(n\Delta u)^2]x_n^2+(4dA\sin\alpha)x_n+A^2-4(n\Delta uh)^2=0 \tag{12-7}$$

其中,$A=2dh\cos\alpha-(n\Delta u)^2+d^2$。

求解上式可以计算出 SSR 的位置 x_n 或者换算成对应的运动时刻 t_n,此时可见度函数 $V(x_n)=T_B\exp[-\mathrm{j}2\pi n\Delta u/\lambda]$。一旦 SSR 测量得到该点目标所需的可见度函数值 $V(x_n)$,$(0\leqslant n\leqslant m)$,并考虑到可见度函数的共扼对称性 $V(x_{-n})=V^*(x_n)$,则利用傅氏反变换可以反演出目标的亮温分布,即 $\hat{T}_B(x_n)=\sum_{n=-M}^{M}V(x_n)\mathrm{e}^{\mathrm{j}2\pi n\Delta u/\lambda}$,当天线的最小基线长度 Δu 为 $\lambda/2$,则 SSR 反演得到的亮温分布 $\hat{T}_B(x_n)$ 为

$$\hat{T}_B(x_n)=\sum_{n=-M}^{M}V(x_n)\mathrm{e}^{\mathrm{j}\pi n} \tag{12-8}$$

从以上的推导容易看出,SSR 近场条件下的傅氏反演公式与综合孔径辐射计的远场条件下傅氏反演公式本质上是一样的。采用综合孔径辐射计空间分辨率的推导方法,容易给出一维 SSR 在 x 轴方向的空间分辨率 ϕ_s 为

$$\phi_s=\frac{\lambda}{d} \tag{12-9}$$

其中,d 为基线长度;λ 为接收信号中心频率对应的波长。

显然,当 SSR 的基线长度 d 与综合孔径幅射计稀疏阵列天线的最大基线长度 D 相同时,SSR 利用较少的单元天线就可以获得与综合孔径微波辐射计相同的空间分辨率。

SSR 灵敏度 ΔT_n 为所观测场景的亮温 T_B 的最小的可检测的变化,利用综合孔径辐射计空间分辨率的推导方法,SSR 灵敏度 ΔT 为

$$\Delta T\approx\frac{T_{\mathrm{sys}}}{\sqrt{2B\tau}}\frac{1}{\sqrt{2M+1}}\frac{\phi_a}{\phi_s}\approx\frac{T_{\mathrm{sys}}}{\sqrt{2B\tau}}\sqrt{\frac{\phi_a}{\phi_s}} \tag{12-10}$$

其中,T_{sys} 为接收机的系统噪声温度;B 为接收信号的带宽;积分时间 τ 为目标在波束 ϕ_s 内停留的时间;ϕ_a 为单元天线在 x 轴方向的波束宽度;$M=d/\Delta x$。

12.4 成像实验

Ka 波段二元干涉仪框图如图 12-2 所示,频率范围为 34.95～35.05GHz 的射频信号被天线接收后,经过低噪声放大器放大后与 35GHz 本振信号混频输出同相分量(I 路)和正交分量(Q 路),I 路和 Q 路信号再经过放大和低通滤波后送入模拟相关器进行复相关,最后输出可见度函数值 $V(x)$。为了保持二元干涉仪相位的稳定性,采用两个通道共一个本振的方式,而模拟相关器部分则采用乘法器芯片 AD834 与低通滤波器来实现。

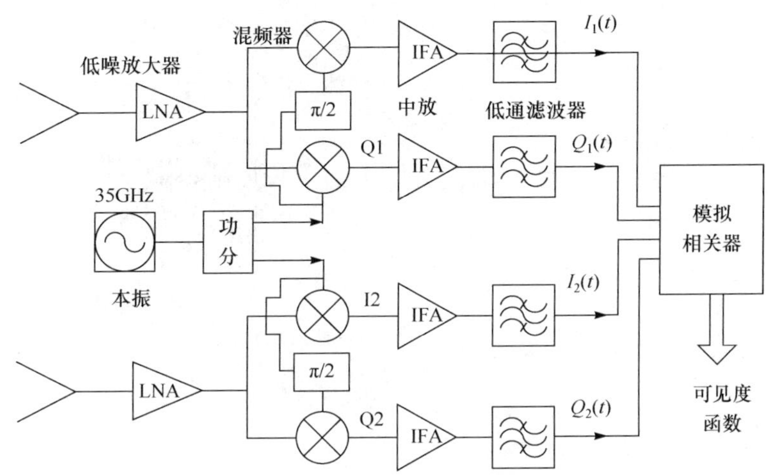

图 12-2　Ka 波段超综合孔径辐射计框图

噪声点源成像实验如图 12-1 所示，点源目标放置为一个噪声点源。在实验中，SSR 和噪声点源都采用在 x 轴方向 3dB 波束宽度约为 51°角锥喇叭天线，基线 $d=32\text{cm}$，$\alpha=46.8°$。为了使噪声源位于单元喇叭天线的远场同时位于 SSR 的近场，取距离 $h=20\text{cm}$。可见度函数虚部随 SSR 位置的变化如图 12-3 所示。

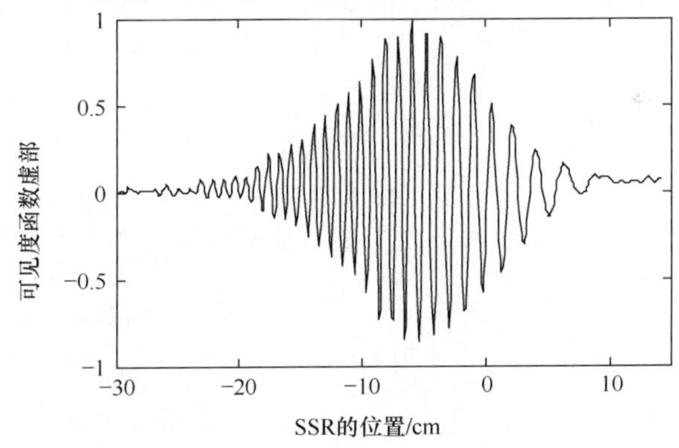

图 12-3　可见度函数的虚部

从图 12-3 中可以看出，SSR 位于(−30cm，+14.3cm)区域时，可见度函数虚部的瞬时频率随 SSR 的移动逐渐降低，近似为一线性调频信号。在理想情况下，可见度函数的幅度是随位置慢变化的过程，但是可见度函数的幅度开始逐渐增加，到达最大值后又开始逐渐下降。这是由于噪声点源和 SSR 的喇叭天线都具有一定的方向性，导致可见度函数的包络随位置发生了变化。利用测量得到的可见度函数值采用傅氏反演方法得到的噪声点源归一化的亮温如图 12-4 所示。

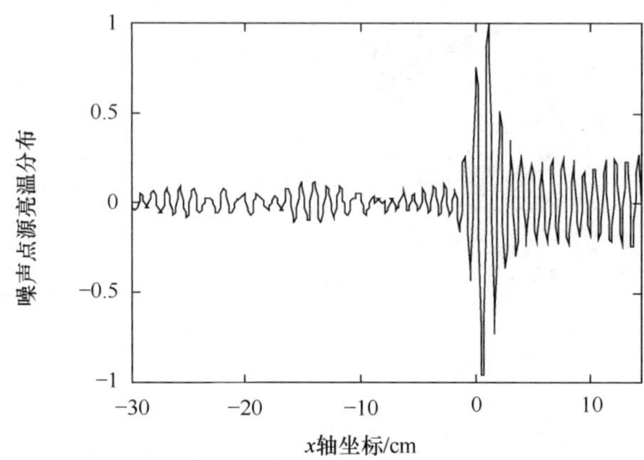

图 12-4　傅氏方法反演的噪声点源归一化亮温

可以看出,反演出的噪声点源目标具有较高的旁瓣,这是因为当利用信号的傅氏变换来恢复原信号时,如果原信号包含有间断点,那么在各间断点处将出现过冲即尖峰,这种现象称为吉布斯振荡现象。为了减少反演的噪声点源图像中由吉布斯振荡现象导致的旁瓣,可以通过获取傅氏级数中更多的项数,即增加式(12-8)中 M 的值来逼近原噪声点源空域信号,例如可以增大基线长度 d 等方法。

当采用匹配滤波的方法反演被测场景亮温分布时,需要先对 SSR 系统进行定标,其基本的步骤是在 SSR 视场范围内放置一个噪声点源,若该噪声点源位于坐标原点处,则测量获得的可见度函数 $V_{\mathrm{cal}}(x)$ 在理想情况下输出为 $V_{\mathrm{cal}}(x)\approx cT_B\exp[-\mathrm{j}2\pi\Delta d(x)/\lambda]$,则匹配滤波器的脉冲冲击响应函数 $h(x)$ 为[2]

$$h(x)=V_{\mathrm{cal}}^{*}(-x)\approx cT_B\exp[\mathrm{j}2\pi\Delta d(-x)/\lambda] \tag{12-11}$$

进一步,在实际对地观测中,获得的被测场景的可见度函数 $V(x)$,则被测场景亮温分布 $T_B(x)$ 的反演公式为

$$T_B(x)=V(x)*h(x)=\int_{x_1}^{x_2}V(\tau)h(x-\tau)\mathrm{d}\tau \tag{12-12}$$

利用图 12-3 中点源目标测量得到的可见度函数的数据,采用匹配滤波的方法反演的噪声点源的归一化亮温分布如图 12-5 所示。与采用 Fourier 方法反演出噪声点源位于原点不同,采用匹配滤波的方法得到的噪声源的位置向 x 轴的负方向发生了偏移。这是因为对于 $\alpha\neq90°$ 的情形,测量得到的可见度函数实部和虚部的最大值所在坐标也位于 x 轴的负轴处,并且是一个常量,因此该偏移容易被校正。

由式(12-9)可以计算出以上点源成像实验空间角分辨率的理论值为 $\phi_s=\lambda/d=0.008/0.32=0.025\mathrm{rad}=1.4°$,在距离 $h=20\mathrm{cm}$ 的空间分辨率为 0.5cm。从图 12-4 中可以看出,噪声点源图像中第一对零点的距离约 0.5cm,达到了预期的结

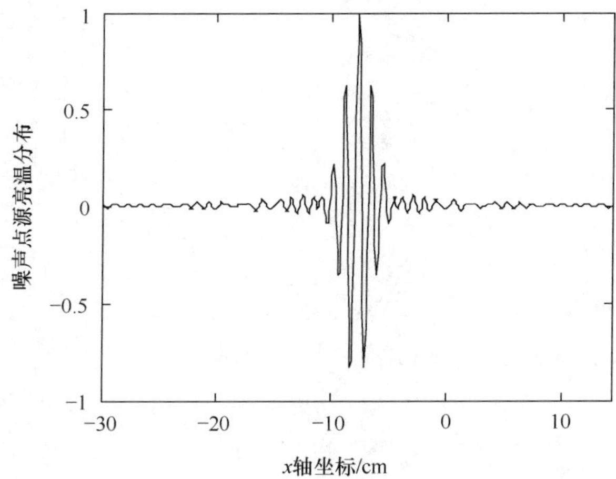

图 12-5　匹配滤波方法反演的噪声点源归一化亮温

果。由于 SSR 成像方法的特殊性，对于目标尺寸大于 SSR 空间分辨率的展源，很难给出反演展源目标亮温的一般性公式，但 Komiyama 利用 SSR 已经成功的得到天空和建筑物等展源目标的图像，验证了该方法的可行性。可以认为，展源目标是由众多的点源目标构成，则展源图像也是由众多反演的点源图像叠加构成。当反演得到的每个点源图像的旁瓣越低，相邻点源图像之间的串扰就越小，则最后反演得到的展源图像就越逼近真实的展源目标。

参 考 文 献

[1] Komiyama K. Supersynthesis radiometer for passive microwave imaging[C]//IEEE Geoscience and Remote Sensing Symposium，1992，1417-1419.

[2] Curlander J C，Mc Donough R N. 合成孔径雷达——系统与信号处理[M]. 北京：电子工业出版社，2006.

附　　录

附录 A　缩略词、缩写词

ACO	Ant Colony Optimization
AD	Analog to Digital
ADC	Analog to Digital Converter
ADS	Almost Difference Sets
AF	Array Factor
AP	Addictive polarimeter
AS	Aperture Synthesis
ASI	Aperture Synthesis Imaging
ASMR	Aperture Synthesis Microwave Radiometer
ASR	Aperture Synthesis Radiometer
ASRI	Aperture Synthesis Radiometric Imaging
BCR	Basic Correlation Radiometer
CAMB	Concept of Augmented Maximum Baseline
CAS	Calibration System Module
CDS	Cyclic Difference Set
CDTI	Centre for the Development of Industrial Technology, Spain
CEOS	Committee on Earth Observation Satellites
CL	Coherence Loss
CM	Conditional Mean
CNES	Centre National Etudes Spatiales, France
CPPD	Cyclic Permutation of Perfect Distance
CS	Compressive sensing
CSSIA	Compressive Sensing SIA
DCP	Direct correlation Polarimeter
DF	Degradation Factor
DFT	Discrete Fourier Transform
ESA	European Space Agency
ESTAR	Electronically Scanned Thinned Array Radiometer

ETL	Electron Transport Layer
FFT	Fast Fourier Transformation
FMLM	Fast Marginal Likelihood Maximization
FOV	Field Of View
FSLL	First Side Lobe Level
GA	Genetic Algorithm
GAS	Geostationary Atmospheric Sounder
GCV	Generalized Cross-validation
GeoSTAR	Geostationary Synthetic Thinned Aperture Radiometer
HFFT	Hexagonal Fast Fourier Transformation
HFSS	High Frequency Structure Simulator
HPBW	Half Power Beam Width
HUST-ASR	Huazhong University of Science and Technology-ASR
HUT-2D	BeiHang University 2-Dimention
IAM	Inverse Algorithm Module
IDFT	Inverse Discrete Fourier Transformation
IVN	Independent Visibilities' Noise
LRLA	Low Redundancy Linear Array
LSB	Least Significant Bit
MAP	Maximum A Posteriori
MAS	Mirrored Aperture Synthesis
MASI	Mirrored Aperture Synthesis Imaging
MASMR	Mirrored Aperture Synthesis Microwave Radiometer
MASR	Mirrored Aperture Synthesis Radiometer
MAXIT	Maximum iterations
MBE	Main-Beam Efficiency
MC	Monte Carlo
MCMC	Markon Chain Monte Carlo
MCR	Full Multiplex Polarization Combining Radiometer
MDA	Minimum Degradation Array
MEM	Maximum Entropy Method
MIAS	Mirrored Interferometric Aperture Synthesis
MIRAS	Microwave Imaging Radiometer with Aperture Synthesis
ML	Maximum Likelihood
MP	Moore-Penrose pseudoinverse(Generalized Inverse,广义逆)

MMAS	Max-Min Ant System
MRLA	Minimum Redundancy Linear Array
MSIA	Multi-resolution Statistical Inversion Algorithm
NAL	National Accelerator Laboratory
NASA	National Aeronautics and Space Administration
NASR	Nonuniform Aperture Synthesis Radiometer(非均匀采样综合孔径辐射计)
NS	Noise Source
NUFFT	Non-uniform Fast Fourier Transform
PAU	Passive Advanced Unit
PCR	Parallel Receiver Polarization Combining Radiometer
PD	Power Divider
PSF	Point Spread Function
PSO	Particle Swarm Optimization
RF	Radio Frequency
RIP	Restricted Isometry Property
RMS	Root Mean Square
RMSE	Relative Mean Square Error
RS	Relative Sensitivity
RVM	Relevance Vector Machine(相关向量机)
SA	Simulated Annealing
SAIR	Synthetic Aperture interferential Radiometer
SBL	Sparse Bayesian Learning
SCR	Switching Correlation Radiometer
SIA	Statistical Inversion Approach
SKA	Sallen-Key Architecture
SLL	Side Lobe Level
SMOS	Soil Moisture and Ocean Salinity
SNR	Signal to Noise Ratio
SSIA	Simplified Statistical Inversion Approach
TCC	Three-Cornered Configurations
TSVD	Truncated Singular Value Decomposition
UCA	Uniform Circle Array
ULA	Uniform Linear Array
VLA	Very Large Array

VLBI	Very Long Baseline Interferometer
VSNR	Signal to Noise Ratio of Visibility
VSWR	Voltage Standing Wave Ratio
WVN	White Visibility Noise
ZRLA	Zero Redundancy Linear Array

附录B　符号列表

本书用大写、小写,斜体、竖体,加粗、不加粗,来区分变量、矩阵、函数等——空间、函数:大写、不加粗;变量:小写、斜体、不加粗;矩阵和向量:竖体、加粗。

B.1　主要运算符及其含义

$\langle \cdot \rangle$	尖括号表示时间平均运算,如$\langle Y_i(t)Y_k(t) \rangle$
—	上画线表示统计平均(集合平均)运算,如 $\bar{V}$
~	上波浪线表示复随机过程,如 $\tilde{Z}$
ˆ	上尖表示希尔伯特变换,如 $\hat{Y}$
$\lvert \cdot \rvert$	求模运算
$\lVert \cdot \rVert$	求范数运算
$\lVert \cdot \rVert_F$	Frobenius 范数
$*$	卷积运算
$\{ \cdot \}^*$	上标 * 表示求共轭运算
$\{ \cdot \}^{\mathrm{T}}$	上标 T 表示求转置运算
$\sum$	求和符号
$\prod$	求积符号
$\min(\cdot)$	求最小值
$\max(\cdot)$	求最大值
$\{ \cdot \}^{\mathrm{H}}$	求共轭转置运算
$\{ \cdot \}^{-1}$	求方阵逆运算
$\{ \cdot \}^{+}$	求矩阵的广义逆
$\det\{ \cdot \}$	求矩阵的行列式
$\mathrm{rank}\{ \cdot \}$	求矩阵的秩
$\mathrm{tr}\{ \cdot \}$	求矩阵的迹
$\mathrm{diag}\{\alpha_1 \quad \alpha_2 \cdots \alpha_N\}$	表示以$[\alpha_1 \quad \alpha_2 \quad \cdots \quad \alpha_N]$为对角元素,其他元素为 0 的对角矩阵

real(·)	求复数的实部
imag(·)	求复数的虚部
[·]	取整运算
O(·)	算法的时间复杂度
$E_{\lambda\|V,\beta,\alpha}[\cdot]$	求概率分布 $p(\lambda\|V,\beta,\alpha)$的均值
$\mathfrak{F}\{\cdot\}$	傅氏变换
$A\circ B$	A 与 B 的 Hardmard 乘积
angfloor(·)	取 2π，0，-2π 中最接近的值
tri_up(·)	取矩阵的上三角部分并按照从上到下从左到右的顺序组成列向量
Cond(·)	求条件数
$F^{-1}[\cdot]$	傅氏反变换
Arg min(·)	求最小值的辐角
Arg max(·)	求最大值的辐角

B. 2　主要英文字母、符号及其含义

A_e	单元天线的有效面积
A_{syn}	综合孔径的有效面积
$AF(\xi,\eta)$	阵列因子
B	频率带宽
B_f	谱亮度
B_i	接收通道 i 的带宽
c	光速
$c_{k1,k2}$	密度补偿因子
$C(u)$	方位无关的乘性误差
$\bar{\bar{\boldsymbol{C}}}$	阻抗矩阵
$\hat{\boldsymbol{C}}_{\mathrm{pr}}$	先验协方差矩阵的估计值
$\boldsymbol{C}_V$	可见度采样向量 V 的协方差矩阵
$\hat{\boldsymbol{C}}_V$	可见度采样的协方差矩阵
$C(u,v)$	转移函数
D	综合阵列长度
d	阵列因子修正系数
D_i	天线 i 的方向性系数
DF	阵列的退化因子
e_d	离散误差

e_A	混叠误差
e_T	截断误差
$e_a(u,v)$	天线幅度误差
$e_\phi(u,v)$	天线相位误差
E_{cl}	左旋圆极化电场分量
E_{cr}	右旋圆极化电场分量
E_h	电场强度的水平分量
E_v	电场强度的垂直分量
$E_E(\theta)$	E 面单元天线方向图
f	频率
f_c	中心频率
f_i	接收通道 i 的中心频率
$f_{ni}(\xi,\eta)$	天线 i 的归一化电压方向图
$f^0(x)$	目标空间
$F(\theta,\phi)$	归一化天线方向图
$F(u,v)$	包含幅相误差的阵因子方向图
$F^2_{\text{array}}(\theta,\phi)$	阵因子的功率方向图
F_i	天线 i 的电压方向图(电压转移函数)
$F_i^2(\theta,\phi)$	第 i 个接收天线归一化功率方向图
F_k	天线 k 的电压方向图(电压转移函数)
$F_k(\xi,\eta)$	天线方向图
g_1	第 1 阵元幅度误差
g_{12}	1,2 基线的不可分解幅度误差
g_{ant}	天线增益
g_k	阵元幅度误差
g_{rec}	通道增益
Δg	所有阵元的残余幅度误差标准差
G	增益
G	系统冲激响应矩阵
$H(f)$	通道的传输函数
$H(\omega)$	希尔伯特变换等效的线性滤波器的传输函数
$H_i(f)$	接收通道 i 的频率响应
$\boldsymbol{H}^{(n-1),(n)}$	为相邻子空间之间的投影算子
$H_{LP}(f)$	低通滤波器的传输函数
I	代表总功率密度

k	波数、传播常数
$K(x)$	不可分解误差
$K(u,x)$	方位有关的乘性误差
$l^0(x)$	无噪声图像
L	变频损耗
L_c	本振到中频的损耗
$L_C^2(u)$	复值函数的 Hilbert 空间
$L_R^2(u)$	实值函数的 Hilbert 空间
m,n	$\boldsymbol{G}$ 矩阵下标
n	单元天线数量
$n_k(t)$	第 k 通道的热噪声
$\boldsymbol{H}^+$	M 的广义逆矩阵
MBE	主波束效率
M,N	$M=2P+1,N=2Q+1$,$\boldsymbol{G}$ 矩阵基线数量
N_0	带外噪声
N_p	带内噪声
$\mathcal{N}(\mu,\Sigma)$	均值为 $\boldsymbol{\mu}$,协方差矩阵为 Σ 的多元高斯分布
$p(x)$	概率分布
$p(x\|y)$	已知 y 的条件下 $\boldsymbol{x}$ 的概率分布
$p(x,y)$	x, y 的联合分布密度
$p(T)$	先验概率分布
$p(T\|V)$	后验概率分布
$p(V\|T)$	似然概率分布
p,q	傅氏变换下标
$\boldsymbol{P}_a$	天线方向图误差矩阵
$\boldsymbol{P}^{(\hat{B})}$	带限算子
$\boldsymbol{P}_R$	基线消条纹误差矩阵
P,Q	基线数量
Q	代表垂直和水平分量的功率密度差
$\tilde{r}_{ik}(t)$	消条纹函数
$\boldsymbol{R}_{\mathrm{earth}}$	地球观测场景自相关矩阵
$R_{i_1 i_2}(0)$	两通道 I 路信号的相关值
R^{mod}	圆环阵基线长度的冗余度
$\boldsymbol{R}_{\mathrm{ob}}$	目标场景自相关矩阵
$\boldsymbol{R}_{\mathrm{source}}$	信号相位矩阵

$\boldsymbol{S}$	Stokes 参数构成的列矢量
$S(u,v)$	采样函数
SNR	信噪比
S_{12}	1,2 端口的互耦系数
$s_k(t)$	第 k 通道场景辐射接收信号
$S_{N_i}(f)$	第 i 个通道的接收机部分的噪声功率谱密度
$S_{T_{ij}}(f)$	场景亮温由方位(i,j)的天线波束加权后输出信号的功率谱
$S_{\Delta T_{ij}}(f_c)$	场景辐射亮温的变化 ΔT 导致方位(i,j)的天线波束输出信号的变化
$S_{V_R}(\omega)$	$R_{V_R}(\tau)$的傅氏变换
$S_{V_RV_I}(\omega)$	$R_{V_RV_I}(\tau)$的傅氏变换
$S_{\widetilde{X}_i}(f)$	第 i 路复随机过程 $\widetilde{X}_i(t)$对应的功率谱
S_φ	通量密度
$\boldsymbol{T}$	有限亮温值组成的向量
$\hat{T}(x)$	重建图像
$T(\xi_k)$	离散后的场景亮温
$T(\xi,\eta)$	亮温分布
$\hat{T}(\xi,\eta)$	测量亮温分布
T_Ω	单位立体角内接收亮温
$\boldsymbol{T}_{\text{coarse}}$	根据“初步”反问题模型求解得到的亮温分布
T_h	水平极化亮温
$\boldsymbol{T}^{(n)}$	离散等级为 n(即 2^n 个离散点数)的有限亮温值组成的向量
T_{origi}	原始的亮温分布
T_r	接收机物理温度
T_{ref}	参考场景亮温
T_{sys}	天线温度与接收机噪声温度之和
T_v	垂直极化亮温
T_A	天线辐射测量温度
$T_{AP}(\theta,\varphi)$	接收天线视场范围内的亮温分布谱
T_B	场景亮温
$T_B(x)$	原始图像
$T_B(\theta)$	视场亮温分布
T_{LO}	本振热噪声温度

T_R	接收机噪声温度
T_{R_i}	通道 i 的噪声温度
T_{REC}	接收机等效噪声温度
ΔT_{avg}	综合孔径辐射计的平均灵敏度
$\Delta T_{\min}$	辐射计灵敏度
ΔT_n	图像单元像素的噪声本底
$\Delta T_{\mathrm{total}}$	实孔径全功率辐射计的灵敏度
ΔT_A	图像单元像素的亮温变化
ΔT_{ASR}	综合孔径辐射计灵敏度
(u,v)	空间采样频率（以波长为单位）
$\boldsymbol{u}$	表示(u,v)
U	垂直和水平方向的电场强度分量的互相关函数的实部
$\boldsymbol{v}$	阵列的输出电压
V	垂直和水平方向的电场强度分量的互相关函数的虚部
$\mathbf{V}$	有限可见度函数采样值组成的向量
$V(t)$	电压信号
$V(u,v)$	复可见度函数
$V''(u)$	系统加性误差
V_{12}^0	固定偏移误差
ΔV_{12}	随机偏移误差
ΔV_{ij}	接收机通道噪声引起的可见度波动
V^{all}	组合后的可见度
$V_{\mathrm{no}}(t)$	接收机引起的带外热噪声信号
V_{ref}	外部参考场景的可见度实际测量值
V_I	可见度函数的实部(同相相关)
V_o	阵列输出端口的开路电压
V_Q	可见度函数的虚部(正交相关)
w	权重系数
$W(u,v)$	窗函数
$\hat{w}(u,v)$	卷积窗函数
$\boldsymbol{w}_T$	亮温噪声矢量
$\boldsymbol{w}_V$	可见度噪声矢量
$X_k(t)$	t 时刻第 k 通道的输出数据
X_{ij}	相位不确定因子
$\hat{Y}_i(t)$	$Y_i(t)$的希尔伯特变换

$\mathbf{Z}_0$	由 Z_L 归一化的天线阵阻抗矩阵
Z_{ii}	单元天线 i 的自输入阻抗
Z_{ik}	天线 i、k 之间由于互耦产生的互阻抗

B.3 主要希腊字母、符号及其含义

α	接收通道电压增益
α	过采样因子
α_1	第 1 阵元相位误差
α_k	阵元(天线+通道)相位误差
α_{12}	1,2 基线的不可分解相位误差
Γ_{12}	不可分解误差
$\Gamma(p_i, p_k, \tau)$	空间位置 p_i, p_k、时延对应的复相干度
Γ_1	阵元误差
γ	波阻抗
$\Delta\alpha$	所有阵元的残余相位误差标准差
Δu	阵列的最小间距
$\delta(\theta_0, \varphi_0)$	狄拉克冲激函数
δ_{1n}	第一个 ADC 采样抖动时间
δ_{2n}	第二个 ADC 采样抖动时间
σ_δ^2	采样抖动的方差
ε	介电常数
$\varepsilon^2(V;T)$	误差泛函
η_a	口径效率
(θ, φ)	球坐标系中的方位坐标
κ	玻尔兹曼常量
λ	波长
λ_c	中心波长
μ	磁导率
(u, v)	空间采样频率 (表示波长归一化的基线坐标)
μ_{opt}	正则化参数的优化值
ξ	表示(ξ, η)
(ξ, η)	方向余弦($\xi = \sin\theta\cos\varphi$, $\eta = \sin\theta\sin\varphi$)
ρ	相关系数
σ_i	奇异值
$\sigma_{\max}$	最大奇异值

$\sigma_{\min}$	最小奇异值
$\sigma_{\Delta\mathrm{CT}}$	像素点均方差
τ	积分时间
τ	通道时延
τ_i	接收通道 i 的群时延
Ω	天线立体角
Ω_M	主波束立体角
Ω_i	方向图立体角
Ω_e	单元天线立体角
Ω_s	天体源立体角
$\varphi(\beta)$	高斯函数
ϕ_{ik}^{id}	理想可见度相位
$\varphi_{ik}^{\mathrm{raw}}$	测量可见度相位
$\phi(t)$	信号经过传播到达天线的路径延迟对应的相位
Ψ	压缩基
w	权重系数

彩　　图

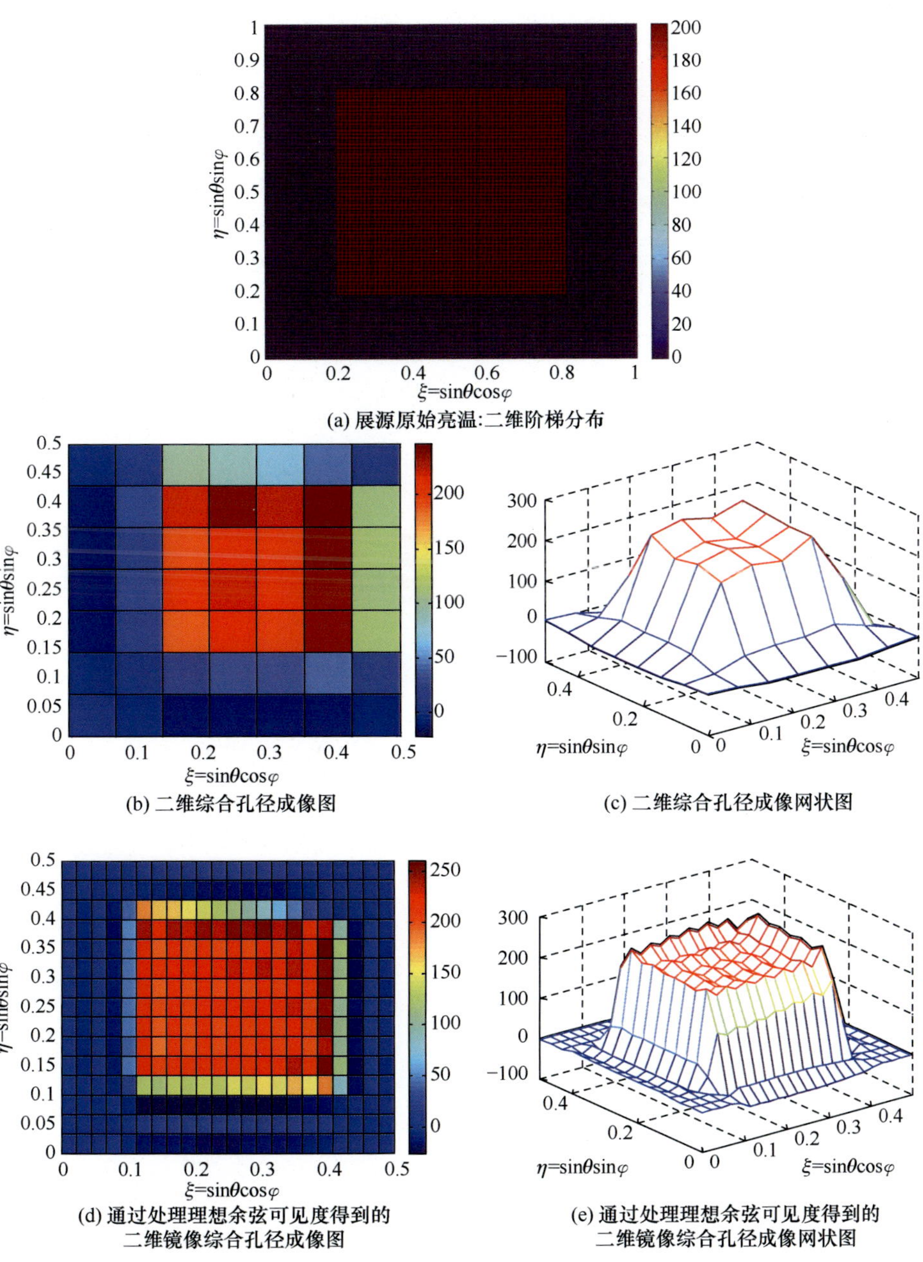

(a) 展源原始亮温:二维阶梯分布

(b) 二维综合孔径成像图

(c) 二维综合孔径成像网状图

(d) 通过处理理想余弦可见度得到的二维镜像综合孔径成像图

(e) 通过处理理想余弦可见度得到的二维镜像综合孔径成像网状图

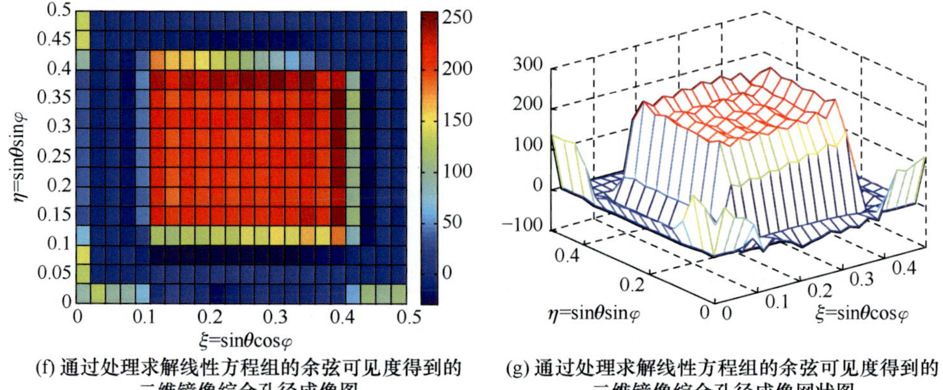

(f) 通过处理求解线性方程组的余弦可见度得到的二维镜像综合孔径成像图

(g) 通过处理求解线性方程组的余弦可见度得到的二维镜像综合孔径成像网状图

图 8-22　亮温分布为二维阶梯状的展源场景的成像仿真结果

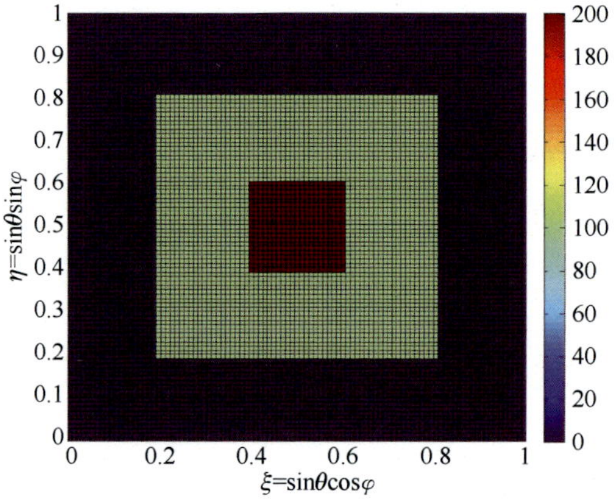

(a) 展源原始亮温:二维三层阶梯分布

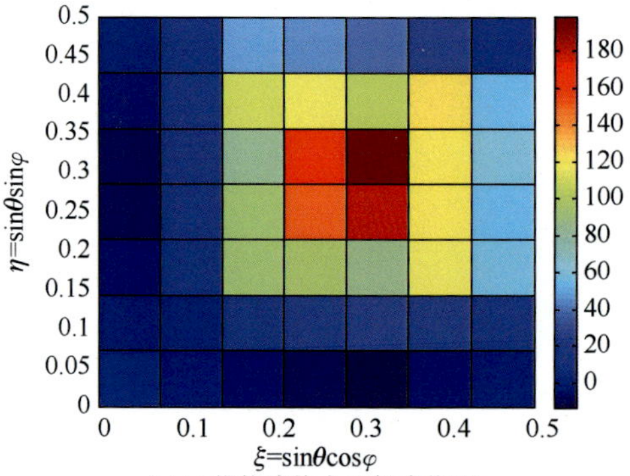

(b) 二维传统综合孔径成像图

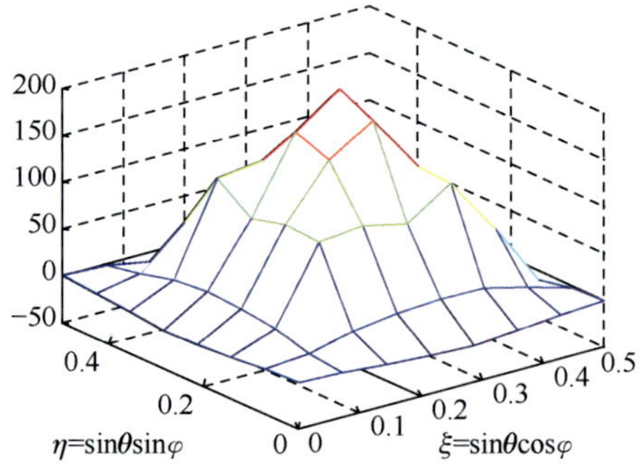

(c) 二维传统综合孔径成像网状图

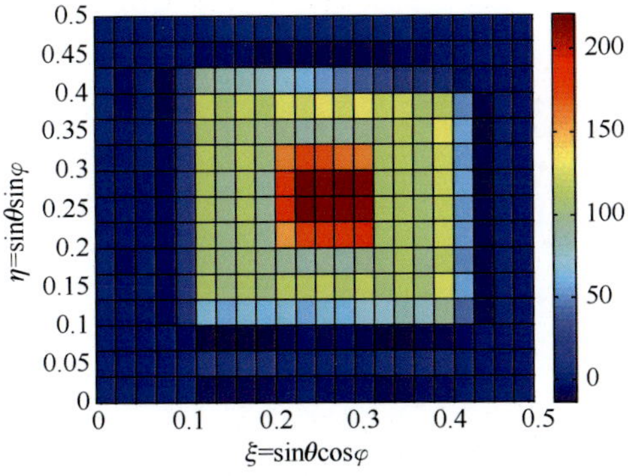

(d) 通过处理理想余弦可见度得到的二维镜像综合孔径成像图

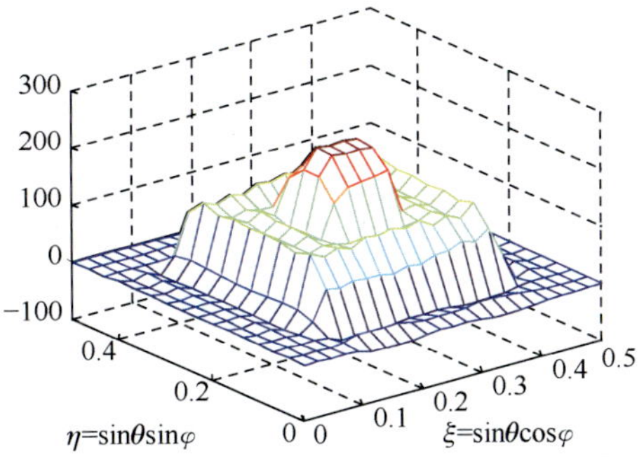

(e) 通过处理理想余弦可见度得到的二维镜像综合孔径成像网状图

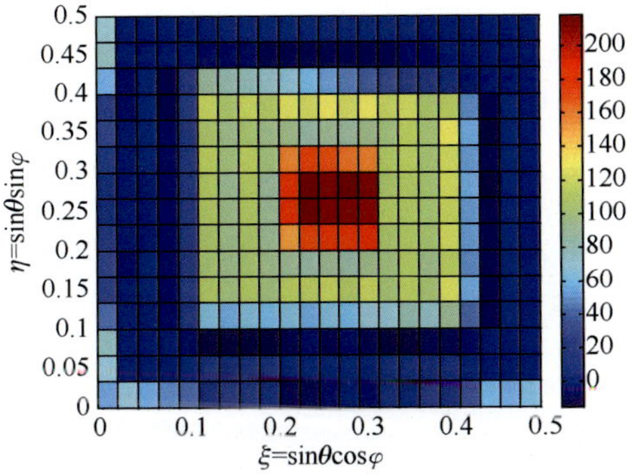

(f) 通过处理求解线性方程组的余弦可见度得到的二维镜像综合孔径成像图

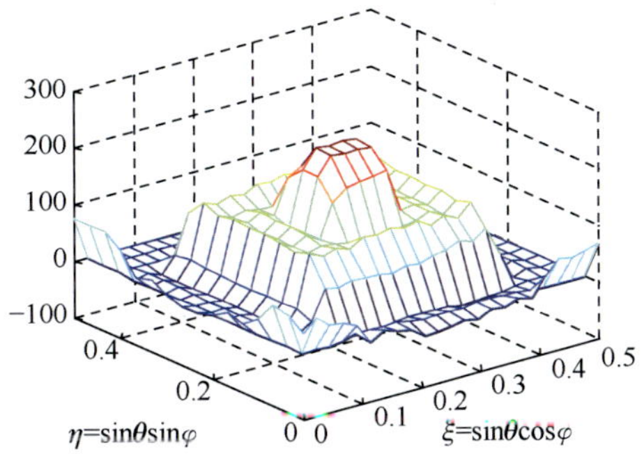

(g) 通过处理求解线性方程组的余弦可见度得到的二维镜像综合孔径成像网状图

图 8-24 亮温分布为三层阶梯状的展源场景成像仿真结果

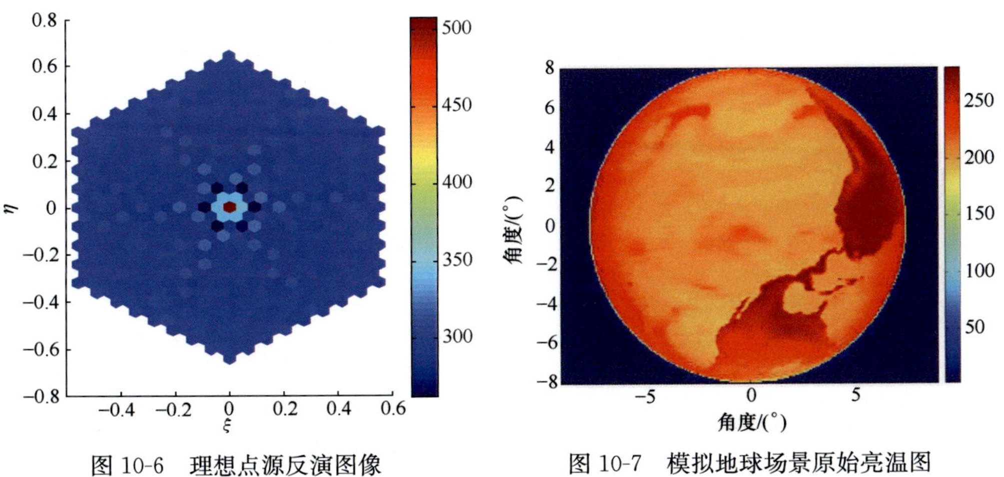

图 10-6 理想点源反演图像

图 10-7 模拟地球场景原始亮温图

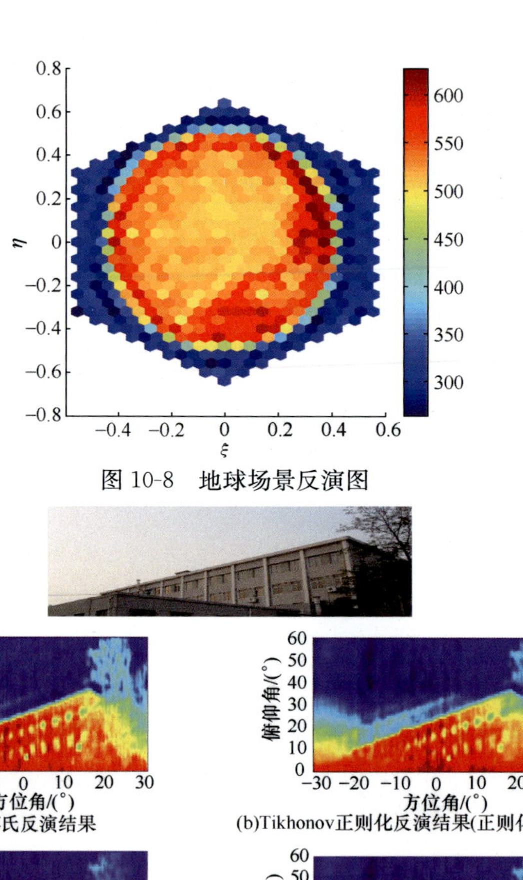

图 10-8　地球场景反演图

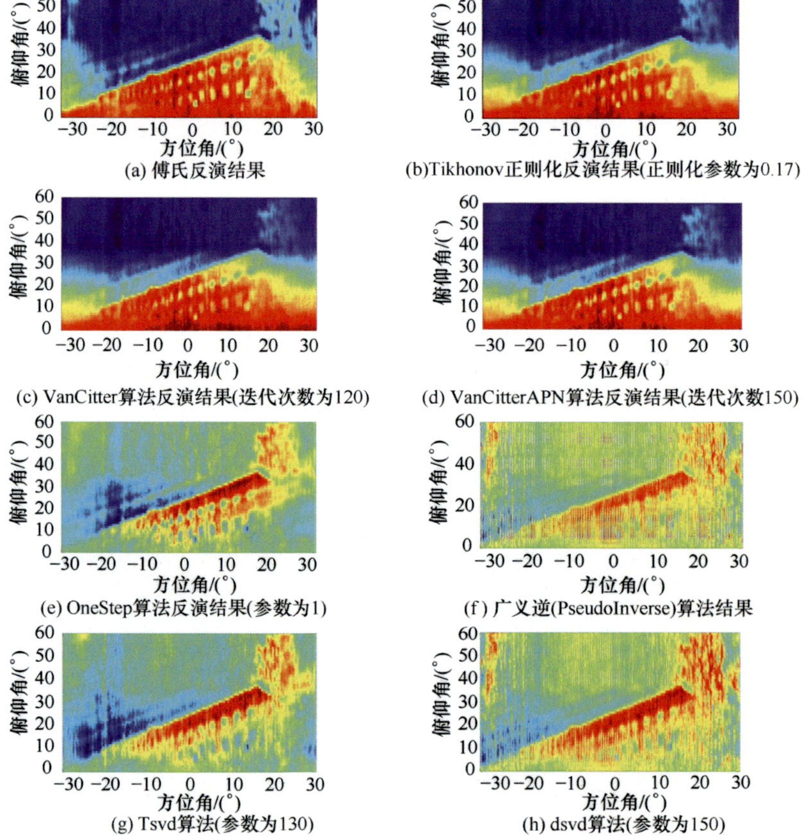

(a) 傅氏反演结果

(b)Tikhonov正则化反演结果(正则化参数为0.17)

(c) VanCitter算法反演结果(迭代次数为120)

(d) VanCitterAPN算法反演结果(迭代次数150)

(e) OneStep算法反演结果(参数为1)

(f) 广义逆(PseudoInverse)算法结果

(g) Tsvd算法(参数为130)

(h) dsvd算法(参数为150)

图 11-16　HUST-ASR 对辐射场小楼成像结果